高校と大学をつなぐ 穴埋め式 力学

藤城武彦　北林照幸
Takehiko Fujishiro　Teruyuki Kitabayashi

講談社

ブックデザイン──安田あたる
本文組版────株式会社 エヌ・オフィス

はじめに

　近年，大学には多様な学習歴をもつ学生諸君が入学し，理工系の学生であっても，高等学校で数学や物理の学習を充分にする機会がなかった学生も多くなってきています。このような状況の中で，物理および物理を学ぶために最低限必要な数学を，高等学校の内容から順を追って学べる大学初年次レベルの教科書の必要性が年々増しています。高校の物理と大学の物理を"つなぐ"教科書，高校と大学を"橋渡し"する教科書を目指し，学問的な格調の高さよりも，学生諸君が実際に学びやすく役に立つ教科書となるよう心がけ執筆しました。

　物理学を学ぶ入門者にとって必要な授業（要素）は，大きく分けて2つあると思います。1つ目は物理が楽しいと直接的に感じられるもの。2つ目は基礎・基本を1つずつ積み重ねることで最終的に物理がわかり，おもしろいと感じられるもの。両者の要素を兼ね備えていることが望ましいですが，本書では後者の要素に力点を置いています。このため，各章の演習問題は多彩であること（いろいろな種類の問題を用意すること）をあえて避け，基礎・基本を繰り返し学習できるように配慮しました。繰り返し学習するには少し"がまん"が必要かもしれませんが，1つずつコツコツと学習して欲しいと思っています。

　本書は高等学校で物理を学習していない学生を念頭において書かれており，丁寧に学習を進めていけば物理を初歩から学び，身につけることができます。また，物理を高等学校で学習した学生にとっても，復習から開始することで大学初年次レベルの物理へ無理なく橋渡しすることができます。学習する項目は一見すると高等学校で学んだことと同じように見えるかもしれませんが，大学で学ぶべき内容も多く含まれています。高等学校では断片的になりがちな物理の学習を，事柄と事柄の関連性やその位置づけなどを再度見直しながら注意深く学習してください。本書では，理工系の学生にとって必要最小限（ミニマム）な事柄を中心に学びます。このため，ミニマム以上の内容の中にはやむなく割愛した事項もあります。より高度な書物などで必要に応じて不足箇所を各自で補ってください。

　本書は大学の90分の授業で1章ずつ学んで行けるように構成されています。本書が授業で使われているようでしたら，授業中の説明や演習を通して1章ずつ，1つずつ学習してください。また，本書の特長の1つが"穴埋め式"です。授業を聞きながら，もしくは予習や復習の際に，文章をよく読み自分で"穴埋め"して教科書を完成させてください。なお，本書は授業での活用以外にも，大学の物理を少しだけ先取りしたい高校生，もう1度物理を勉強し直したい社会人の方の自学自習用としても活用していただけるのではないかと思っています。本書を通じて物理の基礎が培われることを願っています。

　最後に，東海大学理学部物理学科の諸先生方からは，本書を準備するにあたって多くの有益なご助言をいただきました。特に，細部にわたりご意見をいただいた安江正樹教授，遠藤雅守准教授には，この場を借りて心から感謝の意を表します。また，出版を勧め，丁寧な編集をしてくださった講談社サイエンティフィクの横山真吾氏のお力がなければ，本書の執筆は困難でした。横山氏の熱意とご尽力に，心より感謝いたします。

2009年11月

藤城武彦

北林照幸

本書の使い方

章の構成

第1章〜第26章と総合演習Ⅰ〜Ⅳで構成されており，合計30章で「力学の基礎」を学習できるようになっています。また，学習をする際の目安となるように，それぞれの節の見出しには **Basic** もしくは **Standard** の目印がつけてあります。

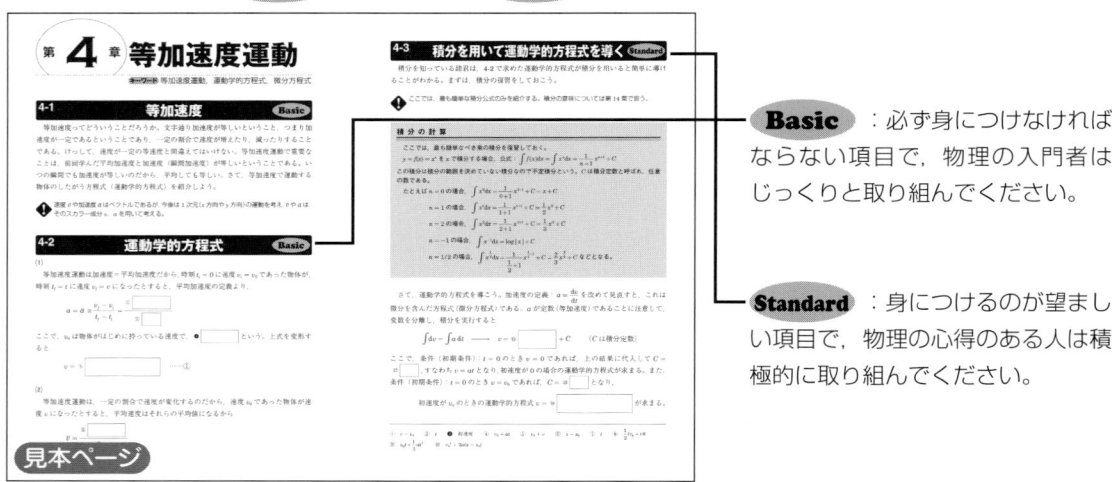

Basic：必ず身につけなければならない項目で，物理の入門者はじっくりと取り組んでください。

Standard：身につけるのが望ましい項目で，物理の心得のある人は積極的に取り組んでください。

"穴埋め式"の活用

各節の説明部分は"穴埋め式"となっており，説明文中の重要な語句，事柄，公式などが 空欄 にしてあります。文章をよく読み自分で空欄を埋めて本書を完成させてください。

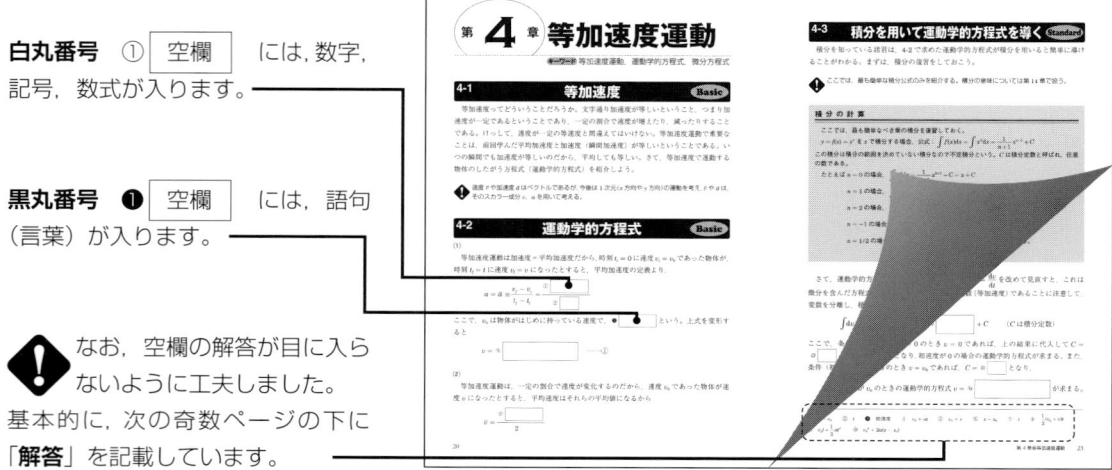

白丸番号 ① 空欄 には，数字，記号，数式が入ります。

黒丸番号 ❶ 空欄 には，語句（言葉）が入ります。

なお，空欄の解答が目に入らないように工夫しました。基本的に，次の奇数ページの下に「解答」を記載しています。

演習問題の構成

　代表的な問題や重要な問題も"穴埋め式"になっています。単に空欄を埋め，答えを得ることだけに終始するのではなく，解答や解法の「形（かたち）」も合わせて学習してください。"穴埋め式"の問題を含めて，本書には6種類の演習問題が用意されています。演習問題は類似した問題が多く，単調に思えるかもしれませんが，基礎をしっかりと身につけるために粘り強く繰り返し練習してください。問題の種類はアイコンで区別されています。演習問題の解答は章末にあります。

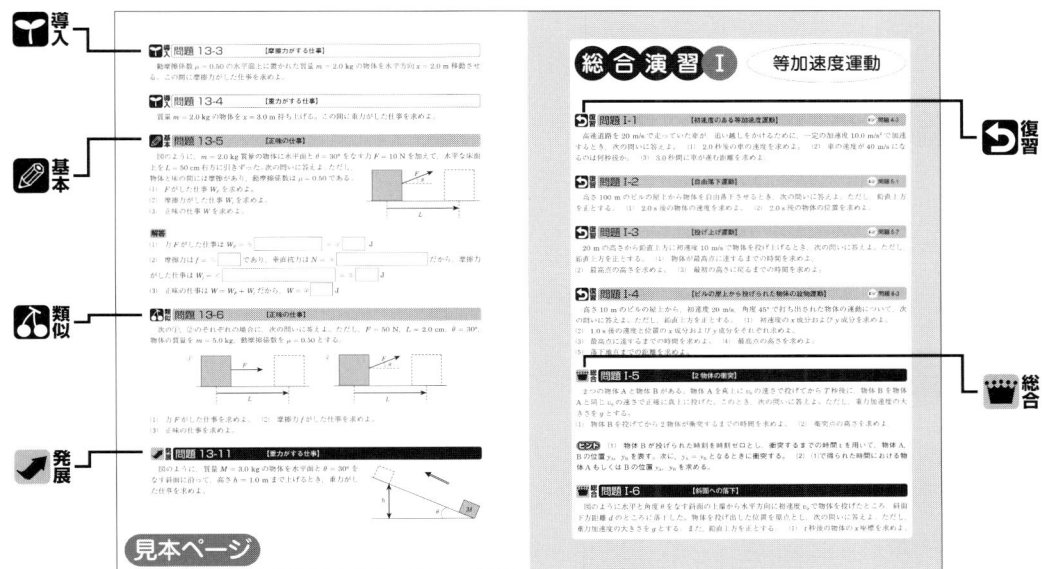

見本ページ

- **導入問題**：公式や基礎・基本を確認する問題です。
- **基本問題**：必ず解答できるようになるべき問題です。
- **類似問題**：基本問題の類題です。基本問題の解答力UPを目指して取り組んでください。
- **発展問題**：基本問題を少し発展させた問題です。ぜひ挑戦してみてください。
- **復習問題**：総合演習のページで登場するアイコンです。各章で練習した基本問題の類題です。必ず解答できるようにしてください。
- **総合問題**：総合演習のページで登場するアイコンです。本書の中では最も難しい応用問題です。ぜひ挑戦してみてください。

数値の計算について（関数電卓のすすめ）

　入門者の理解を助けるために，演習問題のほとんどは最終的に数値で答えるようになっていますが，まずは文字式で計算し最後に数値を代入するようにしてください。文字式の計算が苦手な人もいると思いますが，途中で数値を代入してしまうと，その意味が逆にわかりにくくなり，物理学の修得の妨げになることがあります。数値計算は日常で使う電卓でもできる部分もありますが，関数電卓を用いてください。関数電卓は理系必須のアイテムですから，常に携帯することをおすすめします。

高校と大学をつなぐ 穴埋め式 力学 目次

はじめに iii
本書の使い方 iv
目次 vi

第1章 物理量と単位
1-1 有効数字 1
1-2 SI単位 2

第2章 ベクトルの基本演算と座標表示
2-1 直交座標系と極座標系 5
2-2 ベクトルの性質 9

第3章 粒子の速度・加速度
3-1 変位 14
3-2 平均速度と瞬間速度 14
3-3 平均加速度と瞬間加速度 17

第4章 等加速度運動
4-1 等加速度 20
4-2 運動学的方程式 20
4-3 積分を用いて運動学的方程式を導く 23

第5章 自由落下運動
5-1 重力による運動 26
5-2 自由落下運動 27
5-3 投げ下ろし運動 29
5-4 投げ上げ運動 29

第6章 放物運動
6-1 放物運動 34

総合演習 I（等加速度運動） 39

第7章 運動の法則
7-1 力と運動 44
7-2 力のつり合い 45
7-3 運動の3法則 47

第8章 斜面上の運動
8-1 斜面上の物体の運動 52

第9章 摩擦力
9-1 摩擦力が働く運動 56

第10章 円運動と万有引力
10-1 等速円運動 61
10-2 曲線運動 65
10-3 万有引力の法則 66

第11章 慣性力
11-1 慣性力 70

第12章 抵抗力
12-1 抵抗力 75

総合演習 II（運動の法則） 81

第13章 仕事とスカラー積
13-1 一定の力がする仕事 84
13-2 ベクトルのスカラー積 86

第14章 変化する力がする仕事
14-1 変化する力がする仕事 89
14-2 ばねがする仕事 90

第15章　仕事と運動エネルギー
15–1　仕事・エネルギー定理　95

第16章　ポテンシャルエネルギー
16–1　保存力と非保存力　99
16–2　ポテンシャルエネルギー　100
16–3　保存力とポテンシャルエネルギーの数学的関係　103

第17章　力学的エネルギー
17–1　力学的エネルギー保存則　105
17–2　非保存力と力学的エネルギー　107

第18章　運動量
18–1　運動量　109
18–2　運動量と力積　110
18–3　運動量保存則　112

第19章　運動量の保存と衝突
19–1　衝突　114
19–2　1次元の弾性衝突　114
19–3　完全非弾性衝突　117
19–4　はねかえり係数　118
19–5　2次元の弾性衝突　119

総合演習III（仕事とエネルギー，運動量）　122

第20章　固定軸のまわりの剛体の回転運動
20–1　剛体　125
20–2　角速度と角加速度　125
20–3　等角加速度回転運動　128
20–4　回転の運動エネルギー　130
20–5　慣性モーメント　131

第21章　剛体の回転とトルク
21–1　トルク（力のモーメント）　136
21–2　トルクと角加速度　139
21–3　回転運動における仕事・エネルギー定理　141
21–4　並進運動と回転運動の式の類似性　143

第22章　ベクトル積
22–1　ベクトル積　145
22–2　ベクトル積の応用例　149
22–3　剛体の転がり運動　151

第23章　角運動量
23–1　質点の角運動量　154
23–2　固定軸のまわりを回転する剛体の角運動量　156
23–3　角運動量保存則　157

第24章　単振動
24–1　円運動と単振動　160
24–2　単振動の方程式　164
24–3　ばねにつけられた物体の運動　165

第25章　振動運動
25–1　単振動している系のエネルギー　168
25–2　単振り子　169
25–3　剛体振り子　170
25–4　減衰振動　171
25–5　強制振動と共振　172

第26章　ケプラーの法則と万有引力
26–1　ケプラーの法則　175
26–2　ケプラーの法則から万有引力の法則へ　177
26–3　重力のポテンシャルエネルギー　179
26–4　第2宇宙速度　180

総合演習IV（剛体，振動，万有引力）　182

付録A　慣性モーメント　187
付録B　減衰振動・強制振動を表す微分方程式　192
付録C　数学公式の補足　194

参考文献　196
索引　197

コラム一覧

第1章
- 指数計算 2

第2章
- 三角関数 6
- 三角関数の覚え方 6
- 代表的な三角比 6
- 逆関数 7
- 3次元極座標 8
- 三角関数の公式 13

第3章
- 導関数の定義 15
- 導関数についての補足 15
- 微分の計算 16
- 力学でよく使われる記号① 19

第4章
- 積分の計算 23
- 微分方程式についての補足 24
- 積分公式 25

第5章
- 重力加速度 26
- ガリレオ・ガリレイ 27
- 2次方程式の解の公式 33

第6章
- 2次元の速度ベクトル 34

第7章
- サー・アイザック・ニュートン 45
- 連立方程式の復習 51

第10章
- 加速度 61
- $\vec{v}_i$と$\vec{v}_f$のなす角と三角形の相似 62

第11章
- ガリレイ変換および相対速度 71
- コリオリの力 73

第12章
- 積分公式のおさらい 76
- 粘性係数 78
- 指数関数 80
- 対数関数 80

第13章
- ジェームズ・プレスコット・ジュール 85

第14章
- 積分の定義 90
- 定積分の計算 90
- ロバート・フック 91
- 仕事率 92
- ジェームズ・ワット 92
- 専門用語の英語表現① 94

第15章
- 力学でよく使われる記号② 98

第16章
- 積の微分・商の微分 104
- e^xの微分 104

第18章
- ルネ・デカルト 110

第20章
- 弧度法 126
- 平行軸線定理の証明 132

第21章
- 剛体の静止平衡 137
- 重心(質量中心) 137
- 力学でよく使われる記号③ 144

第22章
- 右ねじ・右手 146
- ベクトル積の覚え方 147
- 行列式を用いる方法 147

第23章
- コマの運動 158

第24章
- 三角関数の微分 162
- 合成関数の微分 162
- ハインリヒ・ルドルフ・ヘルツ 164
- 一般解の導出 164
- 専門用語の英語表現② 167

第25章
- 三角関数の近似 174
- 専門用語の英語表現③ 174

第26章
- 楕円と焦点 175
- ヨハネス・ケプラー 176

第1章 物理量と単位

キーワード 有効数字，SI単位

1-1 有効数字　Basic

　1/3を小数で表せば0.333333…と無限に続く。これを"約0.3"とか"約0.33"のような表記をすることもあるが，無限に続く"3"をどこまで表記すればよいのだろうか。これは，次の**有効数字**の考え方を用いることで統一的に表記できる。

　有効数字は，その最小桁に誤差を含むような表し方であり，測定によって決まる。実際に測定した数値ではない場合は，与えられた数値の最小桁に±1の誤差を含んでいると考えればよい。

　有効数字の桁数は，単位のとり方によらない。たとえば，0.0333 m = 3.33 cm = 33.3 mmであり，0.033 m = 3.3 cm = 33 mmであるから，最初の"0"は桁数に含めず，それぞれ有効数字① □ 桁，有効数字② □ 桁という。有効数字の桁数を"小数点以下の桁数"と混同してはならない。

　計算を行った後は，最終結果を有効数字何桁まで表示すればよいのだろうか。これは，有効数字がその最小桁に誤差を含むような表記の仕方であることを考慮すれば自然に決まってくる。実際に筆算をしてみてほしい。

　一般に，かけ算やわり算の結果は，用いた数値のうち，有効数字のもっとも少ない数値の桁数となる。たとえば，有効数字3桁の数値と2桁の数値の計算の結果は，有効数字③ □ 桁となる。

　しかし，たし算やひき算には，有効数字に関する規則性はなく，有効数字の桁数は増えたり，減ったりする場合があるので，注意が必要である。

　小さい数値や大きい数値を表す場合には10のべき乗を用いるのが便利であり，科学的な数値の表記法として用いる。たとえば，$5400 = 5.400 \times 10^3$ や $0.0025 = 2.5 \times 10^{-3}$ のように表す。このような表記法は，有効数字とも関係している。たとえば，上記の5400の場合，"00"が小数点の位置を表すためなのか，有効数字を表しているのかが曖昧である。そこで，5.400×10^3，5.40×10^3，5.4×10^3 のように表記すれば，曖昧さがなくなる。

導入 問題 1-1　【有効数字の桁数】

次の数値の有効桁数を書け。
(1) 2.56　(2) 2.560　(3) 0.256　(4) 0.10

導入問題 1-2　【有効数字】

有効数字を考慮して，次の計算をせよ。
(1) 3.25×3.2　(2) 3.25×3.20　(3) $16.7 \div 3.34$　(4) $0.67 \div 1.34$　(5) $2.375 - 1.21$

導入問題 1-3　【べき乗】

次の数値を 10 のべき乗で表せ。ただし，いずれも有効数字は 3 桁であるとする。
(1) 299792458　(2) 0.0000000000667　(3) 602214179000000000000000
(4) 0.000000000000000000000160　(5) 273

1-2　SI 単位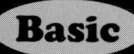

SI 単位系（国際単位系）は，以下の 7 個の基本単位と，それらの乗除のみで導かれる組立単位からなる。また，単位の 10 の整数乗倍を表すのに **SI 接頭語** を用いる。（表 1-3 の空欄を埋めて表を完成させよ。）

表 1-1　基本単位

物理量	単位記号	単位の名称
時間	s	秒
長さ	m	メートル
質量	kg	キログラム
電流	A	アンペア
温度	K	ケルビン
物質量	mol	モル
光度	cd	カンデラ

表 1-2　おもな組立単位

物理量	単位記号	単位の名称	単位の間の関係
周波数	Hz	ヘルツ	$[\text{Hz}] = [\text{s}^{-1}]$
力	N	ニュートン	$[\text{N}] = [\text{kg} \cdot \text{m}/\text{s}^2]$
圧力	Pa	パスカル	$[\text{Pa}] = [\text{kg}/\text{m} \cdot \text{s}^2] = [\text{N}/\text{m}^2]$
エネルギー・仕事・熱量	J	ジュール	$[\text{J}] = [\text{N} \cdot \text{m}] = [\text{kg} \cdot \text{m}^2/\text{s}^2]$
仕事率・電力	W	ワット	$[\text{W}] = [\text{J}/\text{s}] = [\text{kg} \cdot \text{m}^2/\text{s}^3]$

表 1-3　SI 接頭語

大きさ	10^{24}	10^{21}	10^{18}	10^{15}						10^{1}
読み	ヨタ	ゼタ	エクサ	ペタ	テラ	ギガ	メガ	キロ	ヘクト	デカ
記号	Y	Z	E	P	T					da
大きさ	10^{-24}	10^{-21}	10^{-18}	10^{-15}						10^{-1}
読み	ヨクト	ゼプト	アト	フェムト	ピコ	ナノ	マイクロ	ミリ	センチ	デシ
記号	y	z	a	f	p	n				d

指数計算

10 のべき乗などの指数どうしのかけ算やわり算は以下の指数法則にしたがう。
$10^m \times 10^n = 10^{m+n}$　たとえば　$10^2 \times 10^3 = 10^{2+3} = 10^5$

$$(10^m)^n = 10^{m \times n} \quad \text{たとえば} \quad (10^3)^2 = 10^{3\times 2} = 10^6$$

$$10^m \div 10^n = \frac{10^m}{10^n} = 10^m \times 10^{-n} = 10^{m-n} \quad \text{たとえば} \quad 10^5 \div 10^2 = \frac{10^5}{10^2} = 10^5 \times 10^{-2} = 10^{5-2} = 10^3$$

導入 問題 1-4　【指数の計算】

次の計算をせよ。

(1) $10^2 \times 10^{-3} \times 10^4$　　(2) $(10^2 \times 10^3)^2$　　(3) $10^{1/2} \times 10^{3/2}$　　(4) $10^3 \div 10^5$

基本 問題 1-5　【単位換算】

左辺の単位を換算し，右辺の単位で表せ。

(1) 1 [kg] = ⓑ[　　　] [g]　　(2) 1 [m] = ⓓ[　　　] [km]

解答

(1) [kg] を [g] で表したい場合，k は ⓐ[　　　] を表すから，

$$1\ [\text{kg}] = 1[10^3\ \text{g}] = \text{ⓑ}[\quad]\ [\text{g}]$$

(2) [m] を [km] で表したい場合，k は ⓒ[　　　] を表すから，

$$1\ [\text{m}] = 1 \times 10^{-3}\ [10^3\ \text{m}]\ \text{ⓓ}[\quad]\ [\text{km}]$$

基本 問題 1-6　【単位換算】

左辺の単位を換算し，右辺の単位で表せ。

(1) 1 [cm] = [　　　] [m]　　(2) 1 [m] = [　　　] [μm]

(3) 1 [kg] = [　　　] [mg]　　(4) 1 [s] = [　　　] [ns]

(5) 1 [hPa] = [　　　] [Pa]　　(6) 1 [m²] = [　　　] [cm²]

基本 問題 1-7　【単位換算】

左辺の単位を換算し，右辺の単位で表せ。

(1) 1.0×10^{-5} [g/cm³] = [　　　] [kg/m³]　　(2) 100 [km/h] = [　　　] [m/s]

(3) 9.80×10^5 [g·cm/s²] = [　　　] [kg·m/s²]

(4) 10.13 [g/cm·s²] = [　　　] [kg/m·s²]

ⓐ 3　　ⓑ 2　　ⓒ 2

問題 1-8 【アボガドロ数個の点】

キミは1分間にどのくらいの数の点を打てるだろうか？ ひたすらたくさんの点をノートに書いてみてくれ。ちなみに私は380個の点が打てたが…。

準備はいいかい？ よーい，スタート！

結果はどうだった？ さあ，その調子でアボガドロ数個（6×10^{23}個）の点を打つためには，何年かかるだろうか？ 計算してみてくれ。

> アボガドロ数は 1 mol の ^{12}C 原子が厳密に 12 g をもつような原子の個数と定義され，任意の元素（または化合物）1 mol はアボガドロ数 $N_A = 6.02 \times 10^{23}$ 分子/mol（$6.02214179 \times 10^{23}$）に等しい分子からなる。

問題 1-9 【宇宙の年齢】

宇宙の年齢は約137億歳（4.3×10^{17}s）である。キミたち大学生の平均年齢を約20歳（6.3×10^8s）だとすると，宇宙の年齢はキミたちの年齢の何倍か概算せよ。

問題 1-10 【アボガドロ数個の米粒】

筆者が調査したところによると，米1 kgに含まれる米粒の数は $53000 = 5.3 \times 10^4$ 粒であった。アボガドロ数個（6×10^{23}個）の米粒は何kgになるか。また，日本の米の生産は年間約1000万トン（10^{10} kg）である。アボガドロ数個の米粒を生産するのに何年かかるか概算せよ。

問題 1-11 【銀河への旅】

地球からもっとも近い大銀河であるアンドロメダ大銀河（M31）までの距離は約 2.0×10^{22} m である。今キミたちが授業を受けているこの瞬間に地球を出た光が，アンドロメダ大銀河に到達するのは何年後か概算せよ。ただし，光速を $c = 3.00 \times 10^8$ m/s とする。

解答

問題 1-1	(1) 3桁 (2) 4桁 (3) 3桁 (4) 2桁
問題 1-2	(1) 10 (2) 10.4 (3) 5.00 (4) 0.50 (5) 1.17
問題 1-3	(1) 3.00×10^8（光速度） (2) 6.67×10^{-11}（万有引力定数） (3) 6.02×10^{23}（アボガドロ数） (4) 1.60×10^{-19}（素電荷） (5) 2.73×10^2
問題 1-4	(1) 10^3 (2) 10^{10} (3) 10^2 (4) 10^{-2}
問題 1-5	ⓐ 10^3 ⓑ 10^3 ⓒ 10^3 ⓓ 10^{-3}
問題 1-6	(1) 10^{-2} (2) 10^6 (3) 10^6 (4) 10^9 (5) 10^2 (6) 10^4
問題 1-7	(1) 1.0×10^{-2} (2) 27.8 (3) 9.80 (4) 1.013
問題 1-8	$(6 \times 10^{23})/(380 \times 60 \times 24 \times 365) = 3 \times 10^{15}$ 年（3000兆年） ※1分間380個の場合
問題 1-9	$4.3 \times 10^{17}/6.3 \times 10^8 = 6.8 \times 10^8$ 倍（6億8千万倍）
問題 1-10	$6 \times 10^{23}/5.3 \times 10^4 = 1 \times 10^{19}$ kg, $10^{19}/10^{10} = 10^9$ 年（10億年）
問題 1-11	$2.0 \times 10^{22}/(3.00 \times 10^8 \times 60 \times 60 \times 24 \times 365) = 2.1 \times 10^6$ 年後（210万年後）

第2章 ベクトルの基本演算と座標表示

キーワード 座標系, ベクトル, 三角関数

2-1 直交座標系と極座標系 Basic

物体の運動を表すときなど, その基準となる座標系を決める必要がある。いろいろな座標系があるが, ここでは, 通常よく使う❶□□□□□（デカルト座標系）と回転を表すときに便利な❷□□□□□について紹介する。

(1) 直交座標系（2次元）

平面上の1点を表すためには, x座標とy座標を知ればよい。たとえば図2-1中の点Pは, そのx座標③□□とy座標④□□の2つの値がわかれば決まる。

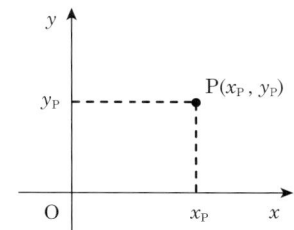

図 2-1 直交座標系
2次元平面上の点は, そのx座標とy座標の2つの値によって決まる。

(2) 極座標系（2次元）

平面上の1点を表すためのもう1つの簡単な座標系として, 極座標系がある。原点からの距離r座標と, rとx軸とのなす角θ座標を知ればよい。たとえば, 図2-2中の点Pは, そのr座標⑤□□とθ座標⑥□□の2つの値がわかれば決まる。

 記号 "θ" はギリシャ文字Θの小文字で "シータ" と読む。

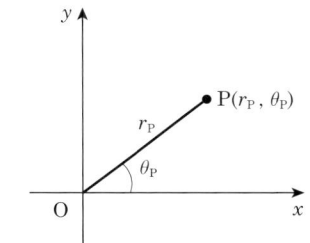

図 2-2 極座標系
2次元平面上の点は, そのr座標とθ座標の2つの値によって決まる。

(3) 直交座標系と極座標系の関係

点Pを表すのに直交座標と極座標のどちらを用いるかは, まったく自由であり, そのつど, 便利なほうで表せばよい。どちらの座標を用いるにしても, 同じ点を表しているのだから, お互いの関係を知っておく必要がある。そのためには, 三角関数を使うと便利である。

では, 三角関数の復習をしておこう。

表 1-3 （上段左から順に）10^{12}, 10^9：G, 10^6：M, 10^3：k, 10^2：h
　　　　（下段左から順に）10^{-12}, 10^{-9}, 10^{-6}：μ, 10^{-3}：m, 10^{-2}：c

三角関数

図2-3の直角三角形 OPQ において，三角関数を次のように定義する。直角三角形の二辺の比を三角関数で表す。

正弦関数 sin（サイン）: $\quad \sin\theta \equiv \dfrac{PQ}{OP}$

余弦関数 cos（コサイン）: $\quad \cos\theta \equiv \dfrac{OQ}{OP}$

正接関数 tan（タンジェント）: $\quad \tan\theta \equiv \dfrac{\sin\theta}{\cos\theta} = \dfrac{PQ}{OQ}$

また，$\sin^2\theta + \cos^2\theta = 1$（公式）である。

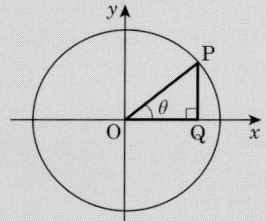

図 2-3　三角関数

三角関数は直角三角形の二辺の比で定義される。

三角関数の覚え方

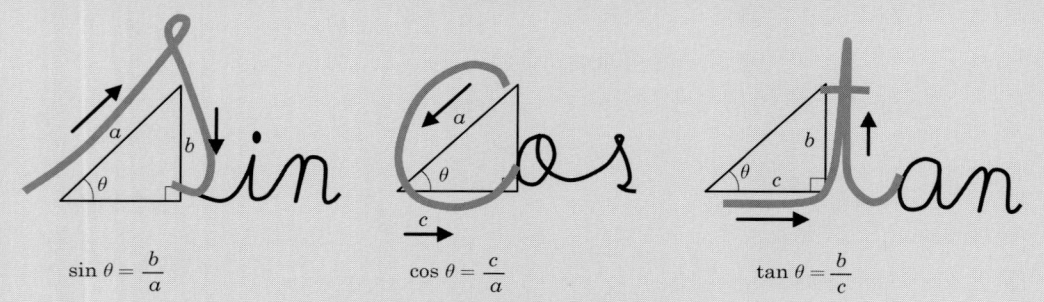

$\sin\theta = \dfrac{b}{a}$　　　　$\cos\theta = \dfrac{c}{a}$　　　　$\tan\theta = \dfrac{b}{c}$

図 2-4　三角関数の覚え方

筆記体で "s"，"c"，"t" を書くと三角関数は覚えやすい。

代表的な三角比

θ の値が，30°，45°，60° のときは直角三角形の三辺の比（三角比）がわかっているので，三角関数の値は直ちに求められる。

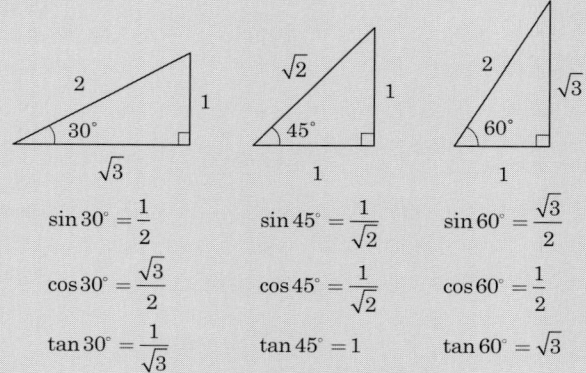

図 2-5　三角比

30°，45°，60° の直角三角形は，それぞれの三辺の比（三角比）が知られている。

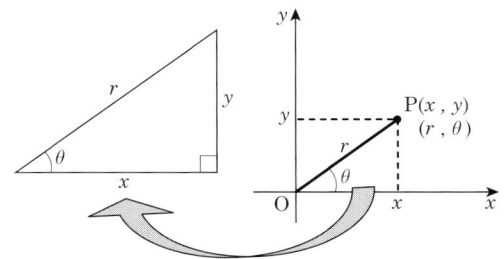

図 2-6　直交座標と極座標
直交座標と極座標の関係は直角三角形を考えて，三角関数を用いればよい．

図 2-6 のように，直交座標で表した点 P の座標 (x, y) と極座標で表した座標 (r, θ) の関係は，三角関数を用いて

$$\cos\theta = \frac{\boxed{⑦}}{\boxed{⑧}} \quad \cdots\cdots ① \qquad \sin\theta = \frac{\boxed{⑨}}{\boxed{⑩}} \quad \cdots\cdots ② \qquad \tan\theta = \frac{\boxed{⑪}}{\boxed{⑫}} \quad \cdots\cdots ③$$

だから，式①，②より

$$x = \boxed{⑬} \quad \cdots\cdots ④ \qquad y = \boxed{⑭} \quad \cdots\cdots ⑤$$

となり，直交座標 (x, y) を極座標 (r, θ) で表すことができる．

逆に極座標 (r, θ) を直交座標 (x, y) で表すには，式④，⑤の両辺を 2 乗してたすと

$$x^2 + y^2 = \boxed{⑮} = \boxed{⑯}$$

となるから

$$r = \boxed{⑰} \quad \text{（これは三平方の定理にほかならない）}$$

また，式③より，逆三角関数を用いると

$$\theta = \boxed{⑱} \quad \text{と表される．}$$

> 逆正接関数 "$\tan^{-1}$" はアーク・タンジェントと読み，正接関数 "$\tan$" の逆関数である．すなわち，タンジェントの値が y/x となる角度を表している．

逆関数

関数 $y = f(x)$ を x について解いた関数を $x = f^{-1}(y)$ と書いて，最初の関数 $y = f(x)$ の逆関数という．習慣上，x と y の文字を入れかえて，逆関数を $y = f^{-1}(x)$ と書く．関数 $y = f(x)$ に対して，逆関数が存在するのは，f が 1 対 1 のときである．

---

❶ 直交座標系　❷ 極座標系　③ x_P　④ y_P　⑤ r_P　⑥ θ_P

たとえば，$y = x + 3$ は 1 対 1 であり，逆関数は $y = x - 3$ である。これに対して $y = x^2$ は 1 対 1 ではないが，$x \geq 0$ もしくは $x \leq 0$ のように定義域を制限すれば 1 対 1 となり，逆関数は $y = \sqrt{x}$ もしくは $y = -\sqrt{x}$ と定義できる。

同じように，三角関数の逆関数も次のように定義される。

逆正弦関数 $\sin^{-1}$（アーク・サイン）：

$y = \sin x$ $\left(-\dfrac{\pi}{2} \leq x \leq \dfrac{\pi}{2}\right)$ の逆関数 $x = \sin y$ を $y = \sin^{-1} x$ と表し，逆正弦関数（の主値）という。

逆余弦関数 $\cos^{-1}$（アーク・コサイン）：

$y = \cos x$ $(0 \leq x \leq \pi)$ の逆関数 $x = \cos y$ を $y = \cos^{-1} x$ と表し，逆余弦関数（の主値）という。

逆正接関数 $\tan^{-1}$（アーク・タンジェント）：

$y = \tan x$ $\left(-\dfrac{\pi}{2} < x < \dfrac{\pi}{2}\right)$ の逆関数 $x = \tan y$ を $y = \tan^{-1} x$ と表し，逆正接関数（の主値）という。

3 次元極座標

参考のために 3 次元の極座標を紹介しておく。

物体の位置を表すために，多くの場合は x と y それに z の 3 つの軸を直角に交差させた「3 次元直交座標 (x, y, z)」を用いる。だが，物体の位置を正確に指定できれば，使う座標系は (x, y, z) でなくてもよい。たとえば，日本とアメリカの位置を示すために，地球の中心を原点とした 3 次元直交座標 (x, y, z) を用いることは可能である。しかし，日本とアメリカはどちらも地球の中心から（ほぼ）同じ距離だけ離れているので，直交座標 (x, y, z) を用いるよりも，図 2-7 に示す「3 次元極座標 (r, θ, ϕ)」で位置を記述したほうが簡単になる。なぜなら，r は（ほぼ）地球の半径となるので，必要な情報が θ と ϕ（北緯と東経）の 2 つだけになるからである。

3 次元の極座標は通常，図 2-7 のように r と z 軸とのなす角を θ，r の xy 平面への射影と x 軸とのなす角を ϕ ととる（2 次元の場合は r と x 軸とのなす角を θ ととることに注意）。

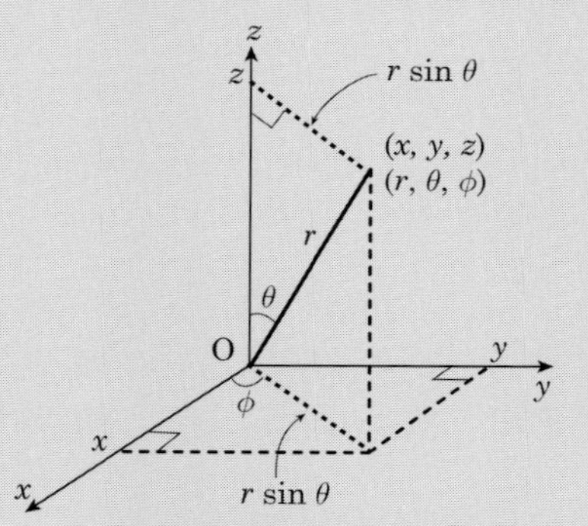

3 次元直交座標 (x, y, z) と 3 次元極座標 (r, θ, ϕ) の関係は図 2-7 より，

$$x = r \sin\theta \cos\phi, \quad y = r \sin\theta \sin\phi, \quad z = r \cos\theta$$

図 2-7　3 次元の極座標
r が z 軸とのなす角を θ，r の xy 平面への射影と x 軸とのなす角を ϕ ととる。

となる。この関係を用いて (r, θ, ϕ) から (x, y, z) を求めることができる。なお，この関係式を逆に解くと，(x, y, z) から (r, θ, ϕ) を求める式が得られる。

$$r = \sqrt{x^2 + y^2 + z^2}, \quad \cos\theta = \dfrac{z}{\sqrt{x^2 + y^2 + z^2}}, \quad \tan\phi = \dfrac{y}{x}$$

導入 問題 2-1　　　【三角関数】

次の値を求めよ。

(1) $\sin 30°$　　(2) $\cos 45°$　　(3) $\tan 60°$　　(4) $\tan^{-1}(1/\sqrt{3})$

基本 問題 2-2 【極座標】

直交座標系で座標 $(x, y) = (1, \sqrt{3})$ にある点を極座標系の座標 (r, θ) で表せ。

解答

極座標と直交座標の関係は，$r = \sqrt{x^2 + y^2}$，$\theta = \tan^{-1}\left(\dfrac{y}{x}\right)$ だから

$r = $ ⓐ ⬜ $= $ ⓑ ⬜，$\theta = $ ⓒ ⬜ $= $ ⓓ ⬜

よって，$(r, \theta) = ($ ⓑ ⬜ $,$ ⓓ ⬜ $)$

類似 問題 2-3 【極座標】

直交座標系で座標 $(x, y) = (2\sqrt{3}, 2)$ にある点を極座標系の座標 (r, θ) で表せ。

2-2 ベクトルの性質 Basic

方向と大きさをもつ量を❶⬜といい，$\vec{A}$ のように書く。

⚠ 大学では矢印をつける代わりに **A** のように太文字を用いることが多いが，本書では明確にベクトルとわかるように矢印をつけて表すことにする。

これに対して，通常の数のように大きさのみをもつ量を❷⬜という。また，ベクトルの大きさを㉑⬜（絶対値記号ではない）のように書く。当然，このベクトルの大きさはスカラー量である。ベクトル量とスカラー量を明確に区別することが重要である。

ベクトルを作図する場合には，その方向と大きさ（長さ）を矢印で表し，方向と大きさを変えなければ，どこに移動（平行移動）してもよい。また，符号を変えると大きさはそのままで，方向が反対向きのベクトルとなる。

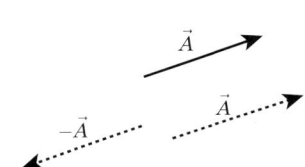

図 2-8 ベクトル
ベクトルは，方向と大きさを変えなければ，どこに平行移動してもよい。また，符号を変えると方向が反転する。

(1) ベクトルの和（たし算）

ベクトルの和（たし算）$\vec{A} + \vec{B} = \vec{C}$ は，図 2-9（☞次ページ）のように 2 通りに表現できる。図 2-9(b) の表現は，逆の見方をすれば，$\vec{C}$ を $\vec{A}$ と $\vec{B}$ に分解したと見ることができ，この見方（考え方）は重要である。

---

⑦ x　⑧ r　⑨ y　⑩ r　⑪ y　⑫ x　⑬ $r\cos\theta$　⑭ $r\sin\theta$　⑮ $r^2(\cos^2\theta + \sin^2\theta)$
⑯ r^2　⑰ $\sqrt{x^2 + y^2}$　⑱ $\tan^{-1}\left(\dfrac{y}{x}\right)$

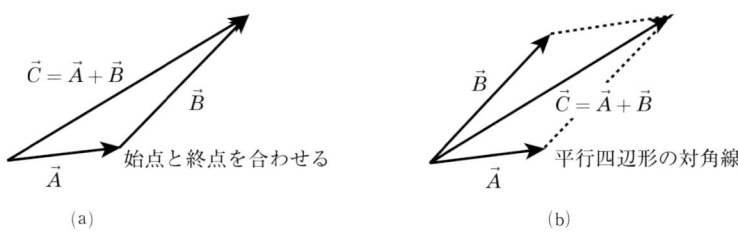

図 2-9 ベクトルの和
ベクトルの和を作図するには 2 つの方法がある。
(a) 加えたいベクトルの始点と終点を合わせ，もう一方の始点と終点を結ぶ。
(b) 加えたいベクトルを二辺とする平行四辺形を作り，対角線を結ぶ。

(2) ベクトルの差（ひき算）

ベクトルの差（ひき算）$\vec{A} - \vec{B} = \vec{D}$ は，和を用いて $-\vec{B}$ を加える，すなわち，$\vec{A} + (-\vec{B}) = \vec{D}$ と考えればよい。

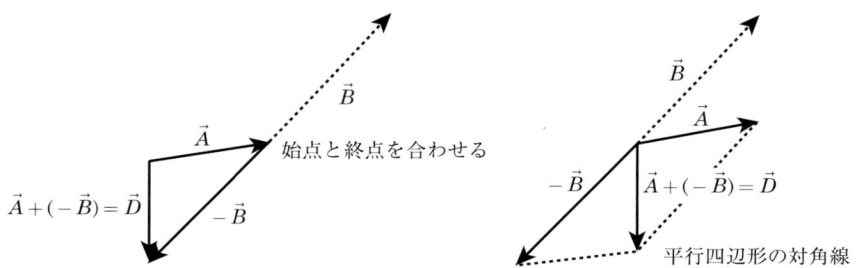

図 2-10 ベクトルの差
ベクトルの差は，負のベクトルを加えると考えればよい。

(3) 単位ベクトル

大きさが 1 のベクトルを**単位ベクトル**（基本ベクトル）という。零ベクトルでないベクトル $\vec{a}$ と同じ向きの単位ベクトルを $\vec{e}$ とすると，$\vec{e} = k\vec{a}\ (k > 0)$ となる実数 k があるから

$$|\vec{e}| = k|\vec{a}|, \quad |\vec{e}| = 1$$

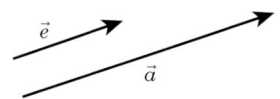

図 2-11 単位ベクトル
ベクトルは，単位ベクトルの実数倍として表される。

よって，$k = \dfrac{1}{|\vec{a}|}$，すなわち，$\vec{a}$ と同じ向きの単位ベクトル $\vec{e}$ は $\vec{e} = \dfrac{\vec{a}}{|\vec{a}|}$ と表される。ベクトル $\vec{a}$ と同じ向きの単位ベクトルは，同じ記号を用いて $\hat{a}$ のように書くこともある。特に，x, y, z 方向の単位ベクトルは，それぞれ $\vec{i}, \vec{j}, \vec{k}$ の記号で表すことが多い。

(4) ベクトルの成分表示

簡単のため 2 次元で考える。任意のベクトル $\vec{a}$ を x, y 方向に分解して，それぞれの方向のベクトルを $\vec{a}_x$,

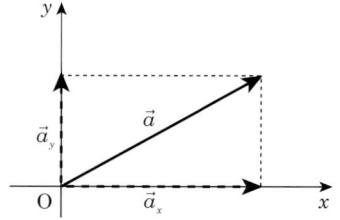

図 2-12 ベクトルの分解
ベクトルの和の逆で，ベクトルは成分ベクトルに分ける（分解する）ことができる。

$\vec{a}_y$ とすると

$$\vec{a} = \boxed{\text{㉒}} + \boxed{\text{㉓}} \quad \cdots\cdots ①$$

と表される。この $\vec{a}_x$, $\vec{a}_y$ を**成分ベクトル**という。

これを単位ベクトルを用いて表すことを考える。x, y 方向の単位ベクトルをそれぞれ $\vec{i}$, $\vec{j}$ とすると，任意のベクトル $\vec{a}$ に対して

$$\vec{a} = \boxed{\text{㉔}} + \boxed{\text{㉕}} \quad \cdots\cdots ②$$

となる実数 a_x, a_y がただ 1 組存在する。逆に，a_x, a_y に対し，式②を満たすベクトル $\vec{a}$ がただ 1 つ存在する。そこで，ベクトル $\vec{a}$ を

$$\vec{a} = (a_x, a_y) \quad \cdots\cdots ③$$

と表し，a_x, a_y を $\vec{a}$ の ㉖ $\boxed{}$ という。また，式③をベクトル $\vec{a}$ の成分表示という。式①，②から，当然 $\vec{a}_x = a_x \vec{i}$, $\vec{a}_y = a_y \vec{j}$ である。スカラー成分 a_x, a_y は，成分ベクトル $\vec{a}_x$, $\vec{a}_y$ の大きさ $|\vec{a}_x|$, $|\vec{a}_y|$ とは異なることに注意する必要がある。

$x > 0$, $y > 0$ の領域（第 1 象限）にあるベクトルの場合は一致しているが，他の領域にあるベクトルでは一致しない。すなわち，ベクトルの大きさは常に正であるが，スカラー成分は負にもなり得る。図 2-14 の場合には，スカラー成分は $\vec{a} = (-a_x, a_y)$ であり，$\vec{a} = -a_x\vec{i} + a_y\vec{j}$ となる。

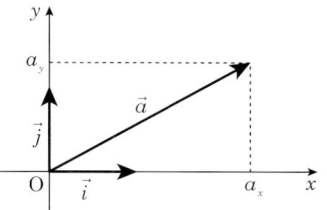

図 2-13 単位ベクトルとスカラー成分
成分ベクトルは，単位ベクトルのスカラー成分倍として表される。

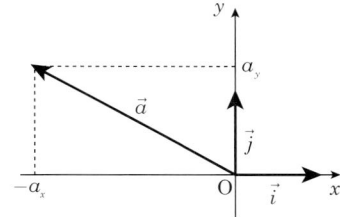

図 2-14 負のスカラー成分
ベクトルの大きさと違い，スカラー成分は負にもなる。

2 つのベクトル $\vec{A} = A_x\vec{i} + A_y\vec{j}$, $\vec{B} = B_x\vec{i} + B_y\vec{j}$ の和 $\vec{A} + \vec{B}$ や差 $\vec{A} - \vec{B}$ は，x 成分どうし，y 成分どうしの和や差を求めればよい。すなわち，

$$\vec{A} + \vec{B} = (A_x + B_x)\vec{i} + (A_y + B_y)\vec{j}, \quad \vec{A} - \vec{B} = (A_x - B_x)\vec{i} + (A_y - B_y)\vec{j}$$

(5) ベクトルの成分と大きさ

ベクトル $\vec{a} = (a_x, a_y)$ と x 軸の正の向きとのなす角を θ とすると，スカラー成分は

$$a_x = \boxed{\text{㉗}}$$

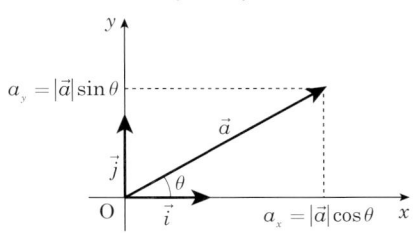

図 2-15 スカラー成分
$\vec{a}$ のスカラー成分は，x 軸とのなす角 θ とその大きさ $|\vec{a}|$ で表すことができる。

❶ ベクトル　❷ スカラー　㉑ $|\vec{A}|$

$$a_y = \boxed{\text{㉘}}$$

となる。$\vec{a} = a_x\vec{i} + a_y\vec{j}$（式②）を考慮すると，

$$\vec{a} = \boxed{\text{㉙}} + \boxed{\text{㉚}}$$

と表せる。また，ベクトル $\vec{a}$ の大きさ $|\vec{a}|$ は，

$$a_x{}^2 + a_y{}^2 = \boxed{\text{㉛}} = \boxed{\text{㉜}}$$

だから，スカラー成分を用いて，$|\vec{a}| = \boxed{\text{㉝}}$ と表され，x 軸の正の向きとのなす角 θ は，$\tan\theta = \dfrac{\text{㉞}}{\text{㉟}}$ から，逆三角関数を用いて $\theta = \boxed{\text{㊱}}$ と表される。

導入 問題 2-4　【ベクトルの和】

ベクトル $\vec{A} = 2\vec{i} + 5\vec{j}$, $\vec{B} = \vec{i} - 3\vec{j}$ の和を求めよ。

導入 問題 2-5　【ベクトルの差】

ベクトル $\vec{A} = \sqrt{2}\,\vec{i} - 3\,\vec{j}$, $\vec{B} = -\vec{i} - 2\,\vec{j}$ の差を求めよ。

基本 問題 2-6　【ベクトルのスカラー成分】

ベクトル $\vec{A} = \sqrt{3}\,\vec{i} + \vec{j}$ について，その大きさと x 軸の正の向きとのなす角 θ を求めよ。

解答

ベクトル $\vec{A}$ のスカラー成分を A_x, A_y とすると $A_x = \boxed{\text{ⓐ}}$, $A_y = \boxed{\text{ⓑ}}$ であるから，ベクトル $\vec{A}$ の大きさは，$|\vec{A}| = \sqrt{\boxed{\text{ⓒ}} + \boxed{\text{ⓓ}}} = \boxed{\text{ⓔ}}$

また，x 軸の正の向きとのなす角 θ は，$\tan\theta = \dfrac{\text{ⓕ}}{\text{ⓖ}}$ であるから，

$$\theta = \boxed{\text{ⓗ}} = \boxed{\text{ⓘ}}$$

類似 問題 2-7　【ベクトルのスカラー成分】

ベクトル $\vec{A} = -\vec{i} + \sqrt{3}\,\vec{j}$ について，その大きさと x 軸の正の向きとのなす角 θ を求めよ。

類似 問題 2-8　【ベクトルのスカラー成分】

ベクトル $\vec{A} = 2\vec{i} + 3\vec{j}$, $\vec{B} = -\vec{i} - 2\vec{j}$ について，その和 $\vec{R} = \vec{A} + \vec{B}$ を求め，その大きさと x 軸の正

の向きとのなす角 θ を求めよ。

発展 問題 2-9 【3次元ベクトル】

3次元ベクトルについての計算は2次元ベクトルについての計算方法を拡張して行えばよい。z 方向の単位ベクトルを $\vec{k}$ とするとき，ベクトル $\vec{A} = 2\vec{i} + 3\vec{j} - 4\vec{k}$, $\vec{B} = -\vec{i} - 2\vec{j} + 3\vec{k}$ について，その和 $\vec{P} = \vec{A} + \vec{B}$ と差 $\vec{Q} = \vec{A} - \vec{B}$ を求め，それぞれの大きさを求めよ。

解答

問題 2-1 (1) $\sin 30° = \dfrac{1}{2}$　(2) $\cos 45° = \dfrac{1}{\sqrt{2}}$　(3) $\tan 60° = \sqrt{3}$　(4) $\tan^{-1}\left(\dfrac{1}{\sqrt{3}}\right) = 30°$

問題 2-2 ⓐ $\sqrt{1^2 + \left(\sqrt{3}\right)^2}$　ⓑ 2　ⓒ $\tan^{-1}\left(\dfrac{\sqrt{3}}{1}\right)$　ⓓ $60°$

問題 2-3 $(r, \theta) = \left(\sqrt{x^2 + y^2}, \tan^{-1}\left(\dfrac{y}{x}\right)\right) = (4, 30°)$

問題 2-4 $\vec{A} + \vec{B} = 3\vec{i} + 2\vec{j}$

問題 2-5 $\vec{A} - \vec{B} = \left(\sqrt{2} + 1\right)\vec{i} - \vec{j}$

問題 2-6 ⓐ $\sqrt{3}$　ⓑ 1　ⓒ $\left(\sqrt{3}\right)^2$　ⓓ 1^2　ⓔ 2　ⓕ A_y　ⓖ A_x　ⓗ $\tan^{-1}\left(\dfrac{1}{\sqrt{3}}\right)$　ⓘ $30°$

問題 2-7 $|\vec{A}| = \sqrt{A_x^2 + A_y^2} = 2$, $\theta = \tan^{-1}\left(\dfrac{A_y}{A_x}\right) = 120°$

問題 2-8 $|\vec{R}| = \sqrt{R_x^2 + R_y^2} = \sqrt{2}$, $\theta = \tan^{-1}\left(\dfrac{R_y}{R_x}\right) = 45°$

問題 2-9 $\vec{P} = \vec{A} + \vec{B} = \vec{i} + \vec{j} - \vec{k}$, $\vec{Q} = \vec{A} - \vec{B} = 3\vec{i} + 5\vec{j} - 7\vec{k}$
$|\vec{P}| = \sqrt{P_x^2 + P_y^2 + P_z^2} = \sqrt{3}$, $|\vec{Q}| = \sqrt{Q_x^2 + Q_y^2 + Q_z^2} = \sqrt{83}$

三角関数の公式

$$\tan\theta = \frac{\sin\theta}{\cos\theta}, \quad \operatorname{cosec}\theta = \frac{1}{\sin\theta}, \quad \sec\theta = \frac{1}{\cos\theta}, \quad \cot\theta = \frac{1}{\tan\theta} = \frac{\cos\theta}{\sin\theta}$$

cosec, sec, cot はそれぞれコセカント，セカント，コタンジェントと読む。

$$\sin^2\theta + \cos^2\theta = 1, \quad 1 + \tan^2\theta = \sec^2\theta, \quad 1 + \cot^2\theta = \operatorname{cosec}^2\theta$$

㉒ $\vec{a}_x$　㉓ $\vec{a}_y$　㉔ $a_x\vec{i}$　㉕ $a_y\vec{j}$　㉖ スカラー成分　㉗ $|\vec{a}|\cos\theta$

第 3 章 粒子の速度・加速度

キーワード 変位，速度，加速度

3-1　変位　　Basic

物体が位置 x_i から Δx 離れた位置 x_f に移動するとき，物体の位置の変化を ❶ □□□□□（変位ベクトル）という。

すなわち，$\Delta \vec{x} \equiv$ ② □□□□□ と変位を定義する。変位は物体の移動を表す物理量であるからベクトル量（大きさと向きがある）であり，スカラー量である**距離**とは区別する必要がある。

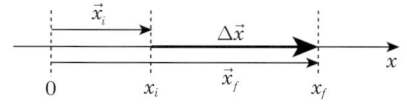

図3-1　変位・変位ベクトル
変位は物体の位置の変化を表す量であるから，ベクトルである。$\Delta \vec{x} \equiv \vec{x}_f - \vec{x}_i$

⚠ 記号 "Δx" の "Δ" はギリシャ文字 δ の大文字で "デルタ" と読み，物理ではしばしば，変化する量を表す。また，x_i や x_f についている添え字の i と f は，それぞれ運動のはじめ（initial）と終わり（final）を意味する添え字である。

3-2　平均速度と瞬間速度　　Basic

物体の運動を表すためには，いつの時刻にどの位置にあるのかを知らなければならない。刻々と位置を変える物体の運動を表そう。

(1) 平均速度

時刻 t_i に位置 $\vec{x}_i$ にある物体が，Δt 後の時刻 t_f に位置 $\vec{x}_f$ に移動するとき，平均速度 $\vec{\bar{v}}$ は変位（変位ベクトル）を用いて，

$$\vec{\bar{v}} \equiv \frac{\text{③}}{\text{④}} = \frac{\text{⑤}}{\text{⑥}}$$

と定義される。これを関数として見直してみると，位置は時間とともに変化するので変位は時間の関数，すなわち $\Delta \vec{x}(t)$ であり，平均速度も時間の関数 $\vec{\bar{v}}(t)$ となっており，以下のように表せる。

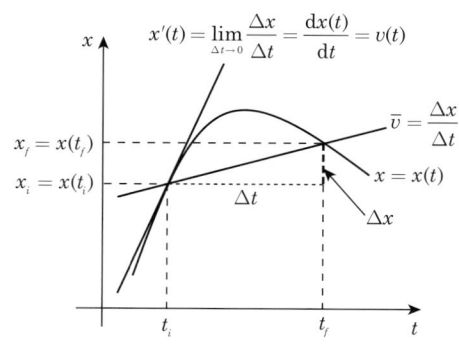

図3-2　x-t 図
このグラフは横軸に時間 t，縦軸に位置 x をとっていることに注意せよ。すなわち，実際には x 方向に運動している。

$$\vec{v}(t) = \frac{\Delta \vec{x}(t)}{\Delta t} = \frac{\vec{x}(t_f) - \vec{x}(t_i)}{t_f - t_i}$$

さて，ここで，微分の復習をしておこう．

導関数の定義

関数 $y = f(x)$ の導関数を $f'(x) = \lim_{\Delta x \to 0} \frac{f(x + \Delta x) - f(x)}{\Delta x}$ と定義し，記号 $f'(x)$, $\frac{\mathrm{d}f(x)}{\mathrm{d}x}$, y', $\frac{\mathrm{d}y}{\mathrm{d}x}$ などで表す．$f(x)$ の導関数を求めることを $f(x)$ を x で微分するという．

ここで，極限：$\lim_{x \to a}$（リミットと読む）について簡単に復習する．関数 $f(x)$ において，x の値をある値 a に限りなく近づけることを，その関数の極限をとるといい，$\lim_{x \to a} f(x)$ と書く．関数の極限が限りなく β に近づく，すなわち $\lim_{x \to a} f(x) = \beta$ となるとき，関数 $f(x)$ は $x \to a$ で収束するといい，β を極限値という．

導関数についての補足

関数 $y = f(x)$ において，独立変数 x が $\Delta x \neq 0$ だけ増加したとき，対応する従属変数 y の増加分を Δy とすれば，$\Delta y = f(x + \Delta x) - f(x)$ であるから，平均変化率は

$$\frac{\Delta y}{\Delta x} = \frac{f(x + \Delta x) - f(x)}{(x + \Delta x) - x} = \frac{f(x + \Delta x) - f(x)}{\Delta x}$$

となる．この平均変化率 $\Delta y / \Delta x$ の $\Delta x \to 0$ の極限 $\lim_{\Delta x \to 0} \Delta y / \Delta x$ が導関数もしくは微分となる．微分は任意の点 x での接線の傾き（勾配）を表している．

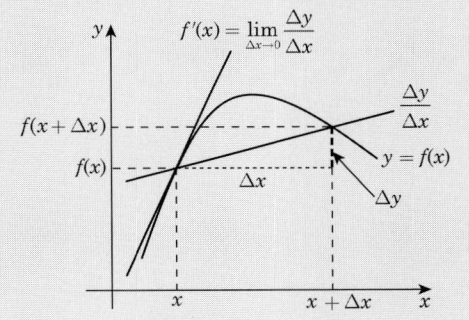

図 3-3 導関数とグラフ

x-t 図（図 3-2）や v-t 図（図 3-4）と比較して，数学で学習した微分が速度や加速度を表すことを確認せよ．

(2) 瞬間速度

ある瞬間の速度を知りたいときには，時間の間隔 Δt を限りなく小さくする（$\Delta t \to 0$）ことによって，瞬間速度を定義できる．すなわち，

$$\vec{v}(t) = \lim_{\Delta t \to 0} \vec{v}(t) = \lim_{\Delta t \to 0} \frac{\vec{x}(t + \Delta t) - \vec{x}(t)}{\Delta t} = \frac{\boxed{⑦}}{\boxed{⑧}}$$

これは，微分の定義にほかならない（☞「導関数の定義」とよく比較せよ）．瞬間速度は，

㉘ $|\vec{a}| \sin \theta$　㉙ $|\vec{a}| \cos \theta \, \vec{i}$　㉚ $|\vec{a}| \sin \theta \, \vec{j}$　㉛ $|\vec{a}|^2 (\cos^2 \theta + \sin^2 \theta)$　㉜ $|\vec{a}|^2$　㉝ $\sqrt{a_x^2 + a_y^2}$

㉞ a_y　㉟ a_x　㊱ $\tan^{-1}\left(\dfrac{a_y}{a_x}\right)$

物体の位置の時間微分で与えられる。通常，この瞬間速度は，特に断らない限り，単に**速度**といい，速度の大きさ $|\vec{v}|$ を ❾ □ という。"速度"というときにはベクトル量であり，スカラー量である"速さ"と区別することが重要である。速度および速さは，単位時間あたりの変位であるから，単位は [m/s] である。

微分の計算

さきに示した導関数の定義にしたがって計算すれば関数を微分できるが，いちいち定義にしたがって計算するのは大変なので，微分の公式を覚えておくとよい。ここでは，もっとも簡単なべき乗の微分を復習しておく（☞指数関数の微分は 104 ページ，三角関数の微分は 162 ページ，他の関数の微分は付録 C）。

$y = f(x) = x^n$ を x で微分する場合，公式：$f'(x) = \dfrac{df(x)}{dx} = \dfrac{dx^n}{dx} = nx^{n-1}$

たとえば $n = 0$ の場合，$x^0 = 1$ だから $f'(x) = \dfrac{dx^0}{dx} = \dfrac{d1}{dx} = 0$ となり，定数を微分すると 0 となる。

$n = 1$ の場合，$f'(x) = \dfrac{dx}{dx} = 1 \times x^{1-1} = 1$

$n = 2$ の場合，$f'(x) = \dfrac{dx^2}{dx} = 2x^{2-1} = 2x$

$n = 3$ の場合，$f'(x) = \dfrac{dx^3}{dx} = 3x^{3-1} = 3x^2$

$n = -1$ の場合，$f'(x) = \dfrac{dx^{-1}}{dx} = -1 \times x^{-1-1} = -x^{-2} = -\dfrac{1}{x^2}$

$n = 1/2$ の場合，$f'(x) = \dfrac{dx^{\frac{1}{2}}}{dx} = \dfrac{1}{2}x^{\frac{1}{2}-1} = \dfrac{1}{2}x^{-\frac{1}{2}} = \dfrac{1}{2\sqrt{x}}$ などとなる。

導入 問題 3-1　【関数の値】

次の関数の $t = 3$ での値を求めよ。

(1) $f(t) = 2t^2 - 5t + 2$　　(2) $f(t) = \sqrt{3t} + \dfrac{1}{\sqrt{2t^3}}$

導入 問題 3-2　【微分】

次の関数を t で微分せよ。

(1) $f(t) = 3t^4 + 2t^2 - 5t + 2$　(2) $f(t) = \dfrac{2}{t}$　(3) $f(t) = \dfrac{3}{t^2}$　(4) $f(t) = \sqrt{t} + \dfrac{1}{\sqrt{t}}$

基本 問題 3-3　【平均速度と瞬間速度】

ある物体が x 軸に沿って運動しており，その座標は $x = 3t^2 + 2t$ [m] にしたがって変化する。
(1) $t = 1$ s から $t = 3$ s の間の変位 Δx を求めよ。
(2) $t = 1$ s から $t = 3$ s の間の平均速度 $\bar{v}$ を求めよ。
(3) $t = 2$ s における速度（瞬間速度）v を求めよ。

解答

(1) $t = 1\,\text{s}$ のときの座標は $x_i = $ ⓐ ☐ であり，$t = 3\,\text{s}$ のときの座標は $x_f = $ ⓑ ☐ であるから，この間の変位は $\Delta x = $ ⓒ ☐ m となる。

(2) この間の平均速度は $\bar{v} = \dfrac{\Delta x}{\Delta t} = \dfrac{\text{ⓓ}\ \square}{\text{ⓔ}\ \square} = $ ⓕ ☐ m/s

(3) 速度は $v = \dfrac{\mathrm{d}x}{\mathrm{d}t}$ であるから，$x = 3t^2 + 2t$ を時間 t で微分して，$v = \dfrac{\mathrm{d}x}{\mathrm{d}t} = $ ⓖ ☐ となるから，$t = 2\,\text{s}$ を代入して $v = $ ⓗ ☐ m/s

類似 問題 3-4　【平均速度と瞬間速度】

ある物体が x 軸に沿って運動しており，その座標は $x = 2t^2 - 4t\,[\text{m}]$ にしたがって変化する。
(1) $t = 1\,\text{s}$ から $t = 3\,\text{s}$ の間の変位 Δx を求めよ。
(2) $t = 1\,\text{s}$ から $t = 3\,\text{s}$ の間の平均速度 $\bar{v}$ を求めよ。
(3) $t = 2\,\text{s}$ における速度（瞬間速度） v を求めよ。

3-3　平均加速度と瞬間加速度　Basic

「加速度」と聞いて，そのイメージが湧くだろうか？「すごい加速だ！」なんて日常でも使うと思うけれど，どういうことだろう。どんどん速くなっていくときに使うね。時間が経ったら速度が変化する，それが加速度。加速度は大変重要だから，よく理解する必要がある。

(1) 平均加速度

時刻 t_i に速度 $\vec{v}_i$ であった物体が，Δt 後の時刻 t_f に速度 $\vec{v}_f$ になったとするとき，平均加速度は

$$\vec{a} = \frac{\text{⑩}\ \square}{\text{⑪}\ \square} = \frac{\text{⑫}\ \square}{\text{⑬}\ \square}$$

と定義できる。速度の場合と同様に，これを関数として見直してみると，以下のように表せる。

$$\vec{a}(t) = \frac{\Delta \vec{v}(t)}{\Delta t} = \frac{\vec{v}(t_f) - \vec{v}(t_i)}{t_f - t_i}$$

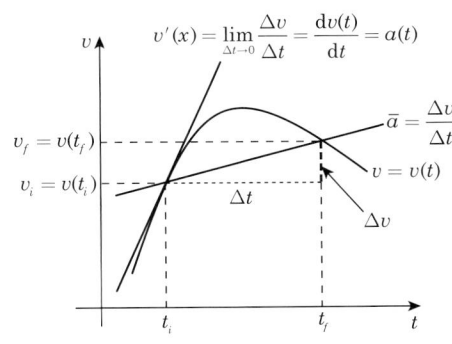

図 3-4　v-t 図
速度の場合と同様に，v-t グラフの傾きが加速度となる。

---

❶ 変位　② $\vec{x}_f - \vec{x}_i$　③ $\Delta \vec{x}$　④ Δt　⑤ $\vec{x}_f - \vec{x}_i$　⑥ $t_f - t_i$　⑦ $\mathrm{d}\vec{x}$　⑧ $\mathrm{d}t$

(2) 瞬間加速度

時間の間隔 Δt を限りなく小さくする ($\Delta t \to 0$) ことによって，瞬間加速度を定義できる。すなわち，

$$\vec{a}(t) = \lim_{\Delta t \to 0} \vec{\bar{a}}(t) = \lim_{\Delta t \to 0} \frac{\vec{v}(t+\Delta t) - \vec{v}(t)}{\Delta t} = \frac{\boxed{⑭}}{\boxed{⑮}}$$

瞬間加速度（特に断らない限り，これを単に**加速度**という）は，物体の速度の時間微分で与えられ，単位は [m/s / s] = [m/s²]（メートル毎秒毎秒と読む）である。さらに，さきに示した速度を代入すると

$$\vec{a}(t) = \frac{d\vec{v}(t)}{dt} = \frac{d\left(\dfrac{d\vec{x}(t)}{dt}\right)}{dt} = \frac{d}{dt}\left(\frac{d\vec{x}(t)}{dt}\right) = \frac{d^2\vec{x}(t)}{dt^2}$$

となり，加速度は位置の時間に関する2階微分で与えられる。

 2階微分とは，2回続けて微分をすることで，記号 $\dfrac{d^2 f(x)}{dx^2}$ を用いる。

問題 3-5 【2階微分】

次の関数を t で2階微分せよ。

(1) $f(t) = 3t^4 + 2t^2 - 5t + 2$ 　　(2) $f(t) = \dfrac{2}{t}$ 　　(3) $f(t) = \dfrac{3}{t^2}$

問題 3-6 【平均加速度と瞬間加速度】

ある物体が x 軸に沿って運動しており，その速度は $v = 10 - 2t^2$ [m/s] にしたがって変化する。
(1) $t = 1$ s から $t = 3$ s の間の平均加速度 $\bar{a}$ を求めよ。
(2) $t = 3$ s における加速度（瞬間加速度）a を求めよ。

問題 3-7 【平均加速度】

$v_i = 100$ km/h で走行していた車がブレーキをかけ，$t_f = 1.8$ s 後に停止した。この車の平均加速度 $\bar{a}$ を求めよ。

問題 3-8 【速度・加速度】

ある物体が x 軸に沿って運動しており，その座標は $x = 2t^2 + 10t$ [m] にしたがって変化する。$t = 2$ s における速度 v および加速度 a を求めよ。

解答

問題 3-1 　(1) $f(3) = 5$ 　　(2) $f(3) = 3 + \dfrac{1}{3\sqrt{6}}$

問題 3-2 　(1) $f'(t) = \dfrac{df(t)}{dt} = 12t^3 + 4t - 5$ 　　(2) $f'(t) = \dfrac{df(t)}{dt} = -\dfrac{2}{t^2}$

(3) $f'(t) = \dfrac{\mathrm{d}f(t)}{\mathrm{d}t} = -\dfrac{6}{t^3}$　　(4) $f'(t) = \dfrac{\mathrm{d}f(t)}{\mathrm{d}t} = \dfrac{1}{2\sqrt{t}} - \dfrac{1}{2t\sqrt{t}}$

問題 3-3　　ⓐ 5　ⓑ 33　ⓒ 28　ⓓ 28　ⓔ 2　ⓕ 14　ⓖ $6t+2$　ⓗ 14

問題 3-4　　(1) $\Delta x = 8 \text{ m}$　(2) $\bar{v} = \dfrac{\Delta x}{\Delta t} = 4 \text{ m/s}$　(3) $v = 4t - 4 = 4 \text{ m/s}$

問題 3-5　　(1) $f''(t) = \dfrac{\mathrm{d}^2 f(t)}{\mathrm{d}t^2} = 36t^2 + 4$　(2) $f''(t) = \dfrac{\mathrm{d}^2 f(t)}{\mathrm{d}t^2} = \dfrac{4}{t^3}$　(3) $f''(t) = \dfrac{\mathrm{d}^2 f(t)}{\mathrm{d}t^2} = \dfrac{18}{t^4}$

問題 3-6　　(1) $\bar{a} = \dfrac{\Delta v}{\Delta t} = -8 \text{ m/s}^2$　(2) $a = -4t = -12 \text{ m/s}^2$

問題 3-7　　$\bar{a} = \dfrac{\Delta v}{\Delta t} = -15 \text{ m/s}^2$

問題 3-8　　$v = 4t + 10 = 18 \text{ m/s},\ a = 4 \text{ m/s}^2$

力学でよく使われる記号①

　力学でアルファベットの v が登場すると，ほとんどの場合は速度を意味している。同様に，アルファベットの a は加速度を意味することが多い。このように，力学で使われる記号（アルファベット）はだいたい決まっている。その一例を3回に分けて紹介しよう（☞②：98ページ，③：144ページ）。

■図形に関する記号■
　　長さ：L, l　　　　**l**ength
　　面積：A, S　　　　**a**rea, **s**quare
　　体積：V　　　　　**v**olume
　　距離：D, d　　　　**d**istance
　　半径：R, r　　　　**r**adius

■運動に関する記号■
　　時間：t　　　　　**t**ime
　　変位：x　　　　　displacement
　　速度：v　　　　　**v**elocity
　　速さ：v　　　　　speed
　　加速度：a　　　　**a**cceleration

■運動と力に関する記号■
　　力：F　　　　　　**f**orce
　　重力：G　　　　　**g**ravity
　　重力加速度：g　　acceleration of **g**ravity
　　重量（重さ）：W　**w**eight
　　張力：T　　　　　**t**ension
　　垂直抗力：N　　　**n**ormal force
　　摩擦力：f　　　　**f**riction (frictional force)
　　力積：I　　　　　**i**mpulse
　　運動量：p　　　　momentum
　　質量：m　　　　　**m**ass

❾ 速さ　⑩ $\Delta \vec{v}$　⑪ Δt　⑫ $\vec{v}_f - \vec{v}_i$　⑬ $t_f - t_i$

第4章 等加速度運動

キーワード 等加速度運動，運動学的方程式，微分方程式

4-1 等加速度 Basic

　等加速度ってどういうことだろうか。文字通り加速度が等しいということ，つまり加速度が一定であるということであり，一定の割合で速度が増えたり，減ったりすることである。けっして，速度が一定の等速度と間違えてはいけない。**等加速度運動**で重要なことは，第3章で学んだ平均加速度と加速度（瞬間加速度）が等しいということである。いつの瞬間でも加速度が等しいのだから，平均しても等しい。さて，等加速度で運動する物体のしたがう方程式（運動学的方程式）を紹介しよう。

> ⚠ 速度 $\vec{v}$ や加速度 $\vec{a}$ はベクトルであるが，今後は 1 次元（x 方向や y 方向）の運動を考え，$\vec{v}$ や $\vec{a}$ は，そのスカラー成分 v，a を用いて考える。

4-2 運動学的方程式 Basic

(1)

　等加速度運動は加速度＝平均加速度だから，時刻 $t_i = 0$ に速度 $v_i = v_0$ であった物体が，時刻 $t_f = t$ に速度 $v_f = v$ になったとすると，平均加速度の定義より，

$$a = \bar{a} \equiv \frac{v_f - v_i}{t_f - t_i} = \frac{\boxed{①}}{\boxed{②}}$$

ここで，v_0 は物体がはじめにもっている速度で，❸ $\boxed{}$ という。上式を変形すると

$$v = \boxed{④} \quad \cdots\cdots ①$$

(2)

　等加速度運動は，一定の割合で速度が変化するのだから，速度 v_0 であった物体が速度 v になったとすると，平均速度はそれらの平均値になるから

$$\bar{v} = \frac{\boxed{⑤}}{2}$$

一方で，時刻 $t_i = 0$ に位置 $x_i = x_0$ にある物体が $t_f = t$ に位置 $x_f = x$ に移動したとすると，平均速度の定義より，

$$\bar{v} \equiv \frac{x_f - x_i}{t_f - t_i} = \frac{\boxed{⑥}}{\boxed{⑦}}$$

この 2 式は等しいから，連立して変形すると

$$x - x_0 = \boxed{⑧} \quad \cdots\cdots ②$$

(3)

式②に式①を代入して，v を消去すると

$$x - x_0 = \boxed{⑨} \quad \cdots\cdots ③$$

(4)

今度は，式①と式②を用いて，t を消去して v^2 について整理すると，

$$v^2 = \boxed{⑩} \quad \cdots\cdots ④$$

この①〜④の方程式を等加速度運動（加速度が一定の運動）している物体のしたがう**運動学的方程式**といい，位置 x，速度 v，時間 t，加速度 a 間の関係を表している。まとめると，物体の初速度 v_0，物体の最初の位置 x_0，加速度 a は，それぞれ定数であり，v，x は時間 t の関数で，式①は速度 v が時間 t の 1 次関数，式③は位置 x が時間 t の 2 次関数であることをそれぞれ表している。

$$v = v_0 + at \quad \cdots\cdots ① \qquad x = x_0 + \frac{1}{2}(v + v_0)t \quad \cdots\cdots ②$$

$$x = x_0 + v_0 t + \frac{1}{2}at^2 \quad \cdots\cdots ③ \qquad v^2 = v_0^2 + 2a(x - x_0) \quad \cdots\cdots ④$$

基本 問題 4-1 【初速度ゼロの等加速度運動】

停車していた電車が駅を出発する。電車が一定の加速度 $a = 3.0 \text{ m/s}^2$ で加速するとき，次の問いに答えよ。
(1) $t = 5.0$ 秒後の電車の速度 v を求めよ。
(2) 電車の速度が $v = 30$ m/s になる時間 t を求めよ。
(3) $t = 10$ 秒間に電車が進む距離 x を求めよ。

---

⑭ $d\bar{v}$　⑮ dt

第 4 章●等加速度運動

解答

(1) $v = v_0 + at$ より，$v_0 =$ ⓐ◯ だから $v =$ ⓑ◯ m/s

(2) $v = v_0 + at$ より，$t = \dfrac{ⓒ◯}{ⓓ◯} =$ ⓔ◯ s

(3) $x = x_0 + v_0 t + \dfrac{1}{2} a t^2$ より，$x_0 =$ ⓕ◯，$v_0 =$ ⓖ◯ だから

$x = \dfrac{1}{2} a t^2 =$ ⓗ◯ m

問題 4-2　【初速度ゼロの等加速度運動】

信号待ちをしていた車が，信号が変わり一斉にスタートする。一定の加速度 $a = 4.0$ m/s² で加速するとき，次の問いに答えよ。

(1) $t = 3.0$ 秒後の車の速度 v を求めよ。
(2) 車の速度が $v = 28$ m/s になる時間 t を求めよ。
(3) $t = 10$ 秒間に車が進む距離 x を求めよ。

問題 4-3　【初速度のある等加速度運動】

高速道路を $v_0 = 20$ m/s で走っていた車が，追い越しをかけるために，一定の加速度 $a = 5.0$ m/s² で加速するとき，次の問いに答えよ。

(1) $t = 2.0$ 秒後の車の速度 v を求めよ。
(2) 車の速度が $v = 35$ m/s になる時間 t を求めよ。
(3) $t = 3.0$ 秒間に車が進む距離 x を求めよ。

問題 4-4　【初速度のある等加速度運動】

キミは直線状の道をドライブしている。運転を開始してから $x_0 = 400$ m 走ったときの速さは $v_0 = 20$ m/s であった。その後キミはアクセルをさらに踏み込み，一定の加速度で $t = 4.0$ s 間加速したところ，速さが $v = 30$ m/s になった。いまキミは運転を開始した地点から何 m 離れているのか？ この距離 x を求めよ。

問題 4-5　【初速度のある等加速度運動】

キミは直線状の道をドライブしている。運転を開始してから $x_0 = 400$ m 走ったときの速さは $v_0 = 20$ m/s であった。その直後にキミはアクセルをさらに踏み込み，一定の加速度で加速したところ，$x = 500$ m の地点での速さが $v = 30$ m/s になった。このときの加速度 a を求めよ。

問題 4-6　【斜面上の等加速度運動】

斜面上に物体を置き，静かに手を離すと物体は一定の加速度 $a = 4.9$ m/s² で斜面上を滑り落ちた。手を離してから $x = 0.50$ m 滑り落ちたときの物体の速さ v を求めよ。

4-3 積分を用いて運動学的方程式を導く Standard

積分を知っている諸君は，4-2節で求めた運動学的方程式が積分を用いると簡単に導けることがわかる。まずは，積分の復習をしておこう。

ここでは，もっとも簡単な積分公式のみを紹介する。積分の意味については第14章で扱う。

積 分 の 計 算

ここでは，もっとも簡単なべき乗の積分を復習しておく（☞他の関数の積分は付録C）。
$y = f(x) = x^n$ を x で積分する場合，公式：$\int f(x)dx = \int x^n dx = \dfrac{1}{n+1}x^{n+1} + C$

この積分は積分の範囲を決めていない積分なので**不定積分**という。C は**積分定数**とよばれ，任意の数である。

たとえば $n = 0$ の場合，$\int x^0 dx = \dfrac{1}{0+1}x^{0+1} + C = x + C$

$n = 1$ の場合，$\int x^1 dx = \dfrac{1}{1+1}x^{1+1} + C = \dfrac{1}{2}x^2 + C$

$n = 2$ の場合，$\int x^2 dx = \dfrac{1}{2+1}x^{2+1} + C = \dfrac{1}{3}x^3 + C$

$n = -1$ の場合，$\int x^{-1} dx = \log|x| + C$

$n = 1/2$ の場合，$\int x^{\frac{1}{2}} dx = \dfrac{1}{\frac{1}{2}+1}x^{\frac{1}{2}+1} + C = \dfrac{2}{3}x^{\frac{3}{2}} + C$　などとなる。

さて，運動学的方程式を導こう。加速度の定義：$a = \dfrac{dv}{dt}$ を改めて見直すと，これは微分を含んだ方程式（**微分方程式**）である。a が定数（等加速度）であることに注意して，変数を分離し，積分を実行すると

$$\int dv = \int a\,dt \longrightarrow v = \text{⑪}\boxed{} + C \quad (C \text{ は積分定数})$$

ここで，条件（**初期条件**）：$t = 0$ のとき $v = 0$ であれば，上の結果に代入して $C = $ ⑫$\boxed{}$，すなわち $v = at$ となり，初速度がない場合の運動学的方程式が求められる。また，条件（初期条件）：$t = 0$ のとき $v = v_0$ であれば，$C = $ ⑬$\boxed{}$ となり，初速度が v_0 のときの運動学的方程式：$v = $ ⑭$\boxed{}$ が求められる。

---

① $v - v_0$　② t　❸ 初速度　④ $v_0 + at$　⑤ $v_0 + v$　⑥ $x - x_0$　⑦ t　⑧ $\dfrac{1}{2}(v_0 + v)t$
⑨ $v_0 t + \dfrac{1}{2}at^2$　⑩ $v_0^2 + 2a(x - x_0)$

次に，速度の定義：$v = \dfrac{dx}{dt}$ に上の結果を代入すると，$v_0 + at = \dfrac{dx}{dt}$ となり，これも微分方程式であるから，変数を分離し，積分を実行すると

$$\int dx = \int (v_0 + at) dt \quad \longrightarrow \quad x = \text{⑮}\boxed{} + C$$

ここで，条件（初期条件）：$t = 0$ のとき $x = x_0$ であれば，$C = \text{⑯}\boxed{}$ となり，

運動学的方程式：$x = \text{⑰}\boxed{}$ が求められる。

微分方程式についての補足

未知関数 $y(x)$ とその導関数 $\dfrac{dy}{dx}, \dfrac{d^2y}{dx^2}, \cdots, \dfrac{d^ny}{dx^n}$ を含む方程式を**微分方程式**といい，微分方程式に含まれる導関数の最高階のものが n 階の導関数であるとき，それを n 階の微分方程式という。また，未知関数およびその導関数について1次の項しか含まないものを**線形微分方程式**という。

微分方程式を満たす関数を微分方程式の**解**という。もっとも簡単な微分方程式の解法を紹介しておく。

変数分離形微分方程式：$\dfrac{dy}{dx} = f(x)g(y)$ の解法

両辺を $g(y)$ でわると $\dfrac{1}{g(y)}\dfrac{dy}{dx} = f(x)$，両辺を x で積分して $\int \dfrac{1}{g(y)}\dfrac{dy}{dx}dx = \int f(x)dx$，

よって $\int \dfrac{1}{g(y)}dy = \int f(x)dx$ の積分を実行することによって未知関数 $y(x)$ が求められる。

このようにして求められた未知関数（微分方程式の解）には積分定数（任意定数）が含まれる。任意定数を含む解を微分方程式の**一般解**という。

導入 問題 4-7 【不定積分】

次の不定積分をせよ。

(1) $\displaystyle\int (2x^3 + 3x^2 - 4x + 5)dx$　　(2) $\displaystyle\int \left(2\sqrt{x} + \dfrac{3}{x^3}\right)dx$　　(3) $\displaystyle\int \left(x + \dfrac{1}{x}\right)^2 dx$　　(4) $\displaystyle\int \dfrac{2}{x}dx$

基本 問題 4-8 【微分方程式】

次の微分方程式の一般解を求めよ。

(1) $\dfrac{dy}{dx} = 2x$　　(2) $\dfrac{dy}{dx} = 2xy^2$　　(3) $\dfrac{dy}{dx} = 2xy$

基本 問題 4-9 【微分方程式：自由落下】

微分方程式 $\dfrac{dv}{dt} = -g$（g は定数）の一般解を求めよ。また，条件「$t = 0$ のとき $v = v_0$」を満足する解を求めよ。

解答

問題 4-1　ⓐ 0　ⓑ 15　ⓒ v　ⓓ a　ⓔ 10　ⓕ 0　ⓖ 0　ⓗ 1.5×10^2

問題 4-2　(1)　$v = at = 12$ m/s　(2)　$t = v/a = 7.0$ s　(3)　$x = \dfrac{1}{2}at^2 = 2.0 \times 10^2$ m

問題 4-3　(1)　$v = v_0 + at = 30$ m/s　(2)　$t = \dfrac{v - v_0}{a} = 3.0$ s

(3)　$x = v_0 t + \dfrac{1}{2}at^2 = 83$ m

問題 4-4　$x = x_0 + \dfrac{1}{2}(v_0 + v)t = 5.0 \times 10^2$ m

問題 4-5　$a = \dfrac{v^2 - v_0^2}{2(x - x_0)} = 2.5$ m/s^2

問題 4-6　$v = \sqrt{2a(x - x_0)} = 2.2$ m/s

問題 4-7　(1)　$\dfrac{1}{2}x^4 + x^3 - 2x^2 + 5x + C$　(2)　$\dfrac{4}{3}x^{\frac{3}{2}} - \dfrac{3}{2x^2} + C$　(3)　$\dfrac{1}{3}x^3 + 2x - \dfrac{1}{x} + C$

(4)　$2\log|x| + C$

問題 4-8　(1)　$y = x^2 + C$　(2)　$y = \dfrac{1}{-x^2 + C}$　(3)　$y = Ce^{x^2}$

問題 4-9　一般解：$v = -gt + C$，条件を満たす解：$v = v_0 - gt$

積分公式

$$\int (ax+b)^n \, dx = \begin{cases} \dfrac{1}{(ax+b)'}\dfrac{(ax+b)^{n+1}}{n+1} + C = \dfrac{1}{a}\dfrac{(ax+b)^{n+1}}{n+1} + C & (n \neq -1) \\[2ex] \dfrac{1}{(ax+b)'}\log|ax+b| + C = \dfrac{1}{a}\log|ax+b| + C & (n = -1) \end{cases}$$

$$\int x^n \, dx = \begin{cases} \dfrac{x^{n+1}}{n+1} + C & (n \neq -1) \\[2ex] \log|x| + C & (n = -1) \end{cases}$$

---

⑪ at　⑫ 0　⑬ v_0　⑭ $v_0 + at$

第5章 自由落下運動

キーワード 自由落下，投げ下ろし，投げ上げ

5-1 重力による運動 　Basic

すべての物体は，一定の加速度（❶ _____ ）g で地表に落下する。このような運動を**自由落下運動**といい，地表付近では $g = 9.8 \text{ m/s}^2$ である。この事実はガリレイによって発見され，数学的な形式にまとめられた。上方を正（$+y$）とすると，自由落下運動（下向きの一定の加速度＝重力加速度 $= -g$）を表すためには，第4章で学んだ運動学的方程式の加速度 a を下向きの重力加速度 $-g$ に置き換えればよい。

$$a \to -g$$

① $v = v_0 + at$ ⟶ A ② _____

② $y = y_0 + \dfrac{1}{2}(v + v_0)t$ ⟶ B $y = y_0 + \dfrac{1}{2}(v + v_0)t$

③ $y = y_0 + v_0 t + \dfrac{1}{2}at^2$ ⟶ C ③ _____

④ $v^2 = v_0^2 + 2a(y - y_0)$ ⟶ D ④ _____

 重力加速度の値は，特に断りがない限り $g = 9.8 \text{ m/s}^2$ とする。

自由落下運動は，次の4つのパターンに大別できる。しかし，いずれの場合も本質的には同じで，重力による自由落下運動であると捉えることが大切である。

1. 自由落下運動（自然に落下する＝初速度がゼロである：$v_0 = 0$）［☞ 5-2 節］
2. 投げ下ろし運動（下方に初速度を与える：$v_0 < 0$）［☞ 5-3 節］
3. 投げ上げ運動（上方に初速度を与える：$v_0 > 0$）［☞ 5-4 節］
4. 放物運動（斜めに初速度を与える）［☞ 6-1 節］

重力加速度

重力加速度の値は同じ場所においては，物体の質量によらず一定であるが，場所によってわずかに異なる（☞ 表 5-1）。一般に，赤道上でもっとも小さく，緯度が高くなるにつれて大きくなる

が，同じ緯度では標高が高いほど小さい（☞標高の違いによる重力加速度については10-3節）。

このように重力加速度は場所によって異なるので標準重力加速度として，以下のように定義されている（1901年　国際度量衡総会）。

　標準重力加速度：$g = 9.80665 \text{ m/s}^2$

表 5-1　各地の重力加速度の実測値

地名	緯度	高さ [m]	g [m/s²]
昭和基地（南極）	69°00′	14	9.825256
札幌	43°04′	15	9.8047757
東京	35°38′	28	9.7976319
京都	35°01′	59.78	9.7970768
鹿児島	31°33′	5	9.7947118
那覇	26°12′	21.09	9.7909592
パナマ	8°58′	9	9.7822670
エクアドル	0°13′	2815.1	9.7726319

出典…国立天文台編，理科年表　平成9年版，丸善（1997）
　　　国立天文台編，理科年表　平成21年版，丸善（2009）

ガリレオ・ガリレイ
Galileo Galilei（1564 ～ 1642）

　イタリアの物理学者・天文学者。1581 年に医学を学ぶためにピサ大学に入学するが，在学中に数学を学び，振り子の等時性を発見する。1584 年に大学を中退，その後物理学の研究を続け，1589 年にピサ大学教授，1592 年にパドバ大学教授となる。慣性の法則，運動の相対性（ガリレイの相対論），木星の衛星など，物理学や天文学にとって多くの重要な発見を成し遂げた。しかし，これらの偉大な業績があるにも関わらず，アリストテレスの天動説を否定してコペルニクスの地動説の証明に情熱を注いだため，1633 年 6 月に宗教裁判によって幽閉された。当時の宗教観では地球は全宇宙の中心に位置しており，不動と考えられていたからである。それでもガリレイは地動説を諦めず，牢獄の中でもアリストテレスの誤りを追求，1636 年に「新科学対話」を出版した。

　もちろんガリレイは正しかった。ガリレイが永遠の眠りについてから 350 年後の 1992 年，ローマ教皇だったヨハネ・パウロ 2 世は教会の非を認めて謝罪した。その後も教会はガリレイの業績を公式に認める宣言を何回か行っている。そしてつい最近，ガリレイ誕生 445 周年にあたる 2009 年 2 月 15 日に，ローマの「天使と殉教者の聖母マリア教会」で，ガリレイの科学者としての業績をたたえるミサが世界科学者連盟の要請に応じてとり行われた。

5-2　自由落下運動　Basic

　物体が自然に落下する自由落下運動は，運動学的方程式 A ～ D（☞ 26 ページ）で初速度 $v_0 = 0$ とすればよい。

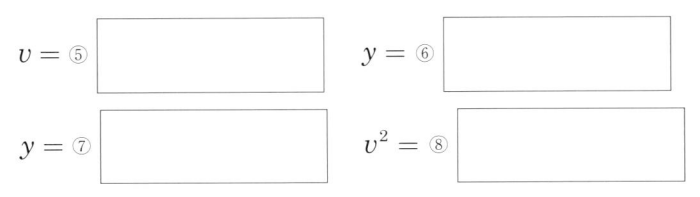

$v =$ ⑤ _____　　$y =$ ⑥ _____

$y =$ ⑦ _____　　$v^2 =$ ⑧ _____

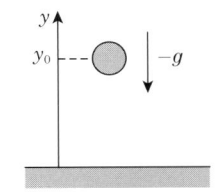

図 5-1　初速度ゼロの自由落下
物体は下向きの重力加速度 g で自由落下し，時間とともに速度が増していく。

⑮ $v_0 t + \frac{1}{2}at^2$　　⑯ x_0　　⑰ $x_0 + v_0 t + \frac{1}{2}at^2$

問題 5-1 【自由落下運動】

高さ $y_0 = 50$ m のビルの屋上から物体を自由落下させるとき,次の問いに答えよ。ただし,上方を正とする。

(1) $t = 3.0$ s 後の物体の速度 v を求めよ。　(2) $t = 3.0$ s 後の物体の位置 y を求めよ。
(3) 屋上から 5.0 m 落下したときの速度 v を求めよ。

解答

(1) $v = -gt$ より,$v =$ ⓐ[　　　] m/s

(2) $y = y_0 - \dfrac{1}{2}gt^2$ より,$y =$ ⓑ[　　　　　　　　　] = ⓒ[　　　] m

(3) $v^2 = -2g(y - y_0)$ より,$v^2 =$ ⓓ[　　　　　　　　　] = ⓔ[　　　]

　よって,$v =$ ⓕ[　　　　　]。下方に落下しているので $v =$ ⓖ[　　　　　] m/s

問題 5-2 【自由落下運動のグラフ】

高さ $y_0 = 50$ m のビルの屋上から物体を自由落下させるとき,次の表を完成させてグラフを作成せよ。ただし,上方を正とする。

表 5-2　自由落下する物体の位置と速度の時間変化

落下時間 t [s]	1.0	2.0	3.0	4.0	5.0
物体の位置 y [m]			5.9		
物体の速度 v [m/s]			-29		

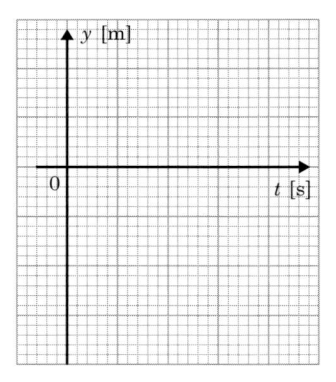

図 5-2　落下時間と物体の位置　　　図 5-3　落下時間と落下速度

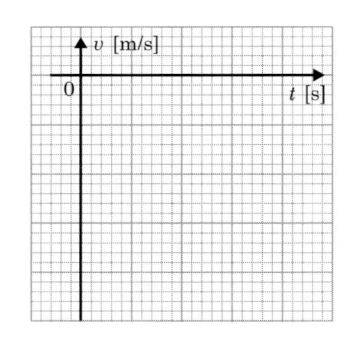

問題 5-3 【自由落下運動:落下時間】

問題 5-2 の物体は自由落下開始から何秒後に地面にぶつかるといえるか。まずグラフからおよその衝突時間 t を求め,次に計算で正確に求めよ。

問題 5-4 【自由落下運動:落下速度】

問題 5-2 の物体はどのぐらいの速度で地面に衝突するのか。まずグラフからおよその衝突速度 v を

求め，次に計算で正確に求めよ．

5-3 投げ下ろし運動 Basic

投げ下ろし運動は，下方に初速度を与えたときの自由落下運動と考えればよい．ここで，初速度 v_0 は負であることに注意する．

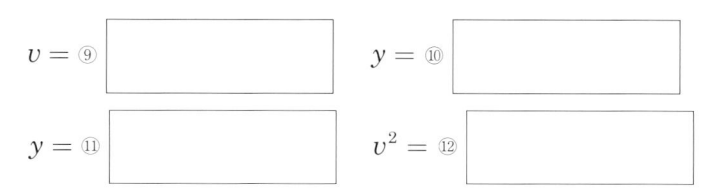

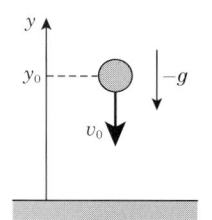

$v = $ ⑨ ☐ $y = $ ⑩ ☐

$y = $ ⑪ ☐ $v^2 = $ ⑫ ☐

図 5-4 初速度 v_0 の自由落下
下向きの初速度 v_0 に加えて，下向きの重力加速度 g で自由落下し，時間とともに速度が増していく．

基本 問題 5-5 【投げ下ろし運動】

高さ $y_0 = 10$ m のビルの屋上から下方に初速度 $v_0 = 1.0$ m/s で物体を落下させるとき，次の問いに答えよ．ただし，上方を正とする．
(1) $t = 1.0$ s 後の物体の速度 v を求めよ． (2) $t = 1.0$ s 後の物体の位置 y を求めよ．
(3) 屋上から 5.0 m 落下したときの物体の速度 v を求めよ．
(4) 地面に衝突する直前の速度 v を求めよ．
(5) 地面に落下するまでの時間 t を求めよ．

発展 問題 5-6 【月の重力加速度】

月面上の重力加速度は $g_m = 1.62$ m/s^2 であり，地球上の重力加速度 $g = 9.80$ m/s^2 の約 1/6 である．月面上と地球上でそれぞれ 1.00 m の高さからハンマーを落とすとき，落下時間を比較せよ．

5-4 投げ上げ運動 Basic

投げ上げ運動は，鉛直上方に初速度を与えたときの自由落下運動と考えればよい．この運動は，はじめ鉛直上方に運動し，最高点で速度の向きが反転し，その後下方に自由落下運動をするという特徴がある．この運動は，次章の放物運動を理解するためにも重要である．

投げ上げ運動の運動学的方程式は，投げ下ろし運動の場合と同じ形であるが，初速度 v_0 は正である．

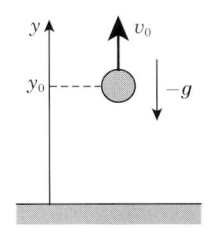

図 5-5 初速度 v_0 での投げ上げ
上向きに初速度 v_0 投げ上げると，時間とともに速度が減少し，やがて落下に転じる．

---

❶ 重力加速度 ② $v = v_0 - gt$ ③ $y = y_0 + v_0 t - \frac{1}{2}gt^2$ ④ $v^2 = v_0^2 - 2g(y - y_0)$ ⑤ $-gt$
⑥ $y_0 + \frac{1}{2}vt$ ⑦ $y_0 - \frac{1}{2}gt^2$ ⑧ $-2g(y - y_0)$

$$v = \text{⑬} \boxed{} \qquad y = \text{⑭} \boxed{}$$

$$y = \text{⑮} \boxed{} \qquad v^2 = \text{⑯} \boxed{}$$

投げ上げ運動の特徴をコマ送りにして見てみよう（☞図 5-6）。

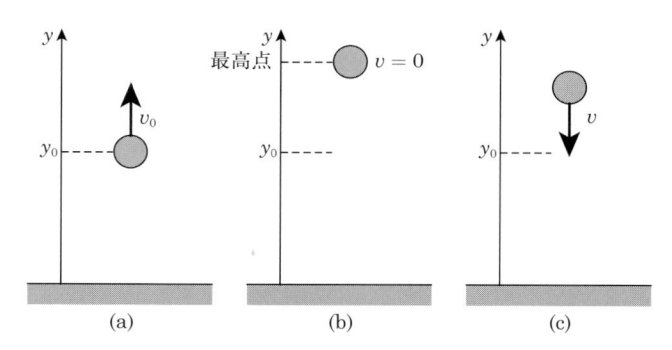

図 5-6　投げ上げ運動の特徴

(a) はじめ上方に運動するが，下向きの重力加速度が働き，速度が小さくなっていく。
(b) 最高点で一瞬静止し，速度 $v = 0$ となる。最高点は $v = 0$ となる点。
(c) 最高点で速度の向きが反転し，その後は下方に自由落下する。

基本 問題 5-7　【投げ上げ運動】

$y_0 = 10$ m の高さから鉛直上方に初速度 $v_0 = 15$ m/s で物体を投げ上げるとき，次の問いに答えよ。ただし，上方を正とする。

(1) 物体が最高点に達するまでの時間 t を求めよ。　(2) 最高点の高さ y を求めよ。
(3) 最初の高さに戻るまでの時間 t を求めよ。　(4) 最初の高さに戻ったときの速度 v を求めよ。

解答

(1) $v = v_0 - gt$ より，最高点は ⓐ $\boxed{}$ の点だから，$t = \dfrac{\text{ⓑ}\boxed{}}{\text{ⓒ}\boxed{}} = \text{ⓓ}\boxed{}$ s

(2) $v^2 = v_0^2 - 2g(y - y_0)$ より，最高点は $v = 0$ の点だから，$0 = v_0^2 - 2g(y - y_0)$

$$y = \text{ⓔ}\boxed{} = \text{ⓕ}\boxed{} \text{ m}$$

(別解)　(1)の結果 $t = \dfrac{v_0}{g}$ を $y = y_0 + v_0 t - \dfrac{1}{2}gt^2$ に代入して，$y = \text{ⓖ}\boxed{}$ m

(3) 最初の高さに戻る時間は，ⓖ $\boxed{}$ となるときの時間を求めればよい。

$y = y_0 + v_0 t - \dfrac{1}{2}gt^2$ より，$0 = v_0 t - \dfrac{1}{2}gt^2$ だから，因数分解して ⓗ $\boxed{} = 0$

よって，$t = \dfrac{\text{ⓘ}\boxed{}}{\text{ⓙ}\boxed{}} = \text{ⓚ}\boxed{}$ s

(4) 最初の高さに戻ったときの速度は，ⓛ $\boxed{}$ となるときの速度を求めればよい。

$v^2 = v_0^2 - 2g(y - y_0)$ より $v = $ ⓜ ☐ ，下方に落下しているので $v = $ ⓝ ☐ m/s

(別解) (3)の結果 $t = \dfrac{2v_0}{g}$ を $v = v_0 - gt$ に代入して，$v = $ ⓝ ☐ m/s

類似 問題 5-8　　【投げ上げ運動】

高さ $y_0 = 50$ m のビルの屋上から鉛直上方に初速度 $v_0 = 20$ m/s で物体を投げ上げるとき，次の問いに答えよ。ただし，上方を正とする。
(1) 物体が最高点に達するまでの時間 t を求めよ。　(2) 最高点の高さ y を求めよ。
(3) 最初の高さに戻るまでの時間 t を求めよ。　(4) 最初の高さに戻ったときの速度 v を求めよ。

類似 問題 5-9　　【投げ上げ運動】

地上から鉛直上方に初速度 $v_0 = 10$ m/s で物体を投げ上げるとき，次の問いに答えよ。ただし，上方を正とする。
(1) 物体が最高点に達するまでの時間 t を求めよ。　(2) 最高点の高さ y を求めよ。
(3) 地上に落下するまでの時間 t を求めよ。　(4) 地上に落下したときの速度 v を求めよ。

基本 問題 5-10　　【投げ上げ運動のグラフ】

高さ $y_0 = 10$ m のビルの屋上から鉛直上方に初速度 $v_0 = 15$ m/s で物体を投げ上げるとき，次の表を完成させてグラフを作成せよ。ただし，上方を正とする。

表 5-3　投げ上げられた物体の位置と速度の時間変化

経過時間 t [s]	0.5	1.0	1.5	2.0	3.0	4.0
物体の位置 y [m]						
物体の速度 v [m/s]						

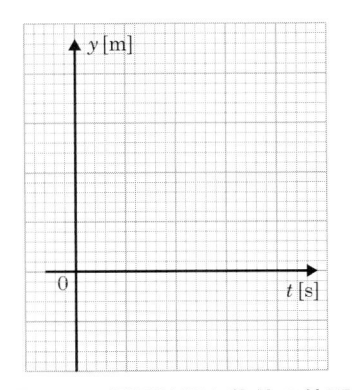

図 5-7　経過時間と物体の位置 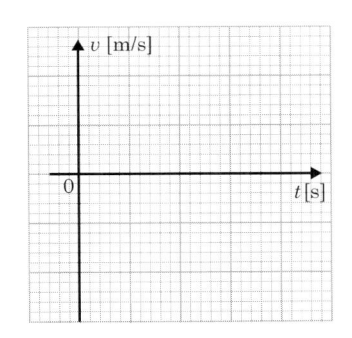　　図 5-8　経過時間と物体の速度

⑨ $v_0 - gt$　　⑩ $y_0 + \dfrac{1}{2}(v + v_0)t$　　⑪ $y_0 + v_0 t - \dfrac{1}{2}gt^2$　　⑫ $v_0^2 - 2g(y - y_0)$

基本 問題 5-11　【投げ上げ運動：落下時間・速度】

問題 5-10 の物体は投げ上げてから何秒後にどのぐらいの速度で地面（地上）にぶつかるのか。グラフからおよその値を求め，次に計算で正確に求めよ。

発展 問題 5-12　【投げ上げ運動】

鉛直上方に投げたボールを，2.0 秒後に自分で捕球した。次の問いに答えよ。
(1)　ボールのはじめの速さ v_0 を求めよ。
(2)　投げた地点からボールが達した最高点の高さ y を求めよ。

解答

問題 5-1　　ⓐ -29　　ⓑ $50 - \frac{1}{2} \times 9.8 \times 3.0^2$　　ⓒ 5.9　　ⓓ $-2 \times 9.8 \times (45 - 50)$
　　　　　　ⓔ 98　　ⓕ ± 9.9　　ⓖ -9.9

問題 5-2

表 5-2 の解答

落下時間 t [s]	1.0	2.0	3.0	4.0	5.0
物体の位置 y [m]	45	30	5.9	-28	-73
物体の速度 v [m/s]	-9.8	-20	-29	-39	-49

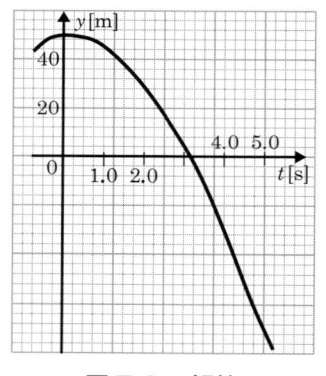

図 5-2 の解答 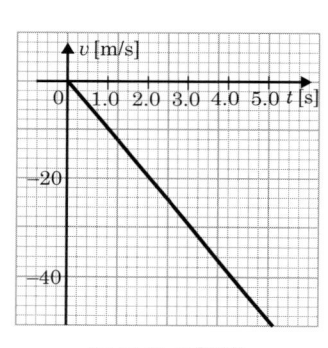　　　　　　　　図 5-3 の解答

問題 5-3　　$t = \sqrt{\dfrac{2y_0}{g}} = 3.2$ 秒後

問題 5-4　　$v = -\sqrt{2gy_0} = -31$ m/s

問題 5-5　　(1)　$v = v_0 - gt = -11$ m/s　　　(2)　$y = y_0 + v_0 t - \dfrac{1}{2}gt^2 = 4.1$ m

　　　　　　(3)　$v = -\sqrt{v_0^2 - 2g(y - y_0)} = -9.9$ m/s　　(4)　$v = -\sqrt{v_0^2 + 2gy_0} = -14$ m/s

　　　　　　(5)　$t = \dfrac{v_0 + \sqrt{v_0^2 + 2gy_0}}{g} = 1.3$ s

問題 5-6　　月での落下時間は地球での落下時間の $\sqrt{\dfrac{g}{g_m}} = 2.46$ 倍

問題 5-7 ⓐ $v=0$ ⓑ v_0 ⓒ g ⓓ 1.5 ⓔ $\dfrac{v_0{}^2}{2g}+y_0$ ⓕ 21 ⓖ $y=y_0$
ⓗ $\left(v_0-\dfrac{1}{2}gt\right)t$ ⓘ $2v_0$ ⓙ g ⓚ 3.1 ⓛ $y=y_0$ ⓜ $\pm v_0$
ⓝ -15

問題 5-8 (1) $t=\dfrac{v_0}{g}=2.0\,\text{s}$ (2) $y=\dfrac{v_0{}^2}{2g}+y_0=70\,\text{m}$ (3) $t=\dfrac{2v_0}{g}=4.1\,\text{s}$
(4) $v=-v_0=-20\,\text{m/s}$

問題 5-9 (1) $t=\dfrac{v_0}{g}=1.0\,\text{s}$ (2) $y=\dfrac{v_0{}^2}{2g}=5.1\,\text{m}$ (3) $t=\dfrac{2v_0}{g}=2.0\,\text{s}$
(4) $v=-v_0=-10\,\text{m/s}$

問題 5-10

表 5-3 の解答

経過時間 t [s]	0.5	1.0	1.5	2.0	3.0	4.0
物体の位置 y [m]	16	20	21	20	11	-8.4
物体の速度 v [m/s]	10	5.2	0.30	-4.6	-14	-24

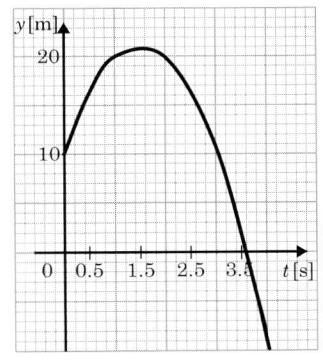

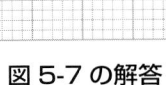

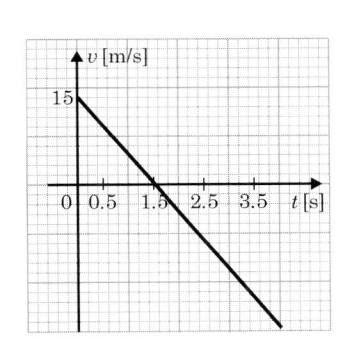

図 5-7 の解答   図 5-8 の解答

問題 5-11 $t=\dfrac{v_0+\sqrt{v_0{}^2+2gy_0}}{g}=3.6\,\text{秒後},\ v=-\sqrt{v_0{}^2+2gy_0}=-21\,\text{m/s}$

問題 5-12 (1) $v_0=\dfrac{1}{2}gt=9.8\,\text{m/s}$ (2) $y=\dfrac{v_0{}^2}{2g}=\dfrac{gt^2}{8}=4.9\,\text{m}$

---

2 次方程式の解の公式

$$ax^2+bx+c=0\ \text{の解は}\quad x=\dfrac{-b\pm\sqrt{b^2-4ac}}{2a}$$

⑬ v_0-gt ⑭ $y_0+\dfrac{1}{2}(v+v_0)t$ ⑮ $y_0+v_0t-\dfrac{1}{2}gt^2$ ⑯ $v_0{}^2-2g(y-y_0)$

第6章 放物運動

キーワード 放物運動

6-1　放物運動　Basic

　物体に斜め（水平方向とある角 θ をなす方向）の初速度を与えると物体は放物線を描いて運動する。このような運動を❶ [　　　　　　] という。放物運動は，鉛直方向に上昇もしくは落下しながら水平方向に進む運動であるから，運動を鉛直方向と水平方向に分けて考えるのが便利である。

　まず，第2章で学んだベクトルの分解を復習しておこう。

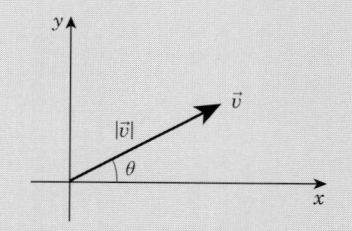

2次元の速度ベクトル

　2次元の速度ベクトル $\vec{v}$ は，その大きさ $|\vec{v}| = v$（速さ）と x 軸とのなす角 θ によって表される。2次元のベクトルを扱う場合，成分ベクトル $(\vec{v}_x, \vec{v}_y)$ に分解し，それぞれの方向で考えるのが便利である。$\vec{v} = \vec{v}_x + \vec{v}_y$

図6-1　2次元の速度ベクトル　　　図6-2　速度ベクトルの分解

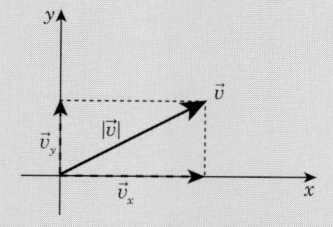

それぞれのスカラー成分を v_x, v_y とすると，三角関数を用いて

$$\cos\theta = \frac{v_x}{|\vec{v}|}$$

$$\sin\theta = \frac{v_y}{|\vec{v}|}$$

$$\tan\theta = \frac{v_y}{v_x}$$

図6-3　スカラー成分の作る三角形

であるから，v_x, v_y は，$v_x = |\vec{v}|\cos\theta$, $v_y = |\vec{v}|\sin\theta$ と表される。また，なす角 θ は $\theta = \tan^{-1}\left(\dfrac{v_y}{v_x}\right)$ と表される。

速度を x, y 方向にそれぞれ分解して，図に表してみよう．図 6-4 から，放物運動の特徴をよく理解してほしい．

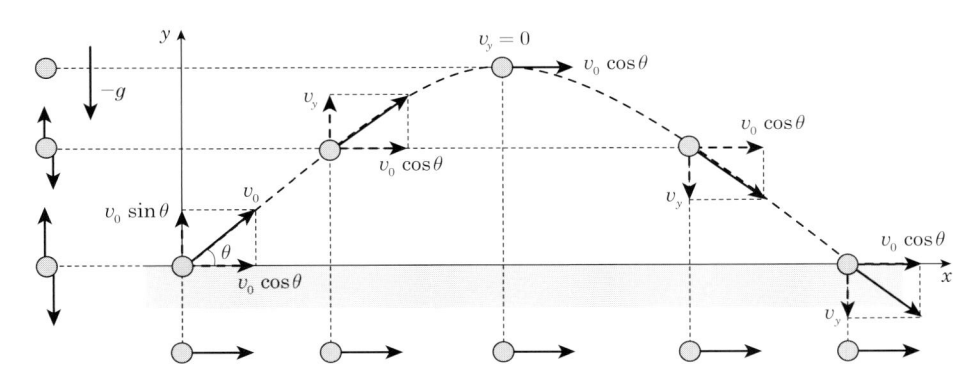

x 方向には初速度 $v_0\cos\theta$ の等速直線運動：x 方向の速度は変わらない
y 方向には初速度 $v_0\sin\theta$ の投げ上げ運動：y 方向の速度は時間とともに変化する

図 6-4　放物運動の特徴
速度を x, y 方向にそれぞれ分解すれば，x 方向には等速直線運動，y 方向には投げ上げ運動となっていることがわかる．

では，放物運動を数式を用いて表してみよう．物体は原点から打ち出されるとする．すなわち，$x_0 = 0$, $y_0 = 0$ とすると，

● x 方向（水平方向）

x 方向には初速度 $v_{0x} = $ ② _____ の ❸ _____ 運動だから，運動学的方程式は次のように表される．

$$v_{0x} = v_0\cos\theta,$$
$$x_0 = 0,\ a = 0$$

$v_x = v_{0x} + at \quad \longrightarrow \quad v_x = v_{0x} = $ ④ _____

$x = x_0 + v_{0x}t + \dfrac{1}{2}at^2 \quad \longrightarrow \quad x = v_{0x}t = $ ⑤ _____

$x = x_0 + \dfrac{1}{2}(v_x + v_{0x})t \quad \longrightarrow \quad x = $ ⑥ _____

$v_x^2 = v_{0x}^2 + 2a(x - x_0) \quad \longrightarrow \quad v_x^2 = $ ⑦ _____

● y 方向（鉛直方向）

y 方向には初速度 $v_{0y} = $ ⑧ _____ の ❾ _____ 運動だから，運動学的方程式は次のように表される．

第 6 章 ● 放物運動　　35

$$v_{0y} = v_0 \sin\theta,$$
$$y_0 = 0, \ a = -g$$

$v_y = v_{0y} + at$ $\longrightarrow$ $v_y =$ ⑩ [　　　]

$y = y_0 + v_{0y}t + \dfrac{1}{2}at^2$ $\longrightarrow$ $y =$ ⑪ [　　　]

$y = y_0 + \dfrac{1}{2}(v_y + v_{0y})t$ $\longrightarrow$ $y =$ ⑫ [　　　]

$v_y{}^2 = v_{0y}{}^2 + 2a(y - y_0)$ $\longrightarrow$ $v_y{}^2 =$ ⑬ [　　　]

問題 6-1　【放物運動】

初速度 $v_0 = 40$ m/s, 角度 $\theta = 30°$ で打ち出された物体の運動について, 次の問いに答えよ.

(1) 初速度の x 成分 v_{0x} および y 成分 v_{0y} を求めよ.
(2) $t = 1.0$ 秒後の速度と位置の x 成分および y 成分 v_x, v_y, x, y をそれぞれ求めよ.
(3) 最高点に達するまでの時間 $t_{\max}$ を求めよ.
(4) 最高点の高さ $y_{\max}$ を求めよ.
(5) 落下地点までの距離 $x_{\max}$ （水平到達距離）を求めよ.

解答

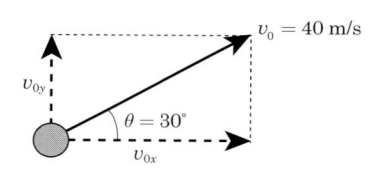

(1) $v_{0x} =$ ⓐ [　　　] $=$ ⓑ [　　] m/s

　　$v_{0y} =$ ⓒ [　　　] $=$ ⓓ [　　] m/s

(2) 水平方向（x 方向）の速度は一定だから(1)の結果より,

　　$v_x = v_{0x} =$ ⓔ [　　] m/s

　　鉛直方向（y 方向）の速度は,

　　$v_y =$ ⓕ [　　　　] $=$ ⓖ [　　] m/s

　　水平方向（x 方向）の位置は速度一定だから, (1)の結果より,

　　$x = v_x t =$ ⓗ [　　] m

　　鉛直方向（y 方向）の位置は, $y =$ ⓘ [　　　　] $=$ ⓙ [　　] m

(3) 最高点は ⓚ [　　　　] となる点だから, $v_y = v_{0y} - gt = 0$ より,

$$t_{\max} = \dfrac{\text{ⓛ}\ [\quad]}{\text{ⓜ}\ [\quad]} = \text{ⓝ}\ [\quad]\ \text{s}$$

(4) (3)より $t_{\max}$ 秒後に最高点に達するから, $y = v_{0y}t - \dfrac{1}{2}gt^2$ より,

$$y_{\max} = \boxed{\text{\tiny ⓞ}} = \boxed{\text{\tiny ⓟ}} \text{ m}$$

(5) 最高点に達した時間の 2 倍の時間で水平に到達するから，

$$x_{\max} = \boxed{\text{\tiny ⓠ}} = \boxed{\text{\tiny ⓡ}} \text{ m}$$

類似 問題 6-2　【放物運動】

初速度 $v_0 = 20$ m/s，角度 $\theta = 45°$ で打ち出された物体の運動について，次の問いに答えよ。
(1) 初速度の x 成分 v_{0x} および y 成分 v_{0y} を求めよ。
(2) $t = 2.0$ 秒後の速度と位置の x 成分および y 成分 v_x, v_y, x, y をそれぞれ求めよ。
(3) 最高点に達するまでの時間 $t_{\max}$ を求めよ。
(4) 最高点の高さ $y_{\max}$ を求めよ。
(5) 落下地点までの距離 $x_{\max}$（水平到達距離）を求めよ。

基本 問題 6-3　【ビルの屋上から打ち出された物体】

高さ $y_0 = 10$ m のビルの屋上から，初速度 $v_0 = 20$ m/s，角度 $\theta = 60°$ で打ち出された物体の運動について，次の問いに答えよ。
(1) 初速度の x 成分 v_{0x} および y 成分 v_{0y} を求めよ。
(2) $t = 1.0$ 秒後の速度と位置の x 成分および y 成分 v_x, v_y, x, y をそれぞれ求めよ。
(3) 最高点に達するまでの時間 $t_{\max}$ を求めよ。
(4) 最高点の高さ $y_{\max}$ を求めよ。
(5) 落下地点までの距離 x を求めよ。

基本 問題 6-4　【水平に打ち出された物体】

高さ $y_0 = 10$ m のビルの屋上から，初速度 $v_0 = 10$ m/s で水平に打ち出された物体の運動について，次の問いに答えよ。
(1) 地面に達するまでの時間 t を求めよ。
(2) 落下地点までの距離 x を求めよ。
(3) 地面に達する直前の速さ v を求めよ。

発展 問題 6-5　【放物運動の軌道】

初速度 v_0，角度 θ で打ち出された物体が放物線を描く（$y = Ax^2 + Bx + C$ の形の式で表される）ことを示せ。

発展 問題 6-6　【弾丸の初速度】

モデルガンから発射される弾丸の初速度を測定することを考える。銃口を水平に向け，銃口から x [m] 離れた鉛直な壁に向けて弾丸を発射した。弾丸は銃口の高さの下方 y [m] の位置で壁に当たった。次の問いに答えよ。

---

❶ 放物運動　② $v_0 \cos\theta$　❸ 等速直線　④ $v_0 \cos\theta$　⑤ $(v_0 \cos\theta)t$　⑥ $\dfrac{1}{2}(v_x + v_0 \cos\theta)t$
⑦ $(v_0 \cos\theta)^2$　⑧ $v_0 \sin\theta$　❾ 投げ上げ

(1) 弾丸が空中を飛んでいるときの位置が $y = Ax^2$ の形の式で与えられることを示せ。

(2) $x = 5.0$ m, $y = 0.35$ m であるとき，弾丸の初速度を求めよ。

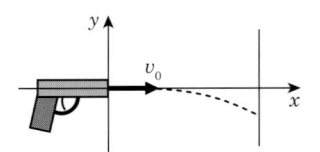

解答

問題 6-1
ⓐ $v_0 \cos\theta$　ⓑ 35　ⓒ $v_0 \sin\theta$　ⓓ 20　ⓔ 35　ⓕ $v_0 \sin\theta - gt$
ⓖ 10　ⓗ 35　ⓘ $(v_0 \sin\theta)t - \frac{1}{2}gt^2$　ⓙ 15　ⓚ $v_y = 0$　ⓛ $v_0 \sin\theta$
ⓜ g　ⓝ 2.0　ⓞ $v_0 \sin\theta \times t_{\max} - \frac{1}{2}gt_{\max}^2$　ⓟ 20　ⓠ $v_0 \cos\theta \times 2t_{\max}$
ⓡ 1.4×10^2

問題 6-2
(1) $v_{0x} = v_0 \cos\theta = 14$ m/s,　$v_{0y} = v_0 \sin\theta = 14$ m/s　($= 14.1$ m/s)
(2) $v_x = v_0 \cos\theta = 14$ m/s,　$v_y = v_0 \sin\theta - gt = -5.5$ m/s,　$x = (v_0 \cos\theta)t = 28$ m,
$y = (v_0 \sin\theta)t - \frac{1}{2}gt^2 = 8.6$ m
(3) $t_{\max} = \dfrac{v_0 \sin\theta}{g} = 1.4$ s　($= 1.44$ s)
(4) $y_{\max} = (v_0 \sin\theta)t_{\max} - \dfrac{1}{2}gt_{\max}^2 = 10$ m
(5) $x_{\max} = v_0 \cos\theta \times 2t_{\max} = 41$ m　($= 40.6$ m)

問題 6-3
(1) $v_{0x} = v_0 \cos\theta = 10$ m/s,　$v_{0y} = v_0 \sin\theta = 17$ m/s　($= 17.3$ m/s)
(2) $v_x = v_0 \cos\theta = 10$ m/s,　$v_y = v_0 \sin\theta - gt = 7.5$ m/s
$x = (v_0 \cos\theta)t = 10$ m,　$y = y_0 + (v_0 \sin\theta)t - \dfrac{1}{2}gt^2 = 22$ m
(3) $t_{\max} = \dfrac{v_0 \sin\theta}{g} = 1.8$ s
(4) $y_{\max} = y_0 + (v_0 \sin\theta)t_{\max} - \dfrac{1}{2}gt_{\max}^2 = 25$ m
(5) $x = v_0 \cos\theta \left(\dfrac{v_0 \sin\theta + \sqrt{v_0^2 \sin^2\theta + 2gy_0}}{g} \right) = 40$ m

問題 6-4
(1) $t = \sqrt{\dfrac{2y_0}{g}} = 1.4$ s　(2) $x = v_0 t = v_0 \sqrt{\dfrac{2y_0}{g}} = 14$ m
(3) $v = \sqrt{v_0^2 + \left(-\sqrt{2gy_0}\right)^2} = 17$ m/s

問題 6-5　$x = (v_0 \cos\theta)t$,　$y = (v_0 \sin\theta)t - \dfrac{1}{2}gt^2$ より t を消去すれば $y = -\dfrac{g}{2v_0^2 \cos^2\theta}x^2 + (\tan\theta)x$

問題 6-6
(1) $x = v_0 t$,　$y = -\dfrac{1}{2}gt^2$ より t を消去すれば $y = -\dfrac{g}{2v_0^2}x^2$
(2) $v_0 = \sqrt{-\dfrac{g}{2y}}\,x = 19$ m/s

---

⑩ $v_0 \sin\theta - gt$　⑪ $(v_0 \sin\theta)t - \dfrac{1}{2}gt^2$　⑫ $\dfrac{1}{2}(v_y + v_0 \sin\theta)t$　⑬ $(v_0 \sin\theta)^2 - 2gy$

総合演習 I 　等加速度運動

復習 問題 I-1　【初速度のある等加速度運動】　☞ 問題 4-3

高速道路を 20 m/s で走っていた車が，追い越しをかけるために，一定の加速度 10 m/s² で加速するとき，次の問いに答えよ。　(1) 2.0 秒後の車の速度を求めよ。　(2) 車の速度が 40 m/s になるのは何秒後か。　(3) 3.0 秒間に車が進む距離を求めよ。

復習 問題 I-2　【自由落下運動】　☞ 問題 5-1

高さ 100 m のビルの屋上から物体を自由落下させるとき，次の問いに答えよ。ただし，鉛直上方を正とする。　(1) 2.00 s 後の物体の速度を求めよ。　(2) 2.00 s 後の物体の位置を求めよ。

復習 問題 I-3　【投げ上げ運動】　☞ 問題 5-7

20 m の高さから鉛直上方に初速度 10 m/s で物体を投げ上げるとき，次の問いに答えよ。ただし，鉛直上方を正とする。　(1) 物体が最高点に達するまでの時間を求めよ。
(2) 最高点の高さを求めよ。　(3) 最初の高さに戻るまでの時間を求めよ。

復習 問題 I-4　【ビルの屋上から投げられた物体の放物運動】　☞ 問題 6-3

高さ 10 m のビルの屋上から，初速度 20 m/s，角度 45° で打ち出された物体の運動について，次の問いに答えよ。ただし，鉛直上方を正とする。　(1) 初速度の x 成分および y 成分を求めよ。
(2) 1.0 s 後の速度と位置の x 成分および y 成分をそれぞれ求めよ。
(3) 最高点に達するまでの時間を求めよ。　(4) 最高点の高さを求めよ。
(5) 落下地点までの距離を求めよ。

総合 問題 I-5　【2 つの物体の衝突】

物体 A と物体 B がある。物体 A を真上に v_0 の速さで投げてから T 秒後に，物体 B を物体 A と同じ v_0 の速さで正確に真上に投げた。このとき，次の問いに答えよ。ただし，重力加速度の大きさを g とする。また，鉛直上方を正とする。
(1) 物体 B を投げてから 2 つの物体が衝突するまでの時間を求めよ。　(2) 衝突点の高さを求めよ。

ヒント　(1) 物体 B が投げられた時刻を時刻ゼロとし，衝突するまでの時間 t を用いて，物体 A, B の位置 y_A, y_B を表す。衝突は $y_A = y_B$ となるときに起こる。　(2) (1)で得られた時間における物体 A もしくは物体 B の位置 y_A, y_B を求める。

総合 問題 I-6　【斜面への落下】

図のように水平と角度 θ をなす斜面の上端から水平方向に初速度 v_0 で物体を投げたところ，斜面下方距離 d のところに落下した。物体を投げ出した位置を原点とし，図のように座標軸をとる。次の問いに答えよ。ただし，重力加速度の大きさを g とする。

(1) t 秒後の物体の x 座標を求めよ。
(2) t 秒後の物体の y 座標を求めよ。
(3) 落下点までの距離 d を求めよ。
(4) 落下点の x, y 座標をそれぞれ求めよ。

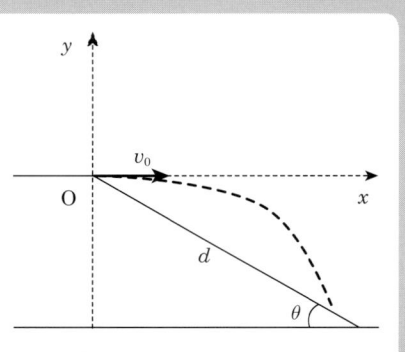

ヒント (1) x 方向には初速度 v_0 の等速直線運動をしている。
(2) y 方向には自由落下している。　(3) (1), (2)の結果より, t を消去し, x, y と d の関係を用いる。　(4) (3)の結果を用いる。

総合問題 I-7 【壁面への衝突】

速さ v_0, 角度 θ で壁に向かって投げたボールが, 壁に同じく θ の角度で衝突した。壁は地面と垂直に立てられている。このとき, 次の問いに答えよ。ただし, 重力加速度の大きさを g とする。また, 鉛直上方を正とする。 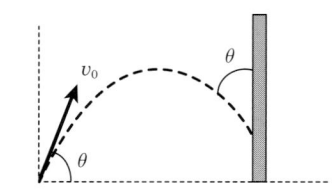
(1) 衝突するまでの時間を求めよ。
(2) 投げた点から壁までの距離を求めよ。
(3) 衝突点の高さを求めよ。

ヒント (1) θ の角度で壁に衝突することから, 壁に衝突する直前の速度の y 成分 v_y を求める。次に, $v_y = v_{0y} - gt$ を使って時間 t を求める。
(2) (1)で得られた時間に水平方向へ進む距離を求める。
(3) (1)で得られた時間に鉛直方向へ進む距離を求める。

総合問題 I-8 【2つの物体の衝突】

図のように点 P の真上の高さ h にある物体 A をめがけて, 原点 O から初速度 v_0, 角度 θ で物体 B を発射する。物体 A は物体 B が発射されると同時に自由落下をはじめた。このとき, 次の問いに答えよ。ただし, 重力加速度の大きさを g とする。 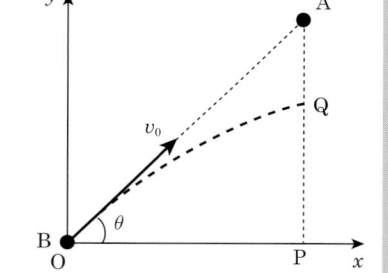
(1) 物体 B が点 Q に達するまでの時間を求めよ。
(2) (1)の時間の物体 B の高さを求めよ。
(3) (1)の時間の物体 A の高さを求めよ。
(4) (2), (3)の結果から, 2つの物体が衝突することを示せ。

ヒント (1) OP を進む時間を求める。　(2) 物体 B は放物運動している。　(3) 物体 A は自由落下している。　(4) (2), (3)の結果を比較せよ。

総合問題 I-9 【壁を越えて投げるには】

同じ高さ h の2つの薄い壁 A と B が距離 a だけ離されて地面から垂直に立てられている。壁 A から距離 l 離れた点から壁に向かって物体を投げたとき, 次の問いに答えよ。ただし, 重力加速度の大きさを g とする。また, 鉛直上方を正とする。 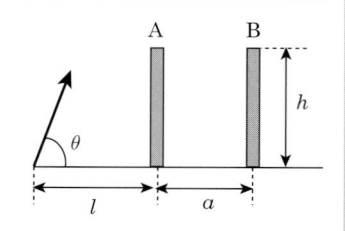
(1) 壁 A の上端が物体の描く放物線の最高点となるためには, 物体を投げる角度と速さをどのようにすればよいか。

ヒント ①　壁 A の上端が放物線の最高点となるためには，物体が壁の高さ h に到達できるだけの初速度の y 成分が必要である。　②　速度の x 成分を求め，合成すればよい。　③　速度の x, y 成分を用いて，$\tan\theta$ を考えよ。

(2) 物体を投げる角度を固定した場合，壁 A と壁 B の間に物体を入れるためには，投げる速さをどのようにすればよいか。

ヒント ①　落下地点が壁 A の上端となるときの速さ v_A を求める。　②　落下地点が壁 B の上端となるときの速さ v_B を求める。　③　求める速度 v_0 は $v_A < v_0 < v_B$ の範囲に入る必要がある。

解答

問題 I-1　(1)　$v = v_0 + at = 40$ m/s　(2)　$t = \dfrac{1}{a}(v - v_0) = 2.0$ s

(3)　$x = v_0 t + \dfrac{1}{2}at^2 = 1.1 \times 10^2$ m

問題 I-2　(1)　$v = -gt = -19.6$ m/s　(2)　$y = y_0 - \dfrac{1}{2}gt^2 = 80.4$ m

問題 I-3　(1)　$t = \dfrac{v_0}{g} = 1.0$ s　(2)　$y = y_0 + v_0 t - \dfrac{1}{2}gt^2 = 25$ m　(3)　$t = \dfrac{2v_0}{g} = 2.0$ s

問題 I-4　(1)　$v_{0x} = v_0 \cos 45° = 14$ m/s $(= 14.1$ m/s$)$, $v_{0y} = v_0 \sin 45° = 14$ m/s $(= 14.1$ m/s$)$

(2)　$v_0 = v_{0x} = 14$ m/s, $v_y = v_{0y} - gt = 4.3$ m/s, $x = v_{0x}t = 14$ m,

$y = y_0 + v_{0y}t - \dfrac{1}{2}gt^2 = 19$ m

(3)　$t = \dfrac{v_{0y}}{g} = 1.4$ s　(4)　$y = y_0 + \dfrac{v_{0y}^2}{2g} = 20$ m

(5)　$x = \dfrac{v_{0x}\left(v_{0y} + \sqrt{v_{0y}^2 + 2gy_0}\right)}{g} = 49$ m

問題 I-5　(1)　物体 A は衝突までに $(t+T)$ 秒間運動するので，2 つの物体が衝突したときの物体 A の高さは，

$$y_A = v_0(t+T) - \dfrac{1}{2}g(t+T)^2$$

となる。一方，物体 B は衝突までに t 秒間運動するので，そのときの物体 B の高さは，

$$y_B = v_0 t - \dfrac{1}{2}gt^2$$

である。ここで，2 つの物体は衝突しているのだから，どちらも同じ高さである。したがって $y_A = y_B$ より，$t = \dfrac{v_0}{g} - \dfrac{T}{2}$ となる。

(2)　$y = y_A = y_B = v_0 t - \dfrac{1}{2}gt^2$ に(1)の結果を代入して，

$$y = v_0\left(\dfrac{v_0}{g} - \dfrac{T}{2}\right) - \dfrac{1}{2}g\left(\dfrac{v_0}{g} - \dfrac{T}{2}\right)^2 = \dfrac{v_0^2}{2g} - \dfrac{1}{8}gT^2$$

問題 I-6　(1)　$x = v_{0x}t$ より，t 秒後の物体の x 座標は $x = v_0 t$

(2)　$y = v_{0y}t - \dfrac{1}{2}gt^2$ より，t 秒後の物体の y 座標は $y = -\dfrac{1}{2}gt^2$

(3) (1),(2)の結果より，t を消去すると $y = -\dfrac{g}{2v_0^2}x^2$ となる。

ここで，$x = d\cos\theta$，$y = -d\sin\theta$ であるから，代入して $d = \dfrac{2v_0^2 \sin\theta}{g\cos^2\theta}$

(4) $x = d\cos\theta$，$y = -d\sin\theta$ に(3)の結果を代入すれば，

$$x = \dfrac{2v_0^2 \sin\theta}{g\cos\theta} = \dfrac{2v_0^2}{g}\tan\theta, \quad y = -\dfrac{2v_0^2 \sin^2\theta}{g\cos^2\theta} = -\dfrac{2v_0^2}{g}\tan^2\theta$$

問題 I-7 (1) 運動を x 方向と y 方向に分解し，$v_y = v_{0y} - gt$ を使って時間を求めればよい。

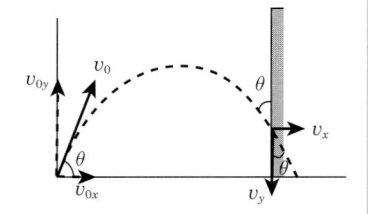

初速度の成分は $v_{0x} = v_0\cos\theta$, $v_{0y} = v_0\sin\theta$ となり，衝突時の速度の成分は $v_x = v_{0x}$, $v_y = -\dfrac{v_x}{\tan\theta} = -\dfrac{v_{0x}}{\tan\theta}$ と求められるので，

$$-\dfrac{v_{0x}}{\tan\theta} = v_{0y} - gt \text{ から，} t = \dfrac{v_0}{g\sin\theta}$$

(2) $x = v_{0x}t = v_0\cos\theta \times \dfrac{v_0}{g\sin\theta} = \dfrac{v_0^2}{g\tan\theta}$

(3) $y = v_{0y}t - \dfrac{1}{2}gt^2 = v_0\sin\theta\left(\dfrac{v_0}{g\sin\theta}\right) - \dfrac{1}{2}g\left(\dfrac{v_0}{g\sin\theta}\right)^2 = \dfrac{v_0^2}{g}\left(1 - \dfrac{1}{2\sin^2\theta}\right)$

問題 I-8 (1) 初速度 v_0 の x 成分は $v_{0x} = v_0\cos\theta$ であり，OP $= x = \dfrac{h}{\tan\theta}$ であるから，$x = v_{0x}t$ より，

$$t = \dfrac{x}{v_{0x}} = \dfrac{h}{\tan\theta} \times \dfrac{1}{v_0\cos\theta} = \dfrac{h}{v_0\sin\theta}$$

(2) 初速度 v_0 の y 成分は $v_{0y} = v_0\sin\theta$ であるから，$y = v_{0y}t - \dfrac{1}{2}gt^2$ より，

$$y_B = v_0\sin\theta \times \dfrac{h}{v_0\sin\theta} - \dfrac{1}{2}g\left(\dfrac{h}{v_0\sin\theta}\right)^2 = h - \dfrac{1}{2}g\left(\dfrac{h}{v_0\sin\theta}\right)^2$$

(3) $y = y_0 - \dfrac{1}{2}gt^2$ より，$y_A = h - \dfrac{1}{2}g\left(\dfrac{h}{v_0\sin\theta}\right)^2$

(4) $y_B = y_A$ であるので，A と B は衝突する。

問題 I-9 (1) 壁 A の上端が放物線の最高点となるためには，物体が壁の高さ h に到達できるだけの初速度の y 成分が必要である。ここで，最高点に到達するまでの時間を t とすると $h = \dfrac{1}{2}gt^2$ より $t = \sqrt{\dfrac{2h}{g}}$ であるので，初速度の y 成分は $v_y = v_{0y} - gt = 0$ より $v_{0y}^2 = 2gh$ となる。一方，初速度の x 成分は $v_{0x} = \dfrac{l}{t} = l\sqrt{\dfrac{g}{2h}}$ である。

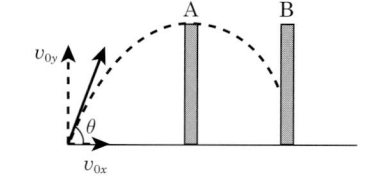

以上から，壁 A の上端が放物線の最高点となるためには，初速度の大きさを

$$v_0 = \sqrt{v_{0x}^2 + v_{0y}^2} = \sqrt{\dfrac{g(l^2 + 4h^2)}{2h}}$$

とし，投げ上げる角度を

$$\theta = \tan^{-1}\left(\frac{v_{0y}}{v_{0x}}\right) = \tan^{-1}\left(\frac{2h}{l}\right)$$

とすればよい。

(2) 投げ上げる角度を固定した場合，投げる速さが遅すぎれば物体は壁Aを越えられず，逆に速すぎれば壁Bを越えてしまう。したがって，落下地点が壁Aの上端となるときの速さを v_A とし，落下地点が壁Bの上端となるときの速さを v_B とすると，求める速度 v_0 は $v_A < v_0 < v_B$ の範囲に入る必要がある。

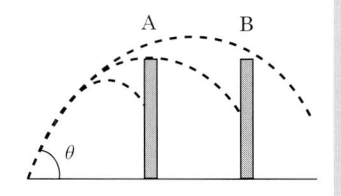

ここで，$v_A \cos\theta \times t = l$，$v_A \sin\theta \times t - \frac{1}{2}gt^2 = h$ より

$v_A = \dfrac{l}{\cos\theta}\sqrt{\dfrac{g}{2(l\tan\theta - h)}}$ であり，

$v_B \cos\theta \times t = l + a$，$v_B \sin\theta \times t - \frac{1}{2}gt^2 = h$ より

$v_B = \dfrac{l+a}{\cos\theta}\sqrt{\dfrac{g}{2\{(l+a)\tan\theta - h\}}}$ であるので，

$\dfrac{l}{\cos\theta}\sqrt{\dfrac{g}{2(l\tan\theta - h)}} < v_0 < \dfrac{l+a}{\cos\theta}\sqrt{\dfrac{g}{2\{(l+a)\tan\theta - h\}}}$ となる。

第7章 運動の法則

キーワード 力のつり合い，慣性の法則，運動の法則，作用反作用の法則，運動方程式

7-1　力と運動　Basic

　前回まで運動学的方程式に代表される「**運動学**」を学んできた。運動学は数学を用いて物体の運動を正確に表すことには成功したが，なぜそのような運動をするのかといった運動の原因についてはふれていない。

　運動の原因について明らかにしたのはニュートンであり，「運動学」に対して「**力学**」とよばれるものである。「力学」は「運動学」を含んでいることに注意しながら，物体の運動について再度考えていこう。

(1) 重力

　物体に力を加えると（力が加わると），その物体の運動状態が変化し，加速度が生じる（☞力と加速度の関係の詳しいことは 7-3 節で説明する）。たとえば，自由落下する物体には❶ [　　　　　] F が働き，その結果として❷ [　　　　　] g が生じたと考えるのである。その物体の質量を m とすると，重力 F は重力加速度 g を用いて，❸ [　　　　　] と表される。（☞重力加速度の値は 26, 27 ページ。）

(2) 重さ（重量）

　日常生活で使う体重というのは重さ（重量）のことである。「重さ」とは，重力 mg という力のことであり，重力加速度 g に依存している。たとえば，月の重力加速度は地球の 1/6 程度であるから，月での体重は地球よりも軽い。このように重力加速度が小さい場所に行けば，労せずして体重が減るのである。これに対して，**質量**は天秤で測った値であり，場所によって変化することはない。重さと質量の違いをはっきりさせておく必要がある。

> ⚠ その運動を考える対象を「物体」や「粒子」などのようによんだりするが，これは質量をもつ大きさのない点，すなわち「**質点**」のことである。

サー・アイザック・ニュートン
Sir Isaac Newton (1643〜1727)

イギリスの物理学者・天文学者・数学者。ケンブリッジ大学で数学や物理学を学んでいたが，1665年にロンドンで起こったペストの大流行で一時帰郷，このときに後の大発見のきっかけをつかんでいたとされている。1667年にケンブリッジ大学の助手となり，1669年に数学科のルーカス教授職に着任した。ニュートンの業績は多岐に渡っているが，1666年の流率法（現在の微分積分法）の発見，1668年の反射望遠鏡の製作，1687年の大著「プリンキピア（自然哲学の数学的原理）」の出版が特に大きな業績であろう。プリンキピアの中には，力学原理，万有引力の法則，天体の運動など，今日私たちが学んでいる力学の基礎が記されている。晩年は錬金術や神学の研究も行った。生涯独身を通し，現在はウエストミンスター寺院で静かに眠っている。

7-2 力のつり合い Basic

ある物体に力が働いているにも関わらず物体が静止している場合，その物体に働いている力はつり合っている。力のつり合いのもっとも簡単な例は，大きさが同じで反対向きの力が働いている場合である。

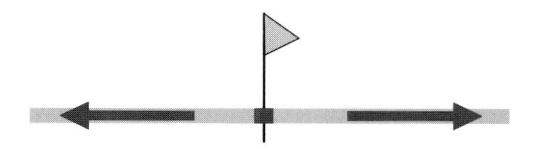

図 7-1 綱引き
同じ大きさの力が反対向きに働いている：つり合っている（動かない・運動しない）。どちらかの力が大きくなると，その方向に動く（運動する）。

天井からつり下げられたおもりは，つり合いの状態にある。これは，おもりに重力 mg が下向きに，**張力** T が上向きに働き，この2つの力の大きさが同じで反対向きの力となるためである。すなわち，つり合う条件は，④ ☐ − ⑤ ☐ $= 0$ となる。

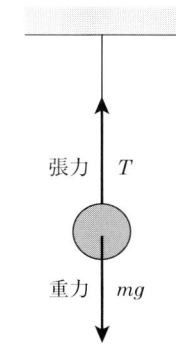

⚠ 物体につながった「ひも」や「ロープ」が物体におよぼす力を「張力」とよぶ。

図 7-2 張力と重力
重力が働いているにも関わらず物体が落下しないのは，張力と重力がつり合っているからである。

複数の力が働いている場合には，力を成分に分解し，そのつり合いを考えればよい。図 7-3（☞次ページ）のように3つの力 F_1, F_2, F_3 がつり合っているとき，F_1, F_2 を成分に分解して，つり合う条件は，以下のように表される。

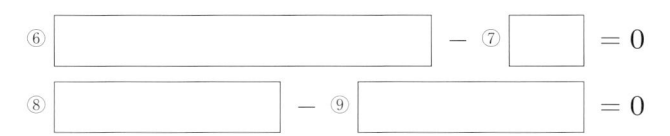

⑥ ☐ − ⑦ ☐ $= 0$

⑧ ☐ − ⑨ ☐ $= 0$

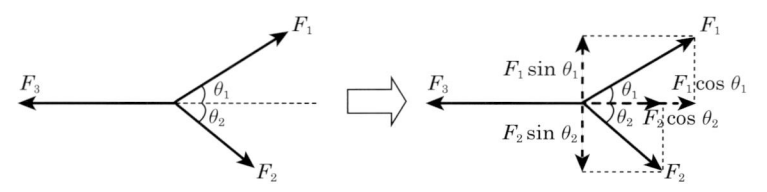

図 7-3　力の分解
三角関数を用いて力を分解し，力のつり合いを考える。

問題 7-1　【力のつり合い】

図のように質量 $m = 10$ kg のおもりを天井から，$\theta_1 = 60°$，$\theta_2 = 30°$ となるようにつるすと，ちょうどつり合った。このときの張力 T_1，T_2 を求めよ。

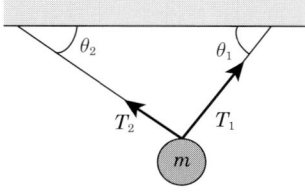

解答

おもりに働く力は重力 mg と張力 T_1，T_2 であるから，T_1，T_2 をそれぞれ水平方向と鉛直方向に分解して，T_1 の水平成分は ⓐ $T_1 \cos\theta_1$，T_2 の水平成分は ⓑ $-T_2 \cos\theta_2$

よって，水平方向の運動方程式（つり合いの方程式）は，

$$\sum F_x = \text{ⓒ } T_1 \cos\theta_1 - T_2 \cos\theta_2 = 0 \quad \cdots\cdots ①$$

次に，T_1 の鉛直成分は ⓓ $T_1 \sin\theta_1$，T_2 の鉛直成分は ⓔ $T_2 \sin\theta_2$

よって，鉛直方向の運動方程式（つり合いの方程式）は

$$\sum F_y = \text{ⓕ } T_1 \sin\theta_1 + T_2 \sin\theta_2 - mg = 0 \quad \cdots\cdots ②$$

式①，②を連立して，

$$T_1 = \frac{\text{ⓖ } \sqrt{3}\, mg}{\text{ⓗ } 2} = \text{ⓘ } 85 \text{ N},$$

$$T_2 = \frac{\text{ⓙ } mg}{\text{ⓚ } 2} = \text{ⓛ } 49 \text{ N}$$

となる。ここで，N は力の単位（ニュートン）である（☞ 7-3 節で学ぶ）。

問題 7-2　【力のつり合い】

図のように質量 $m = 5.0$ kg のおもりを天井から，$\theta = 45°$ となるようにつるすと，ちょうどつり合った。このときの張力 T_1，T_2 を求めよ。

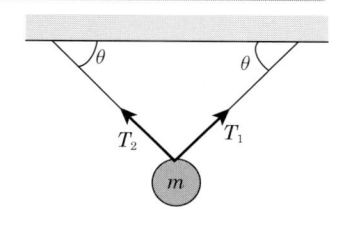

7-3 運動の3法則　Basic

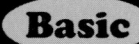

物体の運動を支配する法則を紹介しよう。「運動学」では不明であった運動の原因を理解するための法則で，**ニュートンの運動の3法則**とよばれる，3つの法則からなるものである。3つの法則は，お互いに深く関係しているので，よく理解し，演習問題等を通じて具体的な適応の仕方や運動を支配する法則の意味を学んでほしい。

(1) 運動の第1法則

運動の第1法則は，❿ [　　　　　] とよばれる。言葉で書くなら，次のようになる。**物体は外力を受けない限り，静止している物体は** ⓫ [　　　　　]，**運動している物体は** ⓬ [　　　　　] **しつづける**。

静止（$\vec{v} = 0$）および等速直線運動（$\vec{v} = $ 一定）はいずれも加速度 $\vec{a} = 0$ の運動であるから数式を用いて表すなら，慣性の法則は，次のように表される。

$$外力 \quad \sum \vec{F} = 0 \quad \Leftrightarrow \quad 加速度 \quad \vec{a} = 0$$

ここで，$\Sigma \vec{F}$ は外力の和であることに注意する。外力が働いていたとしても，前節のつり合いの状態にあれば，$\Sigma \vec{F} = 0$ となっている。

⚠ "Σ" はギリシャ文字 σ の大文字で "シグマ" と読む。数学では和を表す記号として用いる。

(2) 運動の第2法則

運動の第2法則は，⓭ [　　　　　] とよばれる。言葉で書くなら，次のようになる。**物体に働く外力の和は，その物体に生じた加速度に比例し，その比例係数は質量である。**
すなわち，

⓮ [　　　　　] = ⓯ [　　　] × ⓰ [　　　　　]

数式を用いて表せば，次のように簡潔に表される。

⑰ [　　　　　]

この方程式は，⓲ [　　　　　] とよばれ，物理学において，もっとも基本となる重要な方程式である。ここでも，$\Sigma \vec{F}$ が外力の和であることに注意せよ。力の単位はN（ニュートン）と表し，力 [N] = 質量 [kg] × 加速度 [m/s²] だから，力の単位は N = ⑲ [　　　　　] と書ける。

---

❶ 重力　❷ 重力加速度　③ $F = mg$　④ T　⑤ mg　⑥ $F_1 \cos \theta_1 + F_2 \cos \theta_2$　⑦ F_3
⑧ $F_1 \sin \theta_1$　⑨ $F_2 \sin \theta_2$

(3) 運動の第3法則

運動の第3法則は，⑳ [_____] とよばれる。言葉で書くなら，次のようになる。**物体に力をおよぼすとき，物体から大きさが等しく反対向きの力を受ける。**

数式を用いて表せば，次のように表される。

㉑ [_____]

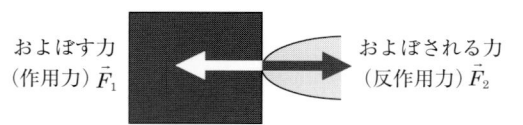

図 7-4 作用・反作用の法則
物体に力をおよぼせば，大きさが同じで反対向きの力をおよぼされる。

作用反作用の法則に関連して，物体に働く垂直抗力について紹介しておく。

図 7-5 のようにテーブルの上に物体が置かれているとき，物体には重力 mg が働くが，この重力の反作用力は物体が地球におよぼす力 W である。

一方，物体はテーブルに支えられている。面が物体を支える力を㉒ [_____] とよぶ。

垂直抗力は作用する面に対して必ず垂直に働く。垂直抗力の反作用力は物体がテーブルにおよぼす力 N' であることに注意する必要がある。

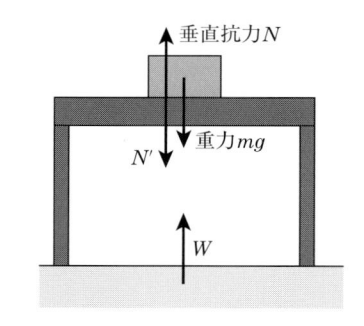

図 7-5 垂直抗力
重力と垂直抗力は作用・反作用の関係にはないことに注意せよ。

いくつもの力が出てきたが，物体に直接働く力とそうではない力をはっきりと区別することが重要である。対象となる物体に直接働く力が，その物体の運動に関与する。

結局，**テーブルの上の物体に働く力は，重力 mg と垂直抗力 N である。**

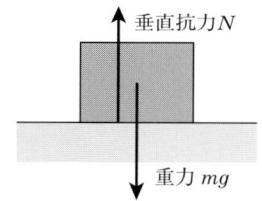

図 7-6 平面上に置かれた物体に働く力
平面上に置かれた物体には重力と垂直抗力が働く。

基本 問題 7-3 【運動方程式】

滑らかな水平面上に置かれた質量 $M = 10$ kg の物体を水平方向に $F = 15$ N の力で右方に引くとき，次の問いに答えよ。

(1) 垂直抗力を N とし，物体に働く力をすべて図示せよ。
(2) 物体に生じた加速度を a とするとき，運動方程式を書け。
(3) 加速度 a および垂直抗力 N を求めよ。

解答

(1) 物体に働く力は重力 Mg，垂直抗力 N および加えた力 F だから，右図のようになる。

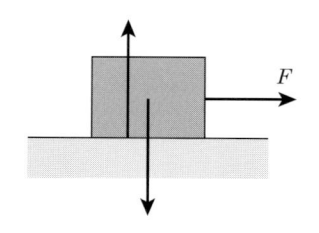

(2) 水平方向の運動方程式は,

$$\sum F_x = \text{ⓐ} \boxed{} \quad \cdots\cdots ①$$

鉛直方向の運動方程式は,

$$\sum F_y = \text{ⓑ} \boxed{} \quad \cdots\cdots ②$$

(3) ①より，加速度は $a = \text{ⓒ} \boxed{} = \text{ⓓ} \boxed{}$ m/s^2

②より，垂直抗力は $N = \text{ⓔ} \boxed{} = \text{ⓕ} \boxed{}$ N

類似 問題 7-4　【運動方程式】

滑らかな水平面上に置かれた質量 $M = 10$ kg の物体を水平面と $\theta = 30°$ をなす力 $F = 15$ N で右方に引くとき，次の問いに答えよ。 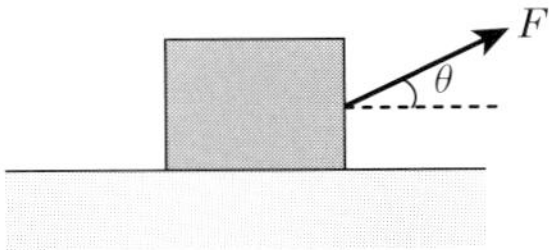
(1) 垂直抗力を N とし，物体に働く力をすべて図示せよ。
(2) 物体に生じた加速度を a とするとき，運動方程式を書け。
(3) 加速度 a および垂直抗力 N を求めよ。

基本 問題 7-5　【アトウッドの器械】

軽くて摩擦のない滑車に質量 $m_1 = 2.0$ kg，$m_2 = 5.0$ kg の2つの物体をつるして，静かに手を離した。次の問いに答えよ。 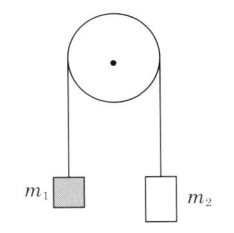
(1) 張力を T とし，それぞれの物体に働く力を図示せよ。
(2) 物体に生じた加速度を a とするとき，それぞれの物体の運動方程式を書け。
(3) 加速度 a を求めよ。　(4) 張力 T を求めよ。

ヒント　2つの物体が1本のひもで連結されているとき，2つの物体それぞれに働く張力の大きさは等しいことに注意せよ。

基本 問題 7-6　【2つの物体の連結】

図のように，滑らかな水平面上に置かれた質量 $m_1 = 5.0$ kg の物体を軽くて摩擦のない滑車を通して質量 $m_2 = 2.0$ kg の物体と連結し静止させてある。質量 m_1 の物体から静かに手を離したところ，m_1 の物体が左方へ運動した。次の問いに答えよ。 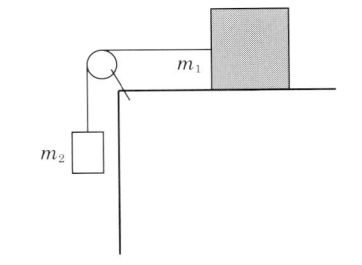
(1) 張力を T，垂直抗力を N とし，それぞれの物体に働く力を図示せよ。
(2) 物体に生じた加速度を a とするとき，それぞれの物体の運動方程式を書け。
(3) 垂直抗力 N を求めよ。　(4) 加速度 a を求めよ。　(5) 張力 T を求めよ。

---

❿ 慣性の法則　⓫ 静止しつづけ　⓬ 等速直線運動　⓭ 運動の法則　⓮ 物体に働く外力の和
⓯ 物体の質量　⓰ 物体に生じた加速度　⓱ $\Sigma \vec{F} = m\vec{a}$　⓲ 運動方程式　⓳ kg·m/s^2

発展 問題 7-7　【2つの物体の連結】

図のように，滑らかな水平面上に置かれた質量 $m_1 = 5.0$ kg の物体を軽くて摩擦のない滑車を通して質量 $m_2 = 2.0$ kg の物体と連結し静止させてある。質量 m_1 の物体を $F = 100$ N の力で水平に引っ張ったところ，m_1 の物体が右方へ運動した。次の問いに答えよ。

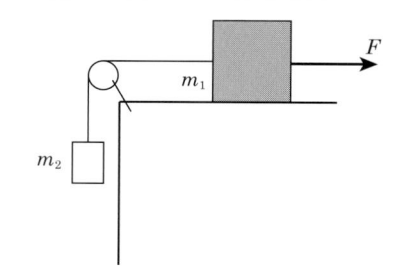

(1) 垂直抗力 N を求めよ。　(2) 加速度 a を求めよ。
(3) 張力 T を求めよ。

発展 問題 7-8　【2つの物体の連結】

図のように，滑らかな水平面上に置かれた質量 $m_1 = 5.0$ kg の物体を軽くて摩擦のない滑車を通して質量 $m_2 = 2.0$ kg の物体と連結し静止させてある。質量 m_1 の物体を水平面と $\theta = 45°$ をなす力 $F = 10$ N で右方に引っ張ったところ，m_1 の物体が左方へ運動した。次の問いに答えよ。

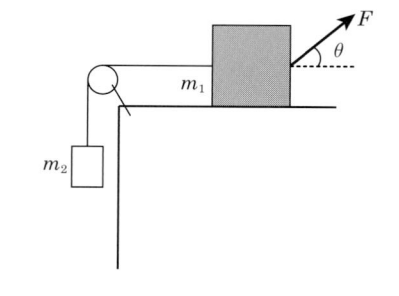

(1) 垂直抗力 N を求めよ。　(2) 加速度 a を求めよ。
(3) 張力 T を求めよ。

解答

問題 7-1　　ⓐ $T_1 \cos\theta_1$　ⓑ $T_2 \cos\theta_2$　ⓒ $T_1 \cos\theta_1 - T_2 \cos\theta_2$　ⓓ $T_1 \sin\theta_1$
　ⓔ $T_2 \sin\theta_2$　ⓕ $T_1 \sin\theta_1 + T_2 \sin\theta_2 - mg$　ⓖ $mg \cos\theta_2$
　ⓗ $\sin\theta_1 \cos\theta_2 + \sin\theta_2 \cos\theta_1$　ⓘ 85　ⓙ $mg \cos\theta_1$
　ⓚ $\sin\theta_1 \cos\theta_2 + \sin\theta_2 \cos\theta_1$　ⓛ 49

問題 7-2　$T_1 = T_2 = \dfrac{mg}{2\sin\theta} = 35$ N

問題 7-3　(1)　ⓐ $F = Ma$　ⓑ $N - Mg = 0$　ⓒ $\dfrac{F}{M}$
　ⓓ 1.5　ⓔ Mg　ⓕ 98

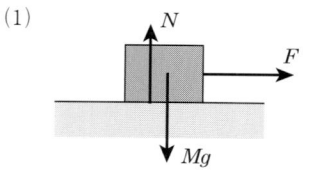

問題 7-4　(1)　(2) 水平方向：$F\cos\theta = Ma$,
　　　　　　鉛直方向：$N + F\sin\theta - Mg = 0$
(3) $a = \dfrac{F\cos\theta}{M} = 1.3$ m/s^2,
　$N = Mg - F\sin\theta = 91$ N

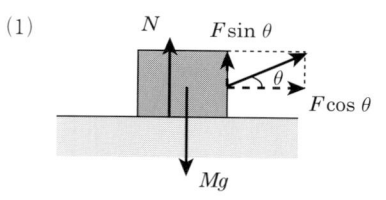

問題 7-5　(1)　(2) 上方を正とすると，
　　　m_1 の物体：$T - m_1 g = m_1 a$,
　　　m_2 の物体：$T - m_2 g = -m_2 a$
(3) $a = \dfrac{(m_2 - m_1)g}{m_1 + m_2} = 4.2$ m/s^2
(4) $T = m_1(g + a) = \dfrac{2m_1 m_2 g}{m_1 + m_2} = 28$ N

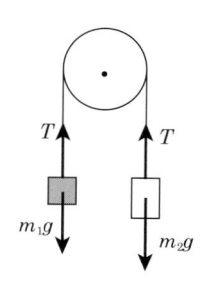

問題 7-6 (1)

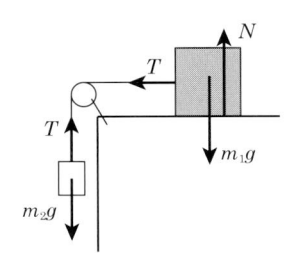

(2) m_1 の物体：$T = m_1 a$, $N - m_1 g = 0$
  m_2 の物体：$m_2 g - T = m_2 a$

(3) $N = m_1 g = 49$ N

(4) $a = \dfrac{m_2 g}{m_1 + m_2} = 2.8$ m/s^2

(5) $T = m_1 a = \dfrac{m_1 m_2 g}{m_1 + m_2} = 14$ N

問題 7-7 (1) $N = m_1 g = 49$ N (2) $a = \dfrac{F - m_2 g}{m_1 + m_2} = 11$ m/s^2 $(= 11.5$ m/s$^2)$

(3) $T = m_2(g + a) = \dfrac{m_2(F + m_1 g)}{m_1 + m_2} = 43$ N

▶(3)の補足：$T = \dfrac{m_2(F + m_1 g)}{m_1 + m_2}$ に直接数値を代入した場合と，(2)の結果を $T = m_2(g + a)$ に代入した場合とは有効数字 2 桁の範囲で一致しない。a の値を 1 桁多くとって代入せよ。

問題 7-8 (1) $N = m_1 g - F \sin\theta = 42$ N (2) $a = \dfrac{m_2 g - F \cos\theta}{m_1 + m_2} = 1.8$ m/s^2

(3) $T = m_2(g - a) = \dfrac{m_2(F\cos\theta + m_1 g)}{m_1 + m_2} = 16$ N

連立方程式の復習

連立 2 元 1 次方程式の解法には，加減法，代入法，等値法がある。次の方程式を例にこれらの解法を復習しておく。

$$\begin{cases} 5x - 3y = 13 & \cdots ① \\ 3x + 2y = 4 & \cdots ② \end{cases}$$

加減法：① × 2 + ② × 3 より，$19x = 38$　よって $x = 2$
　　　　これを②に代入して $2y = -2$　よって $y = -1$

代入法：①より $y = \dfrac{5x - 13}{3}$，②に代入すると $3x + 2\left(\dfrac{5x - 13}{3}\right) = 4$，両辺を 3 倍して
　　　　$x = 2$

等値法：①より $y = \dfrac{5x - 13}{3}$，②より $y = \dfrac{4 - 3x}{2}$ だから，

　　　　$\dfrac{5x - 13}{3} = \dfrac{4 - 3x}{2}$ より両辺を 6 倍して　$x = 2$

⑳ 作用反作用の法則　㉑ $\vec{F}_1 = -\vec{F}_2$　㉒ 垂直抗力

第8章 斜面上の運動

キーワード 重力の分解

8-1 斜面上の物体の運動 Basic

第7章で学んだように物体の運動を調べるためには、その物体に直接働く力を吟味し、それにもとづいて運動方程式

① _____

を立てればよい。運動方程式を立てる際には、必要に応じて働いている力を水平方向や鉛直方向などに分解し、それぞれの方向について考えればよい。斜面上を物体が運動する場合には、物体が運動する斜面に平行な方向と垂直な方向に力を分解し、それぞれの方向の運動方程式を立てるのが便利である。

図8-1のように水平面と角度 θ をなす滑らかな斜面上に質量 m の物体が置かれている。物体に働く力は重力 mg と垂直抗力 N である。垂直抗力は面に対して常に垂直であることに注意する。

重力 mg を斜面方向とそれに垂直な方向に分解する。このとき重力と斜面に垂直な方向とのなす角が θ となることに注意せよ。斜面上の物体は、重力の斜面方向の成分 ② _____ を受けて、斜面下方に運動する。斜面方向の加速度を a とすると、運動方程式は、

斜面に平行な方向の運動方程式：

③ _____

斜面に垂直な方向の運動方程式：

④ _____

となり、物体は $a =$ ⑤ _____ = 一定の加速度で斜面下方に運動することになる。$\sin\theta$ は常に $\sin\theta \leq 1$ だから、自由落下の加速度 g よりも小さい加速度 $g\sin\theta$ で運動することになる。

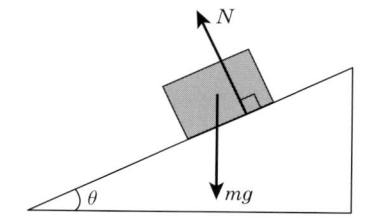

図8-1 斜面上の物体に働く力
重力は鉛直下向き、垂直抗力は斜面に垂直に働く。

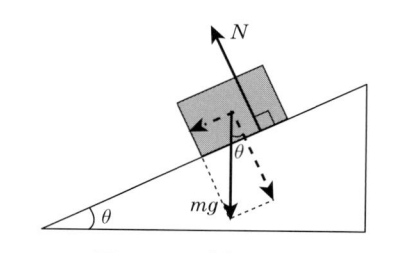

図8-2 重力の分解
重力を斜面方向の成分と斜面に垂直な方向の成分に分解する。

導入 問題 8-1　【斜面上の分解】

重力 mg を斜面に平行な方向と垂直な方向に分解するとき，重力と斜面に垂直な方向とのなす角が θ となることを示せ。

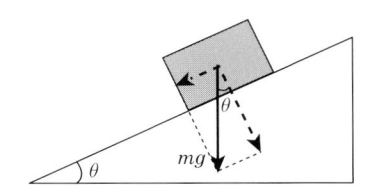

基本 問題 8-2　【斜面上の運動】

図のように質量 $m = 10$ kg の物体が，水平面と角度 $\theta = 30°$ をなす滑らかな斜面上に置かれている。静かに手を離すと物体は斜面下方に滑り降りた。次の問いに答えよ。

(1) 垂直抗力を N とし，物体に働く力をすべて図示せよ。
(2) 物体に生じた加速度を a とするとき，運動方程式を書け。
(3) 加速度 a および垂直抗力 N を求めよ。
(4) 物体が斜面上を距離 $L = 1.0$ m だけ滑り降りるのにかかる時間 t を求めよ。
(5) 物体が斜面上を距離 $L = 1.0$ m だけ滑り降りたときの速さ v を求めよ。

解答

(1) 物体に働く力は重力 mg と垂直抗力 N だから，重力を斜面方向とそれに垂直な方向に分解して，右図のようになる。

(2) 斜面に平行な方向の運動方程式は

$$\sum F_x = \text{ⓐ} \boxed{} \quad \cdots\cdots ①$$

斜面に垂直な方向の運動方程式は

$$\sum F_y = \text{ⓑ} \boxed{} \quad \cdots\cdots ②$$

(3) 式①より，加速度は $a = $ ⓒ $\boxed{} = $ ⓓ $\boxed{}$ m/s^2

式②より，垂直抗力は $N = $ ⓔ $\boxed{} = $ ⓕ $\boxed{}$ N

(4) 斜面方向の加速度は $a = g\sin\theta = $ 一定であるから，
運動学的方程式：$x - x_0 = v_0 t + \dfrac{1}{2}at^2$ を用いて，

$$t = \text{ⓖ} \boxed{} = \text{ⓗ} \boxed{} \text{ s}$$

(5) 運動学的方程式：$v^2 = v_0^2 + 2a(x - x_0)$ を用いて，

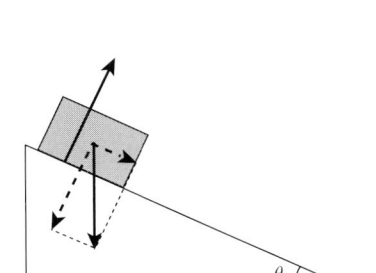

$$v = \text{ⓘ} \boxed{} = \text{ⓙ} \boxed{} \text{ m/s}$$

問題 8-3 【斜面上の運動】

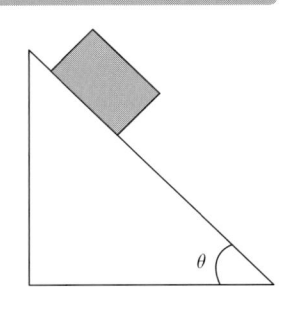

図のように質量 $m = 3.0$ kg の物体が，水平面と角度 $\theta = 45°$ をなす滑らかな斜面上に置かれている。静かに手を離すと物体は斜面下方に滑り降りた。次の問いに答えよ。
(1) 垂直抗力を N とし，物体に働く力をすべて図示せよ。
(2) 物体に生じた加速度を a とするとき，運動方程式を書け。
(3) 加速度 a および垂直抗力 N を求めよ。
(4) 物体が斜面上を距離 $L = 2.0$ m だけ滑り降りるのにかかる時間 t とそのときの速さ v を求めよ。

問題 8-4 【斜面上での 2 つの物体の連結】

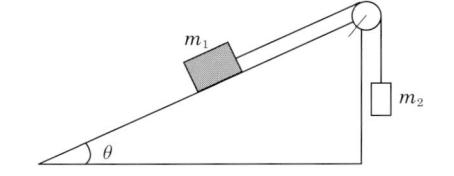

水平面と角度 $\theta = 30°$ をなす滑らかな斜面の上端に，軽くて摩擦のない滑車をとりつけ，質量 $m_1 = 20$ kg，$m_2 = 2.0$ kg の 2 つの物体をつるして，静かに手を離したところ，質量 m_1 の物体が斜面の下方へ運動し，質量 m_2 の物体は上昇した。次の問いに答えよ。
(1) 張力を T，垂直抗力を N とし，それぞれの物体に働く力を図示せよ。
(2) 物体に生じた加速度を a とするとき，それぞれの物体の運動方程式を書け。
(3) 垂直抗力 N を求めよ。
(4) 加速度 a を求めよ。　(5) 張力 T を求めよ。

問題 8-5 【斜面上での物体の運動】

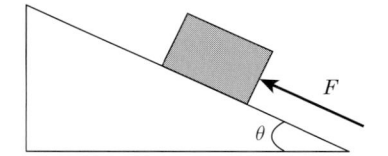

図のように水平面と角度 $\theta = 30°$ をなす滑らかな斜面上に置かれた質量 $m = 10$ kg の物体に斜面に平行で一定の力 F を加え，斜面上を押し上げる。次の問いに答えよ。
(1) 斜面を押し上げるために必要な力 F の条件を求めよ。
(2) $F = 99$ N の力を加えたとき，物体に生じた加速度 a を求めよ。
(3) $F = 30$ N の力を加えたとき，物体に生じた加速度 a を求めよ。
(4) (3)のとき，物体が斜面上を距離 $L = 2.0$ m だけ滑り降りるのにかかる時間 t を求めよ。
(5) (3)のとき，物体が斜面上を距離 $L = 1.0$ m だけ滑り降りたときの速さ v を求めよ。

解答

問題 8-1　△ABC と △DAC において ∠C は共通，∠A = ∠D = 90°。
よって，重力と斜面に垂直な方向とのなす角は θ となる。

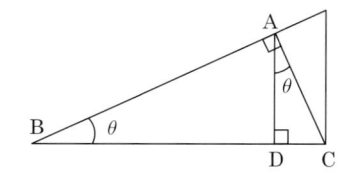

問題 8-2 (1)

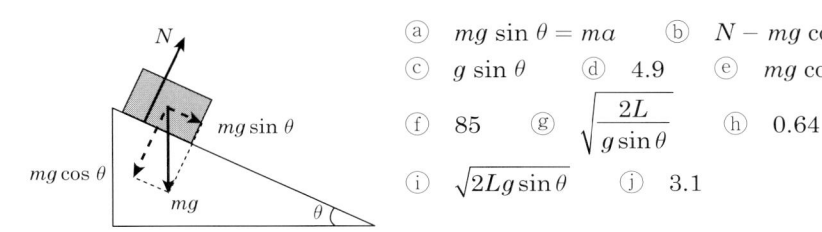

ⓐ $mg\sin\theta = ma$　ⓑ $N - mg\cos\theta = 0$
ⓒ $g\sin\theta$　ⓓ 4.9　ⓔ $mg\cos\theta$
ⓕ 85　ⓖ $\sqrt{\dfrac{2L}{g\sin\theta}}$　ⓗ 0.64
ⓘ $\sqrt{2Lg\sin\theta}$　ⓙ 3.1

問題 8-3 (1)

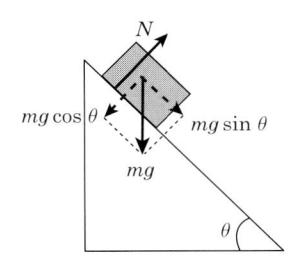

(2) 斜面に平行な方向：$mg\sin\theta = ma$
斜面に垂直な方向：$N - mg\cos\theta = 0$
(3) $a = g\sin\theta = 6.9 \text{ m/s}^2$,　$N = mg\cos\theta = 21 \text{ N}$
(4) $t = \sqrt{\dfrac{2L}{a}} = \sqrt{\dfrac{2L}{g\sin\theta}} = 0.76 \text{ s}$,
$v = \sqrt{2aL} = \sqrt{2g\sin\theta L} = 5.3 \text{ m/s}$

問題 8-4 (1)

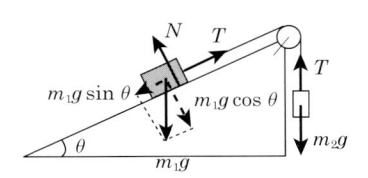

(2) m_1 について
斜面方向：$m_1 g\sin\theta - T = m_1 a$
斜面に垂直な方向：$N - m_1 g\cos\theta = 0$
m_2 について　$T - m_2 g = m_2 a$
(3) $N = m_1 g\cos\theta = 1.7 \times 10^2 \text{ N}$
(4) $a = \dfrac{(m_1 \sin\theta - m_2)g}{m_1 + m_2} = 3.6 \text{ m/s}^2$
(5) $T = m_2(g + a) = \dfrac{m_1 m_2 g(1 + \sin\theta)}{m_1 + m_2} = 27 \text{ N}$

問題 8-5 (1) $F > mg\sin\theta = 49 \text{ N}$　(2) 斜面上方に $a = \dfrac{F - mg\sin\theta}{m} = 5.0 \text{ m/s}^2$
(3) 斜面下方に $a = \dfrac{mg\sin\theta - F}{m} = 1.9 \text{ m/s}^2$
(4) $t = \sqrt{\dfrac{2L}{a}} = \sqrt{\dfrac{2mL}{mg\sin\theta - F}} = 1.5 \text{ s}$
(5) $v = \sqrt{2aL} = \sqrt{\dfrac{2(mg\sin\theta - F)L}{m}} = 1.9 \text{ m/s}$

---

① $\Sigma \vec{F} = m\vec{a}$　② $mg\sin\theta$　③ $mg\sin\theta = ma$　④ $N - mg\cos\theta = 0$　⑤ $g\sin\theta$

第9章 摩擦力

キーワード 静止摩擦力，動摩擦力

9-1 摩擦力が働く運動　Basic

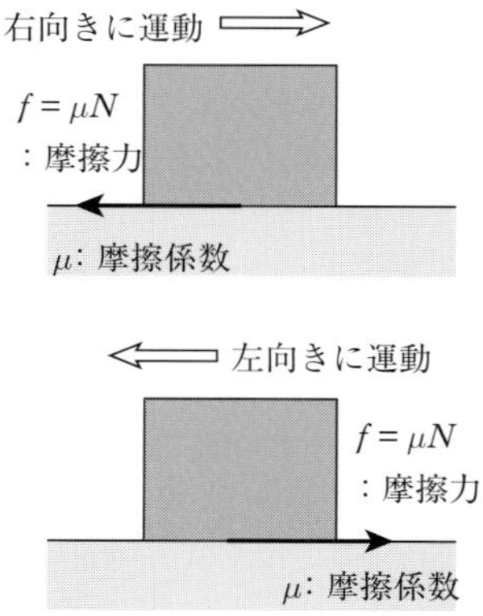

一般に物体が運動するとき，物体は抵抗力を受ける。抵抗力は物体の運動を妨げる向きに働く。抵抗力には，空気抵抗力（☞77ページ），粘性抵抗力（☞75ページ），摩擦力などがあるが，ここでは**摩擦力**を紹介する。

面上に置かれた物体は，その面から摩擦力を受ける。物体が動き出す直前もしくは運動中に働く摩擦力は❶□□□に比例し，その比例定数は❷□□□とよばれる。すなわち，摩擦係数を μ，垂直抗力を N とすれば，摩擦力は $f = $ ③□□□ と表され，**物体の運動を妨げる向きに働く**。たとえば，物体が右向きに運動している場合には摩擦力は左向きに働き，左向きに運動している場合には摩擦力は右向きに働く。このように，摩擦力の向きは，物体の運動する向きによって決まるので，そのつど判断しなければならない。

摩擦係数の値は，接触する面の性質に依存するが，接触面の面積にはほとんど依存しない。また，同じ面上の物体でも静止している場合と運動している場合では値が異なるので，前者の場合の値を❹□□□ μ_s，後者の場合の値を❺□□□ μ_k として区別する。

図9-1 運動方向と摩擦力
運動中の摩擦力は垂直抗力に比例し，運動を妨げる向きに働く。ただし，静止中の摩擦力は動き出す直前には垂直抗力に比例するが，動き出す直前までは垂直抗力を用いては表せない。運動の方向によって，摩擦力の向きはそのつど異なることに注意せよ。

❗ 記号 "μ" はギリシャ文字 M の小文字で "ミュー" と読む。

(1) 静止摩擦係数 μ_s

静止している物体を引きずって動かそうとする場合，はじめは強い力が必要だが，動き出してしまうとそれほどの力は必要ではなくなる。こんな経験をしたことはないだろうか。これは物体が動き出す瞬間に摩擦力が最大となるためである。物体が静止しているときの摩擦力を静止摩擦力とよび，**静止摩擦力 f_s は $f_s \leq$ ⑥□□□ で与えられる**。

❗ μ_s や f_s についている添え字の s は，static friction（静止摩擦力）を意味する添え字である。

(2) 動摩擦係数 μ_k

運動中の摩擦力を**動摩擦力**とよぶ。f_k はほぼ一定であり，$f_k =$ ⑦ [ ] で与えられる。動摩擦係数は速さにより変化するが，通常はその変化を無視できる。

> μ_k や f_k についている添え字の k は，kinetic friction（動摩擦力）を意味する添え字である。

導入 問題 9-1　【摩擦力】

次のそれぞれの場合に摩擦力を図示し，摩擦力を動摩擦係数 μ_k，静止摩擦係数 μ_s，垂直抗力 N を用いて表せ。

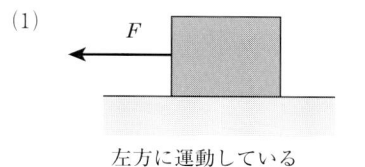

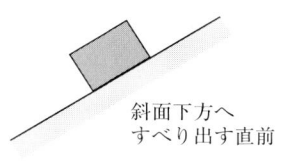

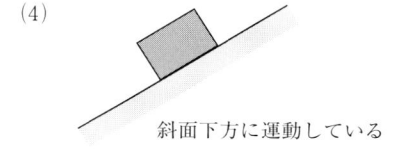

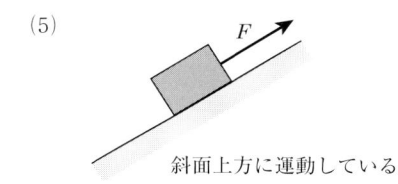

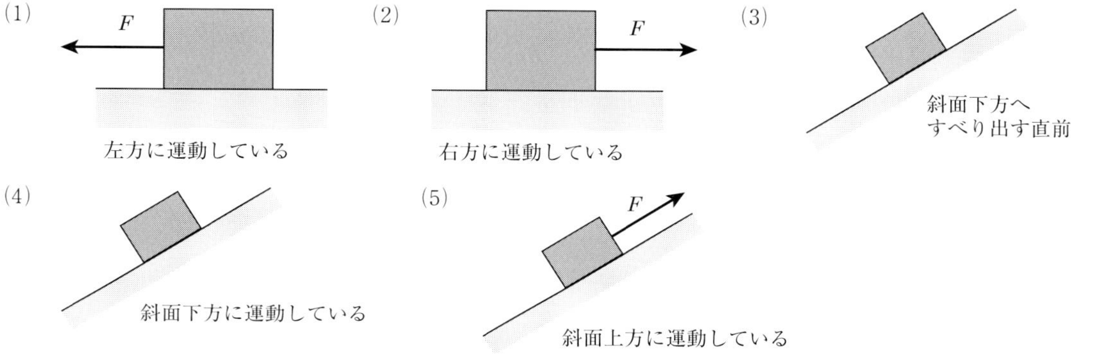

(1) 左方に運動している
(2) 右方に運動している
(3) 斜面下方へすべり出す直前
(4) 斜面下方に運動している
(5) 斜面上方に運動している

基本 問題 9-2　【摩擦のある面上の運動】

図のように粗い水平面上に置かれた質量 $m = 10$ kg の物体が $F = 100$ N の力で引かれ，右方に運動しているとき，次の問いに答えよ。ただし，動摩擦係数を $\mu = 0.50$ とする。

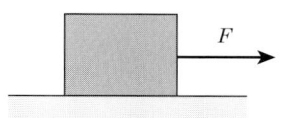

(1) 垂直抗力を N とし，物体に働く力をすべて図示せよ。
(2) 垂直抗力 N を求めよ。
(3) 物体に生じた加速度 a を求めよ。

解答

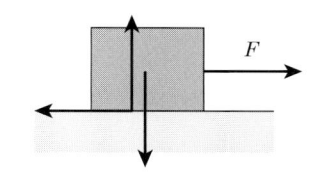

(1) 物体に働く力は重力 mg，垂直抗力 N，加えた力 F および摩擦力 μN で，右図のようになる。

(2) 鉛直方向の運動方程式は，

$$\sum F_y = \text{ⓐ} \boxed{} \quad \cdots\cdots ①$$

式①より，垂直抗力は $N =$ ⓑ [ ] N

(3) 水平方向の運動方程式は，

$$\sum F_x = \text{ⓒ} \boxed{} \quad \cdots\cdots ②$$

式②に(2)の結果を代入して，加速度は $a =$ ⓓ [ ] m/s^2

問題 9-3 【摩擦のある面上の運動】

図のように粗い水平面上に置かれた質量 $m = 10$ kg の物体が水平面と $\theta = 30°$ をなす $F = 50$ N の力で引かれ，右方に運動しているとき，次の問いに答えよ。ただし，動摩擦係数を $\mu = 0.50$ とする。

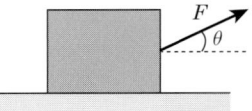

(1) 垂直抗力を N とし，物体に働く力をすべて図示せよ。
(2) 垂直抗力 N を求めよ。 (3) 物体に生じた加速度 a を求めよ。

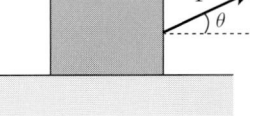

問題 9-4 【摩擦のある斜面上の運動】

水平面と角度 $\theta = 30°$ をなす粗い斜面の上に質量 $m = 5.0$ kg の物体を置き，手を離したところ，物体は斜面の下方へ運動した。次の問いに答えよ。ただし，動摩擦係数を $\mu = 0.50$ とする。

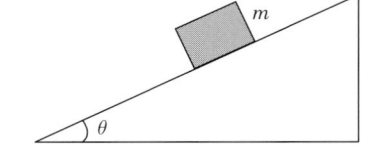

(1) 垂直抗力を N とし，物体に働く力を図示せよ。
(2) 物体に生じた加速度を a とするとき，運動方程式を書け。
(3) 垂直抗力 N，加速度 a をそれぞれ求めよ。

解答

(1) 物体に働く力は重力 mg，垂直抗力 N，摩擦力 μN だから，重力を斜面方向とそれに垂直な方向に分解して，右図のようになる。

(2) 斜面方向の運動方程式は，

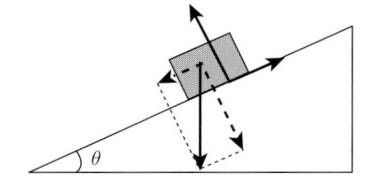

$$\sum F_x = \text{ⓐ} \boxed{} \quad \cdots\cdots ①$$

斜面に垂直な方向の運動方程式は，

$$\sum F_y = \text{ⓑ} \boxed{} \quad \cdots\cdots ②$$

(3) 式②より，垂直抗力は $N = \text{ⓒ} \boxed{}$ N
式①より，加速度は垂直抗力 N の値を代入して，$a = \text{ⓓ} \boxed{}$ m/s²

問題 9-5 【摩擦のある斜面上の2つの物体の連結】

水平面と角度 $\theta = 30°$ をなす粗い斜面の上端に，軽くて摩擦のない滑車をとりつけ，質量 $m_1 = 20$ kg，$m_2 = 1.0$ kg の2つの物体をつるしたところ，質量 m_1 の物体が斜面の下方へ運動した。次の問いに答えよ。ただし，動摩擦係数を $\mu = 0.50$ とする。

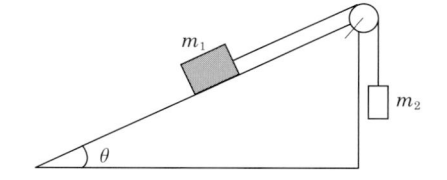

(1) 張力を T，垂直抗力を N とし，それぞれの物体に働く力を図示せよ。
(2) 物体に生じた加速度を a とするとき，それぞれの物体の運動方程式を書け。
(3) 垂直抗力 N，加速度 a，張力 T をそれぞれ求めよ。

問題 9-6 【摩擦のある面上の2つの物体の連結】

図のように，粗い水平面上に置かれた質量 $m_1 = 5.0$ kg の物体を軽くて摩擦のない滑車を通して質量 $m_2 = 2.0$ kg の物体と連結し，質量 m_1 の物体を水平面と $\theta = 45°$ をなす力 $F = 50$ N で右方に引く。

次の問いに答えよ。ただし、動摩擦係数を $\mu = 0.50$ とする。
(1) 張力を T、垂直抗力を N とし、それぞれの物体に働く力を図示せよ。
(2) 物体に生じた加速度を a とするとき、それぞれの物体の運動方程式を書け。
(3) 垂直抗力 N、加速度 a、張力 T をそれぞれ求めよ。

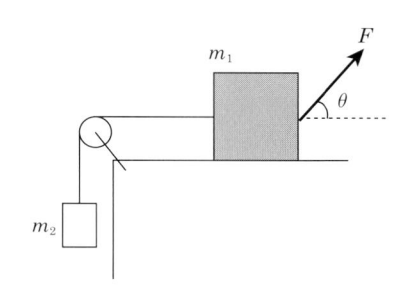

発展 問題 9-7 【摩擦係数の測定】

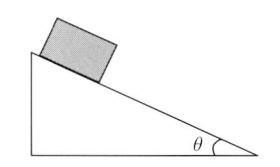

図のように質量 m の物体が粗い斜面上に置かれている。この斜面の角度 θ は自由に変えることができる。次の問いに答えよ。

まず、角度 θ を徐々に大きくしていくと、物体が斜面上を滑り出す。この滑り出す直前の角度は θ_s であった。
(1) 垂直抗力を N、静止摩擦係数を μ_s とし、物体が滑り出す直前の運動方程式を書け。
(2) 静止摩擦係数 μ_s を求めよ。

次に、物体が滑っている状態で、角度 θ を徐々に小さくして、物体が等速度で運動するようになったところで角度を固定する。このときの角度は θ_k であった。
(3) 垂直抗力を N、動摩擦係数を μ_k とし、物体が等速度で滑り降りているときの運動方程式を書け。
(4) 動摩擦係数 μ_k を求めよ。

解答

問題 9-1 (1)〜(5) [図省略]

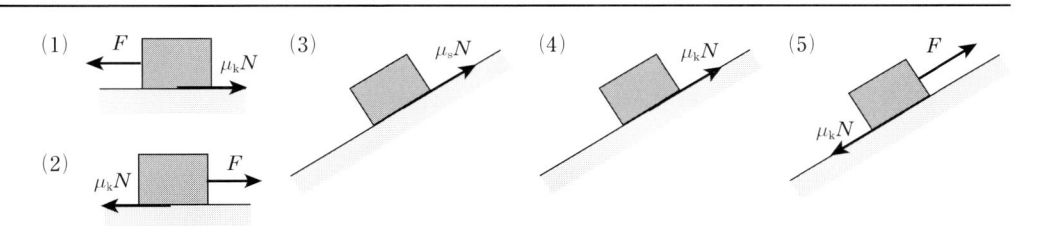

問題 9-2 (1) [図]
ⓐ $N - mg = 0$ ⓑ 98 ⓒ $F - \mu N = ma$ ⓓ 5.1

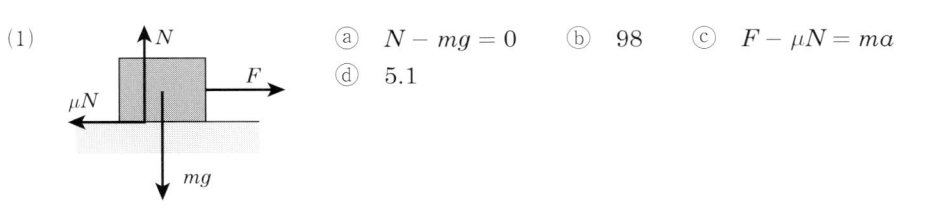

問題 9-3 (1) [図]
(2) $N = mg - F\sin\theta = 73$ N
(3) $a = \dfrac{F\cos\theta - \mu(mg - F\sin\theta)}{m} = 0.68$ m/s^2

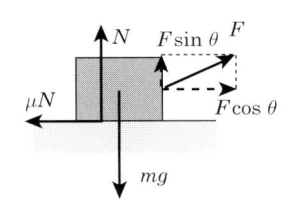

---

❶ 垂直抗力 ❷ 摩擦係数 ③ μN ❹ 静止摩擦係数 ❺ 動摩擦係数 ⑥ $\mu_s N$ ⑦ $\mu_k N$

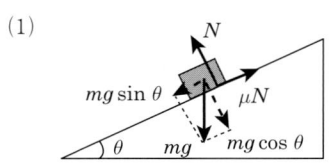

問題 9-4 (1) ⓐ $mg\sin\theta - \mu N = ma$ ⓑ $N - mg\cos\theta = 0$
ⓒ 42（= 42.4） ⓓ 0.66

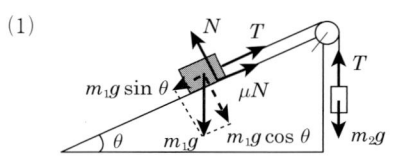

問題 9-5 (1)
(2) m_1 について
 斜面方向：$m_1 g\sin\theta - T - \mu N = m_1 a$
 斜面に垂直な方向：$N - m_1 g\cos\theta = 0$
 m_2 について $T - m_2 g = m_2 a$
(3) $N = m_1 g\cos\theta = 1.7 \times 10^2$ N
$$a = \frac{\{m_1(\sin\theta - \mu\cos\theta) - m_2\}g}{m_1 + m_2} = 0.16 \text{ m/s}^2,$$
$$T = m_2(g+a) = \frac{m_1 g\{m_2(\sin\theta - \mu\cos\theta) + 1\}}{m_1 + m_2} = 10 \text{ N}$$

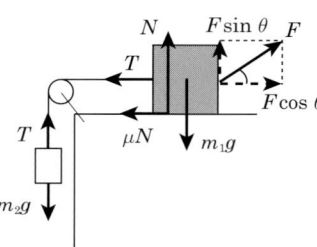

問題 9-6 (1)
(2) m_1 の物体：$F\cos\theta - T - \mu N = m_1 a$,
  $N + F\sin\theta - m_1 g = 0$
 m_2 の物体：$T - m_2 g = m_2 a$
(3) $N = m_1 g - F\sin\theta = 14$ N,
$$a = \frac{F\cos\theta - m_2 g - \mu(m_1 g - F\sin\theta)}{m_1 + m_2} = 1.3 \text{ m/s}^2,$$
$$T = m_2(g+a) = \frac{m_2\{F\cos\theta + m_1 g - \mu(m_1 g - F\sin\theta)\}}{m_1 + m_2} = 22 \text{ N}$$

問題 9-7 (1) $mg\sin\theta_s - \mu_s N = 0$, $N - mg\cos\theta_s = 0$ (2) $\mu_s = \tan\theta_s$
(3) $mg\sin\theta_k - \mu_k N = 0$, $N - mg\cos\theta_k = 0$ (4) $\mu_k = \tan\theta_k$
▶摩擦係数は物体の質量に依存しない。

第10章 円運動と万有引力

キーワード 等速円運動，向心加速度，曲線運動，万有引力の法則

10-1 等速円運動 　Basic

一定の速さで円軌道を描く運動を❶□□□□□という。この運動は一定の速さで運動しているにも関わらず，加速度をもつ加速度運動である。この意味を理解するために，3-3節で学んだ加速度の定義を復習しておこう。

加速度

時刻 t_i に速度 $\vec{v}_i$ であった物体が，Δt 後の時刻 t_f に速度 $\vec{v}_f$ になったとするとき，平均加速度は

$$\vec{a} = \frac{\vec{v}_f - \vec{v}_i}{t_f - t_i} = \frac{\Delta \vec{v}}{\Delta t}$$

と定義され，時間の間隔 Δt を限りなく小さくする（$\Delta t \to 0$）ことによって，瞬間加速度（加速度）を定義できる。

$$\vec{a} = \lim_{\Delta t \to 0} \frac{\Delta \vec{v}}{\Delta t} = \lim_{\Delta t \to 0} \frac{\vec{v}_f - \vec{v}_i}{\Delta t}$$

すなわち，加速度はベクトルであり，速度(速度ベクトル)の時間変化率を表す。

さて，ひもの端におもりをつけ等速円運動させることを想像しよう。速度の向きは円の接線方向であり，時間経過とともに（位置によって）速度の向きが変化する。一定の速さで運動しているから，速度の大きさ（＝速さ）は一定であるが，向きが変化するのである。すなわち，速度の差 $\vec{v}_f - \vec{v}_i$ は常にゼロではなく，加速度の定義から明らかなように等速円運動は，$\vec{a} \neq 0$ の加速度運動である。

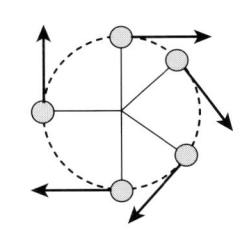

図 10-1　等速円運動

では，この加速度がどのようなものなのか，考えてみよう。図 10-2(a) のように等速円運動する物体が点 P，点 Q にある場合を考える。点 P（速度 $\vec{v}_i$）と点 Q（速度 $\vec{v}_f$）のなす角を $\Delta \theta$ とすると，$\Delta \vec{v}$，$\vec{v}_i$，$\vec{v}_f$ の関係は図 10-2(b) のようになり，$\Delta \vec{v}$，$\vec{v}_i$，$\vec{v}_f$ の作る三角形と △OPQ は相似形となる（☞次ページ）。

よって，$|\vec{v}_i| = |\vec{v}_f| = v$ として，$r : \Delta s = $ ❷□□□ : ❸□□□

この関係より，$|\Delta \vec{v}| = $ ④ □ であり，

$\lim_{\Delta t \to 0} \dfrac{\Delta s}{\Delta t} = v$ を用いて，加速度の大きさは

$$|\vec{a}| = \lim_{\Delta t \to 0} \dfrac{|\Delta \vec{v}|}{\Delta t} = \lim_{\Delta t \to 0} \dfrac{v}{r} \dfrac{\Delta s}{\Delta t} = \text{⑤}$$

となる。

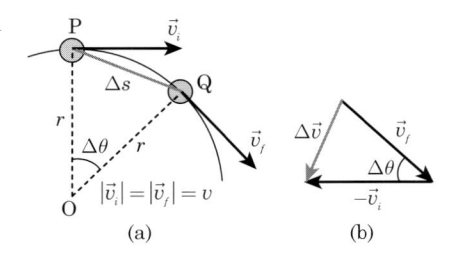

図 10-2　等速円運動の速度変化
(a)　円運動の半径と変位が作る三角形 OPQ
(b)　$\Delta \vec{v}$，$\vec{v}_i$，$\vec{v}_f$ が作る三角形
▶ (a) と (b) の三角形は相似の関係である。

$\vec{v}_i$ と $\vec{v}_f$ のなす角と三角形の相似

・$\vec{v}_i$ と $\vec{v}_f$ のなす角
図 10-3 から，$\angle \text{POR} = \angle \text{APR} = \Delta \theta$ だから，$\vec{v}_i$ と $\vec{v}_f$ のなす角は $\Delta \theta$ であることがわかる。

・三角形の相似
三角形の相似条件は，① 2 辺の比とその間の角が等しい，② 2 角が等しい，③ 3 辺の比が等しいであるから，$\Delta \vec{v}$，$\vec{v}_i$，$\vec{v}_f$ の作る三角形と △OPQ は①の条件から相似形である。相似な三角形は対応する辺の比が等しい。

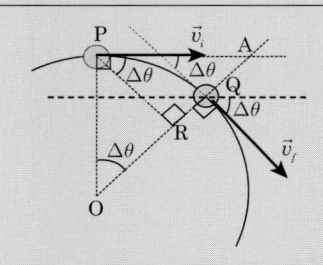

図 10-3　速度ベクトルのなす角
等速円運動している物体の速度ベクトルのなす角は，中心角に等しい。

さて，等速円運動の加速度の向きについて考えよう。$t \to 0$ の極限では，$\Delta \theta \to 0$ となり，$\Delta \vec{v}$ は $\vec{v}_i$，$\vec{v}_f$ に垂直となる。$\vec{a}$ と $\Delta \vec{v}$ の向きは一致しているから，加速度は速度に垂直な方向，すなわち円の中心方向を向いている。このことから，等速円運動の加速度は❻ □ とよばれる。

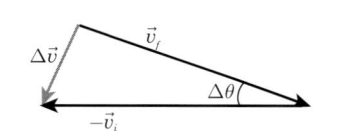

図 10-4　速度変化の極限

まとめると，**等速円運動する物体は常に，速度に垂直な方向（円の中心方向）に向心加速度を受ける**。半径 r，速さ v で運動する物体に働く向心加速度の大きさは，

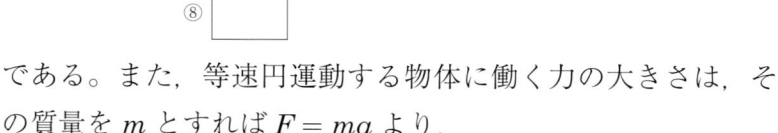

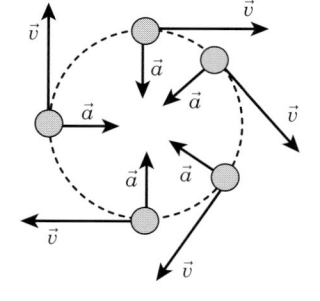

$$a = \dfrac{\text{⑦}}{\text{⑧}}$$

である。また，等速円運動する物体に働く力の大きさは，その質量を m とすれば $F = ma$ より，

$$F = \dfrac{\text{⑨}}{\text{⑩}}$$

図 10-5　向心加速度

となり，常に円の中心方向に一定の力を受けている。この力を ⓫ [____] とよぶ。

> 向心加速度の大きさは，角速度 ω を用いて $a = r\omega^2$ と表されるが，本書では角速度を 20-2 節で導入することとし，ここでは扱わない。

導入 問題 10-1 　【等速円運動】

質量 $m = 2.0$ kg の小さな物体が一定の速さ $v = 3.0$ m/s で，半径 $r = 1.5$ m の円運動をしている。向心加速度 a および向心力 F を計算せよ。

基本 問題 10-2 　【平面上の等速円運動】

ひもの端に質量 $m = 1.0$ kg の小さなおもりをつけ，摩擦のない水平面上で半径 $r = 0.50$ m，速さ $v = 3.0$ m/s の等速円運動をさせる。次の問いに答えよ。ただし，$\pi = 3.14$ とする。
(1) 張力を T として，運動方程式を書け。
(2) 張力 T を求めよ。　(3) 回転周期 T_P を求めよ。

解答
(1) おもりに働いている水平方向の力は張力 T のみであるから，加速度を a_r とすると，水平方向の運動方程式は

　　ⓐ [____]

となるが，この加速度は向心加速度であるから，r と v を用いて $a_\mathrm{r} = \dfrac{ⓑ\,[\quad]}{ⓒ\,[\quad]}$ と書ける。結局，運動方程式は

　　ⓓ [____]

となる。

(2) 運動方程式より，張力 T は $T = \dfrac{ⓔ\,[\quad]}{ⓕ\,[\quad]} = $ ⓖ [__] N

(3) 回転の周期はおもりが 1 周する時間だから，$T_\mathrm{P} = \dfrac{ⓗ\,[\quad]}{ⓘ\,[\quad]} = $ ⓙ [__] s

類似 問題 10-3 　【平面上の等速円運動】

ひもの端に質量 $m = 2.0$ kg の小さなおもりをつけ，摩擦のない水平面上で半径 $r = 0.25$ m，速さ $v = 1.0$ m/s の等速円運動をさせる。次の問いに答えよ。ただし，$\pi = 3.14$ とする。
(1) 張力を T として，運動方程式を書け。

---

❶ 等速円運動　② v　③ $|\Delta \vec{v}|$

第 10 章●円運動と万有引力

(2) 張力 T を求めよ。　(3) 回転周期 T_P を求めよ。

📝基本 問題 10-4　　【円錐振り子】

図のように，ひもの端に質量 $m = 1.0$ kg の小さな物体がつるされている。この物体を，ひもが鉛直線に対して角度 $\theta = 30°$ を保つように一定の速さで，水平な半径 $r = 0.50$ m の円軌道上を等速円運動させる。次の問いに答えよ。
(1) 張力を T とし，物体に働いている力を図示せよ。
(2) 物体の速さを v として，運動方程式を書け。
(3) 張力 T を求めよ。　(4) 物体の速さ v を求めよ。
(5) 回転周期 T_P を求めよ。ただし，$\pi = 3.14$ とする。

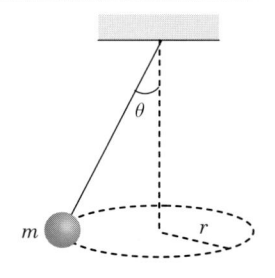

解答
(1) 物体に働いている力は重力 mg と張力 T であり，右図のようになる。
(2) 張力 T を鉛直方向と水平方向に分解して，鉛直方向の運動方程式は

　　ⓐ [　　　　　]　……①

水平方向の運動方程式は，向心加速度を a_r とすると

　　ⓑ [　　　　　]

となり，向心加速度は $a_r = \dfrac{ⓒ\,[\quad]}{ⓓ\,[\quad]}$ であるから，結局，

　　ⓔ [　　　　　]　……②となる。

(3) 式①より，張力 T は $T = \dfrac{ⓕ\,[\quad]}{ⓖ\,[\quad]} = $ ⓗ[　　] N

(4) (3)の結果を式②に代入して T を消去すれば，$v = $ ⓘ[　　　　] $= $ ⓙ[　　] m/s

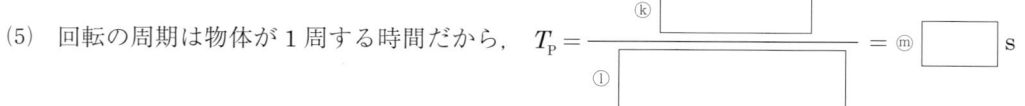

(5) 回転の周期は物体が 1 周する時間だから，$T_P = \dfrac{ⓚ\,[\quad]}{ⓛ\,[\quad]} = $ ⓜ[　　] s

🍒類似 問題 10-5　　【円錐振り子】

図のように長さ $L = 1.0$ m のひもの端に質量 $m = 1.0$ kg の小さな物体がつるされている。この物体を，ひもが鉛直線に対して角度 $\theta = 30°$ を保つように一定の速さで水平な円軌道上を等速円運動させる。次の問いに答えよ。ただし，$\pi = 3.14$ とする。
(1) 物体の速さを v として，運動方程式を書け。
(2) 物体の速さ v を求めよ。
(3) 回転周期 T_P を求めよ。

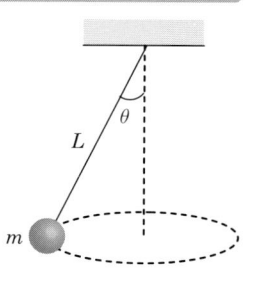

基本 問題 10-6 【カーブを曲がるための条件】

半径 $r = 30$ m のカーブを質量 $m = 1.2 \times 10^3$ kg の車が曲がるとき，次の問いに答えよ。ただし，道路は平坦であり，タイヤと道路との間の静止摩擦係数は $\mu = 0.50$ とする。
(1) 静止摩擦力を f_s，車の速さを v として，運動方程式を書け。
(2) 車が横滑りせずにカーブを曲がるための最大静止摩擦力 $f_{s,\max}$ を求めよ。
(3) 車が横滑りせずにカーブを曲がるための最大の速さ $v_{\max}$ を求めよ。

10-2　曲線運動　Standard

　速度の大きさは一定で，その向きが変化する運動が等速円運動であった。ここでは，振り子を例にとって，速度の大きさと向きがともに変化する**曲線運動**を紹介する。

　ひもの端におもりをつけ天井からつるし，少し傾けて手を離すとおもりは振り子運動をする。おもりは曲線 (円の一部) を描き，その速さは時間とともに (位置によって) 変化する。おもりの全加速度 $\vec{a}$ は，速度に垂直な方向の加速度 $\vec{a}_r$ と接線方向の加速度 $\vec{a}_t$ の和で与えられる。

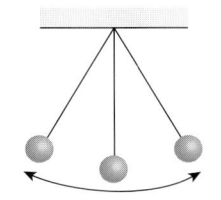

$$\vec{a} = \boxed{\text{⑫}} + \boxed{\text{⑬}}$$

図 10-6　振り子

　図 10-7 のように，ひもの長さを r，ひもが鉛直線と θ の角度をなす瞬間の速さを v とすれば，速度に垂直な方向の加速度 $\vec{a}_r$ の大きさ a_r は

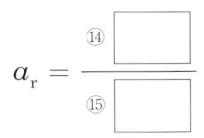

$$a_r = \frac{\boxed{\text{⑭}}}{\boxed{\text{⑮}}}$$

となり，おもりの速さ (位置) によって変化する。

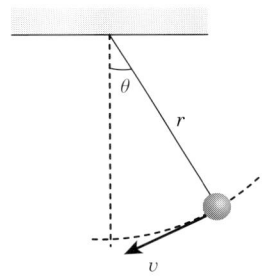

図 10-7　振り子の速度
振り子の速度は，最上点でゼロとなり，最下点で最大となる。

　また，振り子運動は重力によって引き起こされるから，接線方向の加速度 $\vec{a}_t$ の大きさ a_t は $a_t = \boxed{\text{⑯}}$ となり，振り子の角度 (おもりの位置) によって変化する。

したがって全加速度の大きさ a は

$$a = \boxed{\text{⑰}}$$

となり，ひもと $\vec{a}$ のなす角を ϕ とすれば，

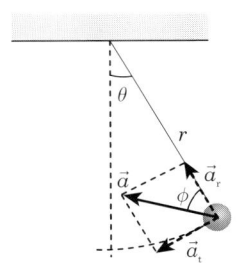

図 10-8　振り子の加速度
振り子は半径方向の加速度と接線方向の加速度をもつ。全加速度はこの 2 つの加速度ベクトルの和となる。

④ $\dfrac{v \Delta s}{r}$　⑤ $\dfrac{v^2}{r}$　❻ 向心加速度　⑦ v^2　⑧ r　⑨ mv^2　⑩ r　❶ 向心力

$$\phi = \text{⑱}\boxed{}$$

となり，$\vec{a}$ の方向が求められる。このように振り子の運動は，時間とともに加速度の大きさと方向が変化し，それに伴って速度が変化する曲線運動の一例となっている。

基本 問題 10-7　【振り子】

長さ $L = 1.0$ m のひもの端に質量 $m = 2.0$ kg のおもりをつけ天井からつるし，振り子運動をさせる。鉛直線とひものなす角を θ とすると，$\theta = 30°$ のときのおもりの速さは $v = 3.0$ m/s であった。次の問いに答えよ。

(1) $\theta = 30°$ のときの半径方向の加速度の大きさ a_r を求めよ。
(2) $\theta = 30°$ のときの接線方向の加速度の大きさ a_t を求めよ。
(3) $\theta = 30°$ のときの全加速度の大きさ a を求めよ。
(4) $\theta = 30°$ のときのひもと全加速度のなす角 ϕ を求めよ。

発展 問題 10-8　【不等速円運動】

長さ r のひもの端につけられた質量 m の物体が，固定点 O のまわりの鉛直な円軌道を回っている。図のように，ひもが鉛直線となす角が θ であるときの物体の速さは v であった。次の問いに答えよ。

(1) 向心加速度 a_r，接線方向の加速度 a_t および全加速度 a を求めよ。
(2) 張力を T として，運動方程式を書け。
(3) 最高点（$\theta = 180°$）での物体の速さを v_t とするとき，最高点での張力 T_t を求めよ。
(4) 最下点（$\theta = 0°$）での物体の速さを v_b とするとき，最下点での張力 T_b を求めよ。

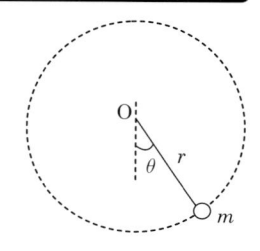

10-3　万有引力の法則　Basic

質量をもつすべての物質は互いに引き合う。キミはキミの隣に座っている友人とも机や椅子とも引き合っている。といわれても，えっ，本当？と思うかもしれない。それは身のまわりにある物体どうしの間では極めて小さな力だからである。この**「質量をもつすべての物質が互いに引き合う力」**を ⑲ $\boxed{}$ とよぶ。

(1) 万有引力の法則

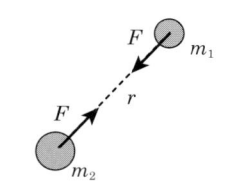

万有引力は，次の ⑳ $\boxed{}$ にしたがってすべての物質に働く。質量 m_1, m_2 の 2 つの物体が距離 r 離れているとき，その 2 つの物体に働く万有引力の大きさ F は，それぞれの質量に比例し，距離の 2 乗に反比例する。すなわち

$$F = G \,\text{㉑}\boxed{}$$

図 10-9　万有引力
質量をもつすべての物体の間には大きさが同じで反対向きの万有引力が働く。

ここで，G は定数で ㉒ ▭ とよばれ，$G = 6.674 \times 10^{-11}$ N·m²/kg² である。万有引力は質量の大きな物体（天体など）の間で顕著に現れる。地球や月，太陽やその他の天体は，この万有引力に支配され運動しているのである。

(2) 重力と万有引力

では，万有引力は地上での出来事と無縁であるのかというと，まったく逆で，地上の出来事をも支配している。第7章で学んだ重力 mg の本質は，この万有引力だったのである。すなわち，地球と地球上（地球の近く）の物体が互いに万有引力によって引き合い，結果として物体が地球に引かれ落下する。これを我々は重力とよんでいたのである。

重力を考える際に，地球のような球対称な物体は，あたかも**球の中心に全質量が集中している**のと同一であるという重要な事実がある。すなわち，地表に置かれた質量 m の物体は，地球の質量を M_e，地球の半径を R_e とすると，次のような万有引力を受ける。

$$F = \text{㉓} \boxed{}$$

この力が重力 mg と等しいのであるから，$F = mg$ とすれば重力加速度は

$$g = \text{㉔} \boxed{}$$

と表され，地球の中心からの距離によって変化することがわかる。たとえば，地表から h の高さでの重力加速度は，地球の中心から $R_e + h$ の距離での重力加速度であるから，次のように表される。

$$g_h = \text{㉕} \boxed{}$$

地球から充分に遠方（$h \to \infty$）では $g_\infty \to 0$ となり，重力（重量）はゼロに近づく。すなわち，無重量状態となる。

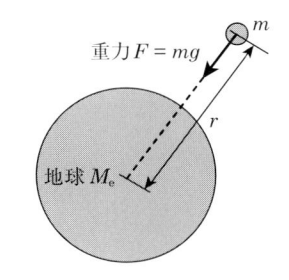

図 10-10 重力と万有引力
物体は地球からの万有引力を受けて落下する。これを地上では重力とよんでいる。当然のことながら，地球は物体から同じ大きさの万有引力を受けている。

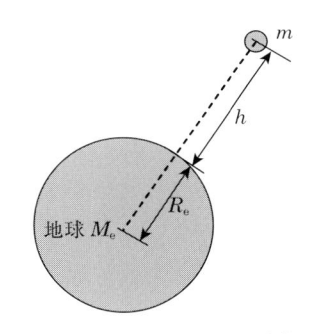

図 10-11 上空の重力
万有引力の法則から，上空に行けば行くほど重力は弱くなる。重力（重力加速度）の標高による違いは5-1節を参照。

---

⑫ $\vec{a}_r$　⑬ $\vec{a}_t$　⑭ v^2　⑮ r　⑯ $g\sin\theta$　⑰ $\sqrt{\left(\dfrac{v^2}{r}\right)^2 + (g\sin\theta)^2}$

(3) 万有引力による円運動

地球のまわりを円軌道を描いて運動する人工衛星は，万有引力（重力）が向心力となり等速円運動をしている。質量 m の人工衛星が地球の中心から距離 r の位置を速さ v で等速円運動しているとすると，万有引力＝向心力であるから

$$㉖ \boxed{} = ㉗ \boxed{}$$

となり，人工衛星の速さは

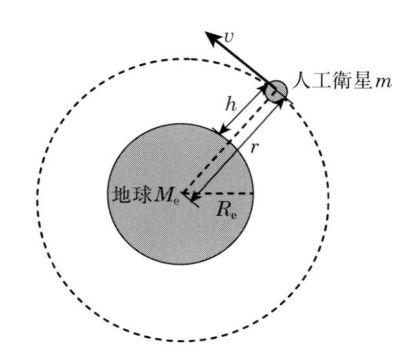

$$v = ㉘ \boxed{}$$

と表される。

図 10-12 第 1 宇宙速度
人工衛星や月は地球からの万有引力が向心力となり，等速円運動をしている。特に，軌道半径が地球の半径と等しい場合の軌道速度を第 1 宇宙速度という。

問題 10-9 【万有引力】

地球の質量を $M_e = 5.98 \times 10^{24}$ kg，地球の半径（赤道半径）を $R_e = 6.37 \times 10^6$ m，万有引力定数を $G = 6.67 \times 10^{-11}$ N·m²/kg² として，次の問いに答えよ。

(1) 距離 $r = 50.0$ cm 離れた質量 $m_1 = 50.0$ kg，$m_2 = 60.0$ kg の 2 人の人間の間に働く万有引力の大きさを求めよ。
(2) 地上にある質量 $m = 2.00 \times 10^4$ kg のトラックに働く万有引力の大きさを求めよ。
(3) 地球と月の間に働く万有引力の大きさを求めよ。ただし，月の質量は $M_m = 7.36 \times 10^{22}$ kg，地球の中心と月の中心の間の距離を $r = 3.84 \times 10^8$ m とする。

問題 10-10 【重力加速度】

次のそれぞれの位置での重力加速度の大きさを求めよ。ただし，地球の質量を $M_e = 5.98 \times 10^{24}$ kg，地球の半径を $R_e = 6.37 \times 10^6$ m，万有引力定数を $G = 6.67 \times 10^{-11}$ N·m²/kg² とする。
(1) 地表（$h = 0$）　(2) $h = 1000$ km 上空　(3) $h = 6000$ km 上空

問題 10-11 【人工衛星】

上空 $h = 400$ km の地球周回軌道にいる国際宇宙ステーション（ISS）の速さ v と周期 T_P を求めよ。ただし，地球の質量を $M_e = 5.98 \times 10^{24}$ kg，地球の半径を $R_e = 6.37 \times 10^6$ m，万有引力定数を $G = 6.67 \times 10^{-11}$ N·m²/kg²，$\pi = 3.14$ とする。

解答

問題 10-1　$a = \dfrac{v^2}{r} = 6.0 \text{ m/s}^2$，$F = m\dfrac{v^2}{r} = 12 \text{ N}$

問題 10-2　ⓐ $T = ma_r$　ⓑ v^2　ⓒ r　ⓓ $T = m\dfrac{v^2}{r}$　ⓔ mv^2
　　　　　　ⓕ r　ⓖ 18　ⓗ $2\pi r$　ⓘ v　ⓙ 1.0

問題 10-3　(1) $T = m\dfrac{v^2}{r}$　(2) $T = m\dfrac{v^2}{r} = 8.0 \text{ N}$

(3) $T_P = \dfrac{2\pi r}{v} = 1.6$ s

問題 10-4 (1)

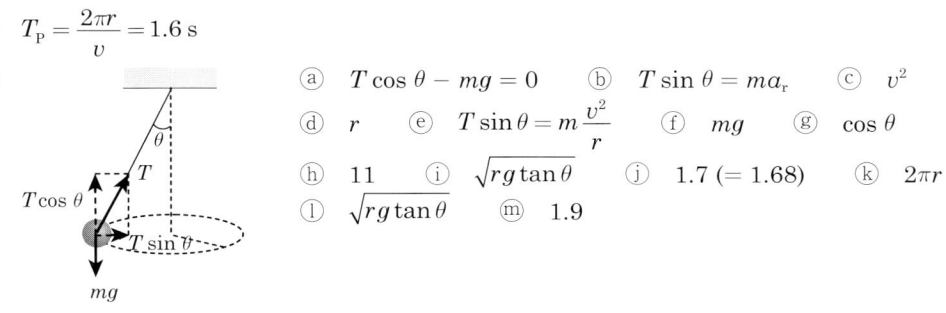

ⓐ $T\cos\theta - mg = 0$ ⓑ $T\sin\theta = ma_r$ ⓒ v^2
ⓓ r ⓔ $T\sin\theta = m\dfrac{v^2}{r}$ ⓕ mg ⓖ $\cos\theta$
ⓗ 11 ⓘ $\sqrt{rg\tan\theta}$ ⓙ $1.7 (=1.68)$ ⓚ $2\pi r$
ⓛ $\sqrt{rg\tan\theta}$ ⓜ 1.9

問題 10-5 (1) 鉛直方向：$T\cos\theta = mg$，水平方向：$T\sin\theta = m\dfrac{v^2}{L\sin\theta}$

(2) $v = \sqrt{Lg\sin\theta\tan\theta} = 1.7$ m/s $(=1.68$ m/s$)$

(3) $T_P = \dfrac{2\pi L\sin\theta}{v} = 2\pi\sqrt{\dfrac{L\cos\theta}{g}} = 1.9$ s

▶(3)の補足：(2)で得られた v の値を用いる場合は v の値を 1 桁多くとって代入せよ．

問題 10-6 (1) $f_s = m\dfrac{v^2}{r}$ (2) $f_{s,\max} = \mu mg = 5.9\times 10^3$ N (3) $v_{\max} = \sqrt{\mu rg} = 12$ m/s

問題 10-7 (1) $a_r = \dfrac{v^2}{L} = 9.0$ m/s^2 (2) $a_t = g\sin\theta = 4.9$ m/s^2

(3) $a = \sqrt{\left(\dfrac{v^2}{L}\right)^2 + (g\sin\theta)^2} = 10$ m/s^2 (4) $\phi = \tan^{-1}\left(\dfrac{Lg\sin\theta}{v^2}\right) = 29°$

問題 10-8 (1) $a_r = \dfrac{v^2}{r},\ a_t = g\sin\theta,\ a = \sqrt{\left(\dfrac{v^2}{r}\right)^2 + (g\sin\theta)^2}$

(2) $T - mg\cos\theta = \dfrac{mv^2}{r},\ -mg\sin\theta = ma_t$

(3) $T_t = m\left(\dfrac{v_t^2}{r} - g\right)$ (4) $T_b = m\left(\dfrac{v_b^2}{r} + g\right)$

問題 10-9 (1) $F = G\dfrac{m_1 m_2}{r^2} = 8.00\times 10^{-7}$ N (2) $F = G\dfrac{mM_e}{R_e^2} = 1.97\times 10^5$ N

(3) $F = G\dfrac{M_m M_e}{r^2} = 1.99\times 10^{20}$ N

問題 10-10 (1) $g = G\dfrac{M_e}{R_e^2} = 9.83$ m/s^2 (2) $g_h = G\dfrac{M_e}{(R_e+h)^2} = 7.34$ m/s^2

(3) $g_h = G\dfrac{M_e}{(R_e+h)^2} = 2.61$ m/s^2

問題 10-11 $v = \sqrt{\dfrac{GM_e}{R_e+h}} = 7.68\times 10^3$ m/s, $T_P = 2\pi\sqrt{\dfrac{(R_e+h)^3}{GM_e}} = 5.54\times 10^3$ s $(=92$ 分$)$

---

⑱ $\tan^{-1}\left(\dfrac{rg\sin\theta}{v^2}\right)$ ⑲ 万有引力 ⑳ 万有引力の法則 ㉑ $\dfrac{m_1 m_2}{r^2}$ ㉒ 万有引力定数 ㉓ $G\dfrac{mM_e}{R_e^2}$

㉔ $G\dfrac{M_e}{R_e^2}$ ㉕ $G\dfrac{M_e}{(R_e+h)^2}$

第 10 章●円運動と万有引力

第11章 慣性力

キーワード 遠心力，見かけの力

11-1　慣性力　Standard

　日常生活で「遠心力」という言葉をときどき耳にすると思う。ここでは遠心力に代表されるような慣性力について紹介しよう。加速度運動している座標系（非慣性系）で現れる見かけの力を**慣性力**という。この慣性力を直線上の運動と等速円運動などの曲線上の運動に分けて具体的に見てみよう。

(1) 直線上の運動

　電車が駅に着くときや駅を出発するとき，力を受けて倒れそうになった経験は誰にでもあると思う。もしくは，加速中や減速中につり革が傾くのを目にすることも多いだろう。これは慣性力によるもので，観測者（自分）が電車とともに加速度運動しているためである。

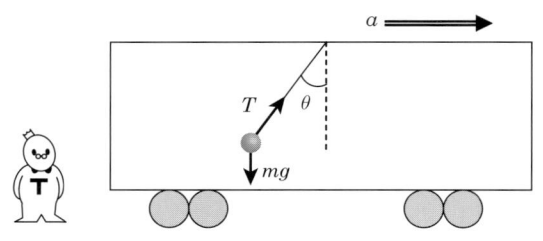

図 11-1　電車の外で静止している観測者（慣性系の観測者）
電車のことは考えず，おもりの運動だけに注目する。ひもにつけられたおもりは，加速度 a で右方に運動している。これは，右方への力（張力の水平成分）によって加速度運動していると考えられる。

　電車の中につるされた質量 m のおもりを考えよう。電車が右方に一定の加速度 a で加速しているとき，ひもは鉛直線と θ の角度をなし静止する。これを電車の外で静止している観測者（慣性系の観測者）が見た場合，おもりは電車とともに加速度運動しているから，鉛直方向の運動方程式は①□□□，水平方向の運動方程式は②□□□となり，張力の水平成分③□□□を受け，加速度運動していると理解できる。

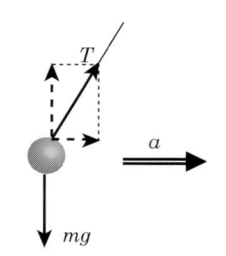

図 11-2　慣性系での力のつり合い
張力の水平成分によって加速度が生じていると見なせる。

　一方，電車の中で静止している観測者（非慣性系の観測者）から見た場合は，ひもは

鉛直線と θ の角度をなし静止しているので，張力の水平成分とつり合う力（見かけの力，慣性力）④ [ ] が左方に働いていると考えなければならない。

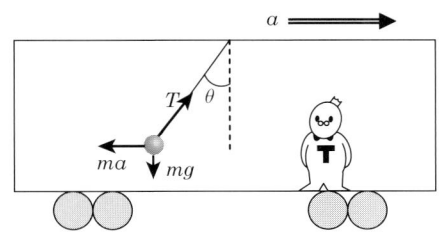

図 11-3　電車の中で静止している観測者（非慣性系の観測者）
観測者は電車とともに自分が加速度運動をしていることを知らない。ひもにつけられたおもりが傾いて静止しているから，張力の水平成分とつり合う力 f が左方に働いていると考えなければ説明できない。この力 $f = ma$ が慣性力である。

この場合，鉛直方向の運動方程式は⑤ [ ] ，水平方向の運動方程式は⑥ [ ] となり，慣性系の観測者と同じ形の運動方程式が得られる。

このように，どちらの座標系で見た場合でも結果（運動方程式）は同じものになるが，物理的な解釈は2つの座標系で異なっていることに注意すべきである。

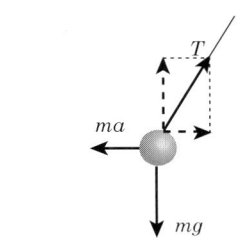

図 11-4　非慣性系での力のつり合い
張力の水平成分とつり合う慣性力 $f = ma$ が働いていると考えなければならない。

ガリレイ変換および相対速度

動いている電車の中で静かに座っている人を外から見ると，電車とともに運動して見える。

このように，運動を記述する基準（座標系）が異なると，運動の様子も異なって観測される。止まっている人と動いている人とで，物体の運動の見え方がどう変わるのだろうか。

静止している座標系 S の x 方向に一定の速度 v で運動している座標系 S' を考え，空間の点 P を表すことを考える。S 系で見たときの点 P の座標を (x, y, z, t)，S' 系で見たときの点 P の座標を (x', y', z', t) とし，時刻 $t = t' = 0$ で2つの系の原点が一致しているとする。

S' 系は t [s] 間に x 方向に vt だけ進むから，S'

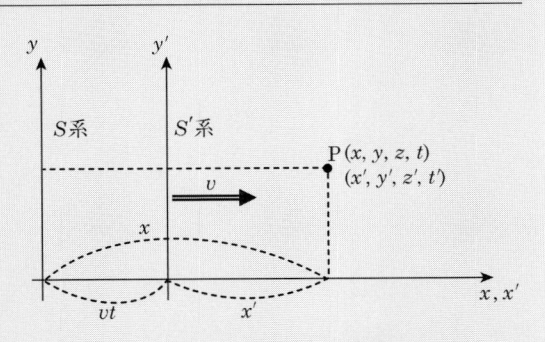

図 11-5　ガリレイ変換
異なる座標系（慣性系）間の変換を表す。S 系は静止している座標系，S' 系は x 方向に一定の速度 v で運動している座標系である。

㉖ $G\dfrac{mM_e}{r^2}$　㉗ $m\dfrac{v^2}{r}$　㉘ $\sqrt{\dfrac{GM_e}{r}}$

系での点 P の座標 (x', y', z', t') は，S 系での点 P の座標 (x, y, z, t) を用いて，

$$x' = x - vt, \quad y' = y, \quad z' = z, \quad t' = t$$

と表される。これを**ガリレイ変換**という。

なお，ガリレイ変換での相対速度（速度合成則）は，ガリレイ変換 $x' = x - vt$ の両辺を時間で微分することによって，$u' = u - v$ となる。これは，日常的な速度の合成にほかならない。

(2) 曲線上の運動

車に乗ってカーブを曲がるときなど，カーブの外側に引っ張られた経験は誰にでもあると思う。これは慣性力によるもので，観測者（自分）が車とともに加速度運動（円運動）しているためである。この場合の慣性力を特に❼□□□□という。

等速で回転している滑らかな円盤上の物体を考えよう。物体は円盤の中心と長さ r のひもでつながれており，速さ v で等速円運動している。

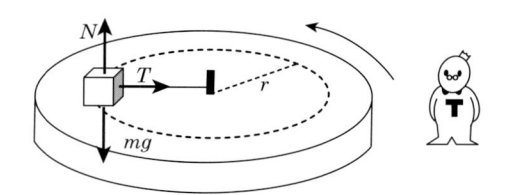

図 11-6 円盤の外で静止している観測者（慣性系の観測者）
物体は等速円運動をしているから，張力が向心力となっていると考える。

これを円盤の外で静止している観測者（慣性系の観測者）が見た場合，物体は円盤とともに加速度運動（等速円運動）しているから，

鉛直方向の運動方程式は⑧□□□□，

半径方向の運動方程式は⑨□□□□となり，向心力⑩□□□□を受け，等速円運動していると理解できる。

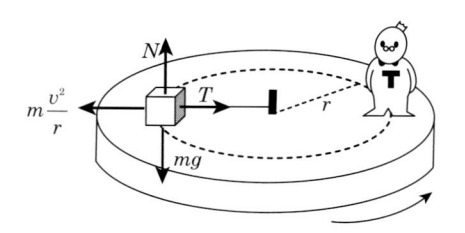

図 11-7 円盤上で静止している観測者（非慣性系の観測者）
観測者は円盤とともに自分が等速円運動をしていることを知らない。摩擦のない円盤上で張力が働いているにも関わらず，物体が静止しているのは，張力とつり合う力が働いていると考えなければ説明できない。この力が慣性力（遠心力）である。

一方，円盤上で静止している観測者（非慣性系の観測者）は，張力 T を受けている

にも関わらず物体が静止していると見なすから，張力とつり合う力（見かけの力，慣性力，遠心力）⑪ □ が左方に働いていると考えなければならない。

鉛直方向の運動方程式は⑫ □ ，

半径方向の運動方程式は⑬ □ となり，慣性系の観測者と同じ形の運動方程式が得られる。

コリオリの力

人が乗れるほど大きな円板が回転しており，その円板の上空を飛行機がまっすぐ通過したとする。飛行機自身はまっすぐに飛行しているが，円板の上に立っている人から飛行機を見ると，飛行機は円板の回転方向とは逆方向に旋回しているように見えるであろう。このように，運動している物体を回転している観測者から見ると，曲線運動を引き起こす慣性力（見かけの力）が現れる。この慣性力のことを**コリオリの力**という。

地球は円板ではなく球形をしているので解析は少し複雑になるが，地球上で運動する物体には地球の自転のためにコリオリの力が働いている。フーコーの振り子の振動面が時間ともに変化していくのもコリオリの力が働いているからである。フーコーの振り子は1851年にレオン・フーコーがはじめて作成した。日本でも国立科学博物館（上野）で観ることができる。

図11-8 フーコーの振り子
長いワイヤーの先に重いおもりをつけ振り子運動させると振動方向が徐々に回転する。
（写真提供：国立科学博物館）

問題 11-1 【慣性力と加速度】

一定の加速度で加速中の電車内のつり革が $\theta = 30°$ 傾いている。この電車の加速度 a を求めよ。ただし，このつり革はひもの端につけられた小物体と見なすことができるものとする。

問題 11-2 【慣性力】

右方に等速で走っていた電車がブレーキをかけ，一定の加速度 $a = 4.9 \text{ m/s}^2$ で減速する。次の問いに答えよ。
(1) 減速中に電車内のつり革はどちらに傾くか。ただし，このつり革はひもの端につけられた小物体と見なすことができるものとする。
(2) つり革が傾いた角度 θ を求めよ。

---

① $T\cos\theta - mg = 0$　② $T\sin\theta = ma$　③ $T\sin\theta$　④ ma　⑤ $T\cos\theta - mg = 0$
⑥ $T\sin\theta - ma = 0$

問題 11-3　【摩擦と慣性力】

右方に等速で走っていた電車がブレーキをかけ，一定の加速度 $a = 4.9$ m/s^2 で減速する。電車の床には摩擦があり，床面上には物体が置かれている。次の問いに答えよ。
(1) 減速中に床面上の物体に働く摩擦力の向きを答えよ。
(2) 床面上を物体が滑り出さないために最小限必要な静止摩擦係数 μ を求めよ。

問題 11-4　【遠心力】

半径 $r = 30$ m のカーブを時速 50 km で曲がっている車中のドライバーが受ける力の大きさ F を求めよ。ただし，ドライバーの質量は $m = 60$ kg とする。

問題 11-5　【摩擦と遠心力】

質量 $m = 40$ kg の物体が水平な回転台の上の中心から $r = 3.0$ m の位置に置いてある。この回転台の周期を $T_\mathrm{P} = 15$ s として，次の問いに答えよ。ただし，$\pi = 3.14$ とする。
(1) 物体の加速度 a を求めよ。
(2) 物体に作用する水平方向の摩擦力 f を求めよ。
(3) 物体が滑らないようにするために最小限必要な静止摩擦係数 μ を求めよ。

解答

問題 11-1　$a = g \tan \theta = 5.7$ m/s^2

問題 11-2　(1) 右方に傾く　(2) $\theta = \tan^{-1}\left(\dfrac{a}{g}\right) = 27°$

問題 11-3　(1) 左方に働く　(2) $\mu = \dfrac{a}{g} = 0.50$

問題 11-4　$F = \dfrac{mv^2}{r} = 3.9 \times 10^2$ N

問題 11-5　(1) $a = \dfrac{4\pi^2 r}{T_\mathrm{P}^2} = 0.53$ m/s^2　(2) $f = ma = \dfrac{4\pi^2 mr}{T_\mathrm{P}^2} = 21$ N

(3) $\mu = \dfrac{a}{g} = \dfrac{4\pi^2 r}{T_\mathrm{P}^2 g} = 0.054$

第12章 抵抗力

キーワード 速度に比例する抵抗力，速度の2乗に比例する抵抗力

12-1 抵抗力　Standard

第9章で抵抗力の一種である摩擦力について紹介したが，運動中に働く摩擦力は一定であった。ここでは，運動中に変化する**抵抗力**（空気抵抗など）を紹介する。この抵抗力は，時間とともに変化するので，微分方程式を解くことによって解析することができる。まずは，抵抗力が働いていない場合から見ることにする。

(1) 抵抗力が働かない場合（自由落下）

自由落下する物体に働く力は mg のみであるから，運動方程式は，鉛直下方を正とすると $mg = ma$ となる。加速度は $a = \dfrac{dv}{dt}$ であるから，$\dfrac{dv}{dt} = g$ である。これは，微分方程式であるから，4-3節で示したように変数を分離して積分することによって解くことができる。変数を分離して，$\int dv = \int g\,dt$ 積分を実行すると

$$v = \boxed{①} \quad (Cは積分定数)$$

図12-1 自由落下（抵抗力が働かない場合）
抵抗力が働かない場合は，自由落下する物体に働く力は重力（一定の力）のみである。

初期条件として $t = 0$ で $v = 0$ とすると，$C = \boxed{②}$ となるから，任意の時刻 t における速度 v は $v = gt$，すなわち，下方に速度 gt で落下することがわかる。

(2) 速度に比例する抵抗力が働く場合（粘性抵抗）

液体中を運動する物体に働く抵抗力（粘性抵抗）は，一般に速度に比例することが知られている。比例定数を b とすると，物体に働く抵抗力は bv であるから，鉛直下方を正とすると，運動方程式は，$mg - bv = ma$ となり，

$$a = \dfrac{dv}{dt} \text{を用いて，} \boxed{③} = g \quad \cdots\cdots ①$$

と書ける。この微分方程式を解くことによって，任意の時刻 t における速度 v が求められる。式①の変数を分離して，

---

❼ 遠心力　⑧ $N - mg = 0$　⑨ $T = m\dfrac{v^2}{r}$　⑩ $\dfrac{mv^2}{r}$　⑪ $\dfrac{mv^2}{r}$　⑫ $N - mg = 0$
⑬ $T - m\dfrac{v^2}{r} = 0$

$$\int \frac{1}{\left(g - \dfrac{b}{m}v\right)} dv = \int dt$$

そして積分を実行すれば，

④

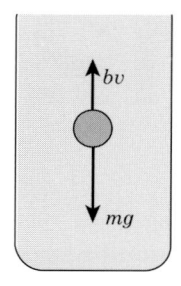

$= t + C$ （Cは積分定数）……②

図12-2　速度に比例する抵抗力が働く場合

物体は落下するにしたがって速度が大きくなり，それに伴って抵抗力も増していく。刻々と物体に働く力が変化していくが，抵抗力がちょうど重力と等しくなる速度に達した後は，重力と抵抗力がつり合い，一定の速度（終速度）を保ったまま落下する。

積分公式のおさらい

$f(x)$ が1次関数であるとき，次の積分公式が成立する（☞「積分公式」，25ページ）。

$$\int \frac{1}{f(x)} dx = \log|f(x)| \times \frac{1}{f'(x)}$$

たとえば，$f(x) = ax + b$ のとき $\int \dfrac{1}{ax+b} dx = \log|ax+b| \times \dfrac{1}{a} + C = \dfrac{1}{a}\log|ax+b| + C$

式②の両辺に $-b/m$ をかけて，対数をはずすと（対数 $\log$ と書いたのは対数の底が e の自然対数 $\log_e$ であり，$e^{\log x} = x$ の性質を用いた。☞「対数関数」，80ページ），

$g - \dfrac{b}{m}v = e^{-\frac{b}{m}t - \frac{b}{m}C}$　さらに変形して，$v = \dfrac{m}{b}\left(g - e^{-\frac{b}{m}t - \frac{b}{m}C}\right)$ となる。

初期条件として $t = 0$ で $v = 0$ とすると，$0 = \dfrac{m}{b}\left(g - e^{-\frac{b}{m}C}\right)$ だから，積分定数は $e^{-\frac{b}{m}C} = g$ となり，任意の時刻 t における速度 v は

$$v = \frac{m}{b}\left(g - e^{-\frac{b}{m}t - \frac{b}{m}C}\right) = \frac{m}{b}\left(g - g e^{-\frac{b}{m}t}\right) = ⑤ $$

となる。これは $t \to \infty$ で $e^{-\frac{b}{m}t} \to 0$ となることから，$v \to$ ⑥ となる。すなわち，速度に比例する抵抗力が働く場合，時間が経過すると速度 v は一定値 $v_t = mg/b$ になることがわかる。ここで，$t = m/b \equiv \tau$（タウと読む）となる時間を考えると

$$v = v_t\left(1 - e^{-\frac{b}{m} \times \frac{m}{b}}\right) = v_t(1 - e^{-1}) = 0.632 v_t$$

(e はネイピア数 $e = 2.718\cdots$ である。☞「指数関数」, 80 ページ) となり, $\tau = m/b$ は, **終(端)速度** v_t の 63.2% に達するまでの時間を表すことになる。

この τ は**時定数**とよばれ, 終速度に達する時間の目安となる。すなわち, m, b の大小関係により終速度に達する時間は異なるが, その比が等しい物体ならば終速度に達する時間が同じであることを示している。

(3) 速度の2乗に比例する抵抗力が働く場合 (空気抵抗)

空気中を自由落下する物体には, 一般に速度の2乗に比例する抵抗力 (空気抵抗) が働くことが知られている。比例定数を b とすると, 物体に働く抵抗力は bv^2 であるから, 鉛直下方を正とすると, 運動方程式は $m\dfrac{\mathrm{d}v}{\mathrm{d}t} = $ ⑦ 　　　 となる。

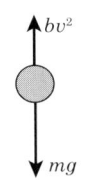

図 12-3　速度の2乗に比例する抵抗力が働く場合
日常でおなじみの空気抵抗はこの場合に相当する。抵抗力の比例定数に応じて, 終速度を調整できる。

変数を分離して $\displaystyle\int \dfrac{1}{\left(g - \dfrac{b}{m}v^2\right)} \mathrm{d}v = \int \mathrm{d}t$

左辺の積分を実行したいが, 分母が2次関数であるので, さきに紹介した積分公式は使えない。そこで, 被積分関数を次のように変形する。

$$\dfrac{1}{\left(g - \dfrac{b}{m}v^2\right)} = \dfrac{1}{g\left(1 - \dfrac{b}{mg}v^2\right)}$$

$$= \dfrac{1}{g\left(1 + \sqrt{\dfrac{b}{mg}}v\right)\left(1 - \sqrt{\dfrac{b}{mg}}v\right)} = \dfrac{1}{g}\left[\dfrac{⑧}{\left(1 + \sqrt{\dfrac{b}{mg}}v\right)} + \dfrac{⑨}{\left(1 - \sqrt{\dfrac{b}{mg}}v\right)}\right]$$

$$= \dfrac{1}{2g}\left[\dfrac{1}{\left(1 + \sqrt{\dfrac{b}{mg}}v\right)} + \dfrac{1}{\left(1 - \sqrt{\dfrac{b}{mg}}v\right)}\right]$$

これで分母が1次関数になったので, さきほどの積分公式が使える。

$$\dfrac{1}{2g}\int\left[\dfrac{1}{\left(1 + \sqrt{\dfrac{b}{mg}}v\right)} + \dfrac{1}{\left(1 - \sqrt{\dfrac{b}{mg}}v\right)}\right]\mathrm{d}v = \int \mathrm{d}t$$

積分を実行して

---

① $gt + C$　② 0　③ $\dfrac{\mathrm{d}v}{\mathrm{d}t} + \dfrac{b}{m}v$

⑩
$$= t + C \quad (C \text{は積分定数})$$

対数関数の性質 $(\log A - \log B = \log (A/B))$ を用いてまとめると

$$\frac{1}{2}\sqrt{\frac{m}{bg}}\log\left|\frac{\left(1+\sqrt{\frac{b}{mg}}v\right)}{\left(1-\sqrt{\frac{b}{mg}}v\right)}\right| = t + C$$

両辺に $2\sqrt{bg/m}$ をかけて，対数をはずすと

$$\frac{\left(1+\sqrt{\frac{b}{mg}}v\right)}{\left(1-\sqrt{\frac{b}{mg}}v\right)} = e^{2\sqrt{\frac{bg}{m}}t+C'} \quad \text{ここで，} 2\sqrt{\frac{bg}{m}}C = C' \text{とおいた．}$$

さらに，v についてまとめ，分母分子に $e^{-\left(2\sqrt{\frac{bg}{m}}t+C'\right)}$ をかけると

$$v = \sqrt{\frac{mg}{b}}\frac{e^{2\sqrt{\frac{bg}{m}}t+C'}-1}{1+e^{2\sqrt{\frac{bg}{m}}t+C'}} = \sqrt{\frac{mg}{b}}\frac{1-e^{-\left(2\sqrt{\frac{bg}{m}}t+C'\right)}}{e^{-\left(2\sqrt{\frac{bg}{m}}t+C'\right)}+1}$$

初期条件として $t=0$ で $v=0$ とすると，$\sqrt{\frac{mg}{b}}\frac{1-e^{-C'}}{e^{-C'}+1}=0$ だから $e^{-C'} =$ ⑪

よって，$v = \sqrt{\frac{mg}{b}}\frac{1-e^{-2\sqrt{\frac{bg}{m}}t}\times e^{-C'}}{e^{-2\sqrt{\frac{bg}{m}}t}\times e^{-C'}+1} =$ ⑫ となる．

(2)の場合と同様に，$t \to \infty$ で $e^{-2\sqrt{\frac{bg}{m}}t} \to 0$ となることから，$v \to$ ⑬ となる．すなわち，速度の 2 乗に比例する抵抗力が働く場合に速度 v は一定値 $v_t = \sqrt{mg/b}$ になることがわかる．

粘 性 係 数

　本文で述べたように，液体や気体などの流体中を運動する物体には抵抗力が働く．この抵抗力の大きさを決める主な量は，(1)物体の形状　(2)物体の速度　(3)流体の粘性係数　(4)流体の密度の 4 つである．たとえば半径 a の球体があまり速くない速度 v で，粘性係数 η（エータと読む），密度 ρ（ローと読む）の流体の中を運動しているとしよう．このとき，物体には速度に比例した粘性抵抗力（ストークスの抵抗）$f_v = 6\pi a\eta v$ と，速度の 2 乗に比例した慣性抵抗力（ニュートンの抵抗）$f_l = \frac{1}{4}\pi\rho a^2 v^2$ の両方を受ける．物体の速度が $v_C = \frac{24\eta}{a\rho}$ となる点で，この 2 種類の抵抗力の大きさは等しくなる．ストークス抵抗が速度に比例し，ニュートン抵抗が速度の 2 乗に比

例することから，$v \ll v_C$ の場合にはニュートン抵抗を無視することができ，$v \gg v_C$ の場合にはストークス抵抗を無視することができる．

たとえば，粘性係数が大きなグリセリン（20℃）の中を半径 5 mm の球体が運動する場合の v_C は約 6 m/s と大きな値となる．よって，グリセリン中を自由落下する小球には主に速度に比例するストークス抵抗が働き，ニュートン抵抗は無視することが可能である．これに対して，粘性係数が小さな空気の中を同程度の小球が運動する場合には，v_C は数 cm/s と小さな値となる．よって，空気中を自由落下する小球には主に速度の 2 乗に比例するニュートン抵抗が働き，ストークス抵抗を無視できる．

このように，流体の中の運動は細かく調べるとかなり複雑である．興味がある読者は「流体力学」の教科書を手にとって見てほしい．

表 12-1 流体の粘性係数と密度（1 気圧，20℃）

物質	粘性係数 η [kg·m^{-1}·s^{-1}]	密度 ρ [kg·m^{-3}]
空気	1.8×10^{-5}	1.205
水	1.002×10^{-3}	9.982×10^2
グリセリン	1.495	1.264×10^3

出典… 東京天文台編，理科年表 昭和 44 年版，丸善（1969）
国立天文台編，理科年表 平成 21 年版，丸善（2009）

問題 12-1 【積分】

次の不定積分をせよ．ただし，積分定数を C とする．

(1) $\displaystyle\int \frac{2}{2-3x} dx$ (2) $\displaystyle\int \frac{1}{9x^2-4} dx$ (3) $\displaystyle\int \frac{5}{2x^2-x-3} dx$

問題 12-2 【終速度】

終速度を知るだけなら，微分方程式を解かなくても求めることができる．(1) 速度に比例する抵抗力が働く場合，(2) 速度の 2 乗に比例する抵抗力が働く場合のそれぞれについて，運動方程式から終速度を求め，上記の結果と一致することを確認せよ．

問題 12-3 【抵抗力が働く場合の速度】

質量 $m = 0.5$ kg の物体が落下するとき，(1) 速度に比例する抵抗力が働く場合，(2) 速度の 2 乗に比例する抵抗力が働く場合のそれぞれについて，比例定数を $b = 0.25$ として，0.50 秒後の速さを計算せよ．

問題 12-4 【抵抗力が働く場合の物体の位置】

質量 m の物体が落下するとき，(1) 速度に比例する抵抗力が働く場合，(2) 速度の 2 乗に比例する抵抗力が働く場合のそれぞれについて，比例定数を b，重力加速度を g として，任意の時刻 t での物体の位置 x を求めよ．ただし，$t = 0$ で $x = 0$ とし，鉛直下方を正とする．

---

④ $\log\left|g - \dfrac{b}{m}v\right| \times \left(-\dfrac{m}{b}\right)$ ⑤ $\dfrac{mg}{b}\left(1 - e^{-\frac{b}{m}t}\right)$ ⑥ $\dfrac{mg}{b}$ ⑦ $mg - bv^2$ ⑧ $\dfrac{1}{2}$ ⑨ $\dfrac{1}{2}$

解答

問題 12-1 (1) $-\dfrac{2}{3}\log|2-3x|+C$　　(2) $\dfrac{1}{12}\log\left|\dfrac{3x-2}{3x+2}\right|+C$　　(3) $\log\left|\dfrac{2x-3}{x+1}\right|+C$

問題 12-2 速度が増すにつれて抵抗力が大きくなり，やがて抵抗力が重力とつり合う。すなわち，加速度がゼロとなることを用いて，終速度を求めることができる。

(1) $v_{終}=\dfrac{mg}{b}$　　(2) $v_{終}=\sqrt{\dfrac{mg}{b}}$

問題 12-3 (1) $v=\dfrac{mg}{b}\left(1-e^{-\frac{b}{m}t}\right)=4.3\text{ m/s}$　　(2) $v=\sqrt{\dfrac{mg}{b}}\,\dfrac{1-e^{-2\sqrt{\frac{bg}{m}}t}}{1+e^{-2\sqrt{\frac{bg}{m}}t}}=3.6\text{ m/s}$

問題 12-4 (1) $x=\dfrac{mg}{b}\left\{t+\dfrac{m}{b}\left(e^{-\frac{b}{m}t}-1\right)\right\}$　　(2) $x=\dfrac{m}{b}\left\{\sqrt{\dfrac{bg}{m}}\,t+\log\dfrac{1}{2}\left(e^{-2\sqrt{\frac{bg}{m}}t}+1\right)\right\}$

指数関数

$f(x)=a^x$ の形の関数を**指数関数**といい，a を指数関数の底という。自然科学においては，底が e の指数関数 $f(x)=e^x$ がよく現れる。この e を**ネイピア数**という。

$$e=\lim_{x\to\pm\infty}\left(1+\dfrac{1}{x}\right)^x=1+1+\dfrac{1}{2!}+\dfrac{1}{3!}+\cdots\cdots=2.71828\cdots\cdots\quad (\text{ネイピア数の定義})$$

また，指数関数 $e^{f(x)}$ を**イクスポネンシャル**（exponential）とよび，$\exp\{f(x)\}$ と書くことがある。

対数関数

指数関数 $f(x)=a^x$，$f(x)=10^x$，$f(x)=e^x$ などの逆関数 $f^{-1}(x)=\log_a x$，$f^{-1}(x)=\log_{10}x$，$f^{-1}(x)=\log_e x$ を**対数関数**という。a, 10, e などを対数の底という。また，底が 10 である対数 $\log_{10}x$ を**常用対数**，底が e である対数 $\log_e x$ を**自然対数**という。常用対数の底 10 を省略して単に $\log x$ と書くことがあるが，自然科学では自然対数の底 e を省略して $\log x$ と書く。常用対数と自然対数が混在するような場合は混乱を避けるため，自然対数を $\log_e x=\ln x$（エル・エヌもしくはナチュラルログと読む）と書くこともある。

対数の性質　　$\log(ab)=\log a+\log b,\quad \log\left(\dfrac{a}{b}\right)=\log a-\log b,\quad \log(a^n)=n\log a$

$\log e=\ln e=1,\quad \log e^a=\ln e^a=a,\quad \log\left(\dfrac{1}{a}\right)=\ln\left(\dfrac{1}{a}\right)=-\ln a$

底の変換　　$\log_{10}x=\log_{10}e\times\log_e x=0.43429\log_e x=0.43429\ln x,$

$\ln x=\log_e x=\dfrac{\log_{10}x}{\log_{10}e}=2.30259\log_{10}x$

---

⑩ $\dfrac{1}{2g}\left\{\log\left|\left(1+\sqrt{\dfrac{b}{mg}}v\right)\times\sqrt{\dfrac{mg}{b}}\right|+\log\left|\left(1-\sqrt{\dfrac{b}{mg}}v\right)\times\left(-\sqrt{\dfrac{mg}{b}}\right)\right|\right\}$　　⑪ 1　　⑫ $\sqrt{\dfrac{mg}{b}}\,\dfrac{1-e^{-2\sqrt{\frac{bg}{m}}t}}{1+e^{-2\sqrt{\frac{bg}{m}}t}}$　　⑬ $\sqrt{\dfrac{mg}{b}}$

総合演習 II 　運動の法則

復習 問題 II-1　【力のつり合い】　☞ 問題 7-2

図のようにおもりを天井から $\theta = 45°$ となるようにつるすと，ちょうどつり合った。このときの張力は $T = 35$ N であった。おもりの質量 m を求めよ。

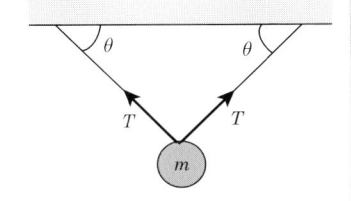

復習 問題 II-2　【摩擦のある面上の運動】　☞ 問題 9-3

図のように粗い水平面上に置かれた質量 $m = 10$ kg の物体が水平面と $\theta = 30°$ をなす $F = 30$ N の力で引かれているとき，次の問いに答えよ。ただし，動摩擦係数を $\mu = 0.10$ とする。 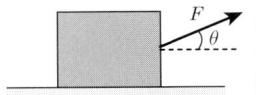
(1) 垂直抗力 N を求めよ。
(2) 物体に生じた加速度 a を求めよ。

復習 問題 II-3　【慣性力と加速度】　☞ 問題 11-1

一定の加速度で加速中の電車内のつり革が $\theta = 10°$ 傾いている。この電車の加速度 a を求めよ。ただし，このつり革はひもの端につけられた小物体と見なすことができるものとする。

総合 問題 II-4　【重ねた物体の運動】

水平な床の上に質量 m_A の物体 A があり，その上に質量 m_B の物体 B が重ねて置かれている。下にある物体 A を水平に力 F で引いたところ，物体 A と物体 B は別々に動いた。このとき，物体 A の加速度 a_A と物体 B の加速度 a_B を求めよ。ただし，重力加速度の大きさを g とし，物体 A と床との間の動摩擦係数を μ_A，物体 A と物体 B の間の動摩擦係数を μ_B とする。

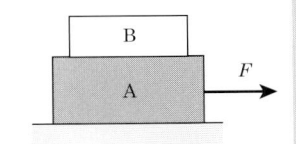

ヒント ① 物体 A と物体 B に働く垂直抗力を考える。　② 垂直抗力をもとに各物体に働く摩擦力を考える。

総合 問題 II-5　【連結された物体の運動】

図のように水平面上に同じ質量 m の3つの物体 A, B, C が軽いひもで連結されている。物体 A に水平な力 F を加え右方に引く。次の問いに答えよ。ただし，重力加速度の大きさを g とする。

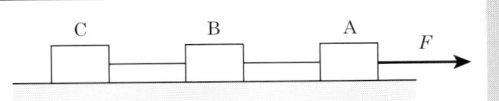

まず，物体と水平面の間に摩擦がないとき
(1) 物体の加速度を求めよ。

(2) AB 間および BC 間の張力をそれぞれ求めよ。
　　次に，物体と水平面の間に摩擦があり，動摩擦係数が μ であるとき
(3) 物体の加速度を求めよ。
(4) AB 間および BC 間の張力をそれぞれ求めよ。

ヒント ① (1), (3)は物体 A，B，C のそれぞれについて運動方程式を立てて解いてもよいが，加速度を求めるだけなら，A，B，C を 1 つの物体と見なして運動方程式を立てればよい。　② (2), (4)は物体 A，B，C のそれぞれについて運動方程式を立てて解く。その際，AB 間と BC 間の張力が異なることに注意せよ。

総合 問題 II-6　【エレベータ内での振り子】

エレベーターの天井から長さ l の振り子がつるされて振動している。エレベーターが静止しているときの周期は $T = 2\pi\sqrt{l/g}$ である。エレベーターが加速度 a で上昇中のときの，エレベーターの中にいる観測者から見た振り子の周期を求めよ。

ヒント　見かけの加速度がどのようになるかを考えよ。

総合 問題 II-7　【終速度】

自由落下している物体に，速度の n 乗に比例する空気抵抗 mbv^n が働く場合の終速度を求めよ。ただし，重力加速度の大きさを g とし，物体の質量は m とする。

ヒント　終速度は重力と抵抗力がつり合い，加速度がゼロになったときの速度であることを考えよ。

解答

問題 II-1　$m = \dfrac{2T\sin\theta}{g} = 5.1 \text{ kg}$

問題 II-2　(1) $N = mg - F\sin\theta = 83 \text{ N}$　(2) $a = \dfrac{F\cos\theta - \mu(mg - F\sin\theta)}{m} = 1.8 \text{ m/s}^2$

問題 II-3　$a = g\tan\theta = 1.7 \text{ m/s}^2$

問題 II-4　まず垂直抗力を考える。物体 B に働く垂直抗力は物体 A から受ける垂直抗力 $N = m_B g$ である。一方，物体 A に働く垂直抗力は，物体 B から受ける垂直抗力（N の反作用）$N' = N = m_B g$ と重力 $m_A g$ の合力 $R = N' + m_A g = (m_B + m_A)g$ となる。

次に物体 B に働く力を考える。物体 A が右に動くと物体 B も右へ動く。このとき，物体 B を右に動かす力は物体 B が物体 A から受ける右向きの摩擦力 f である。これから，物体 B の加速度 a_B は $f = \mu_B N = m_B a_B$ より $a_B = \mu_B g$ で右向きとなる。

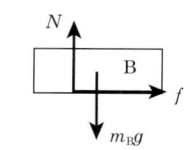

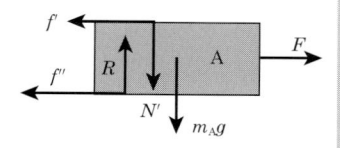

同様に，物体 A に働く力は，地球の重力 $m_A g$，右向きの外力 F，物体 B からの垂直抗力 $N' = N = m_B g$，物体 B からの左向きの摩擦力（f の反作用）$f' = f$，床からの垂直抗力 $R = N' + m_A g = (m_B + m_A)g$，床からの左向きの摩擦力 $f'' = \mu_A R$ である。物体 A の水平方向の運動方程式 $m_A a_A = F - f' - f''$ より，

物体 A の加速度は $a_A = \dfrac{1}{m_A}\{F - \mu_B m_B g - \mu_A(m_B + m_A)g\}$ で右向きとなる。

問題 II-5 (1) AB 間のひもの張力を T_1, BC 間のひもの張力を T_2, 生じる加速度を a とすれば物体 A, B, C それぞれの運動方程式は

$$A: F - T_1 = ma \quad \cdots\cdots ①$$
$$B: T_1 - T_2 = ma \quad \cdots\cdots ②$$
$$C: T_2 = ma \quad \cdots\cdots ③$$

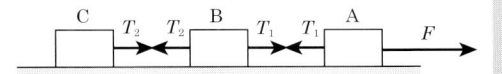

となる。式①, ③を式②に代入して張力 T_1, T_2 を消去すれば, $a = F/3m$

(2) (1)の結果を式①, ③にそれぞれ代入して, $T_1 = 2F/3$, $T_2 = F/3$

(3) 摩擦が働く場合の運動方程式は, それぞれ

$$A: F - T_1 - \mu mg = ma \quad \cdots\cdots ④$$
$$B: T_1 - T_2 - \mu mg = ma \quad \cdots\cdots ⑤$$
$$C: T_2 - \mu mg = ma \quad \cdots\cdots ⑥$$

となる。式④, ⑥を式⑤に代入して張力 T_1, T_2 を消去すれば, $a = \dfrac{F - 3\mu mg}{3m}$

(4) (3)の結果を式④, ⑥にそれぞれ代入して, $T_1 = 2F/3$, $T_2 = F/3$

問題 II-6 エレベーターが加速すると慣性力が働き, 見かけの加速度が $g + a$ となる。したがって, 加速中の振り子の周期は $T = 2\pi\sqrt{\dfrac{l}{g+a}}$ となる。

問題 II-7 運動方程式 $m\dfrac{dv}{dt} = mg - mbv^n$ より, $\dfrac{dv}{dt} = g - bv^n$ となる。終速度は一定であるので速度の変化（加速度）はゼロである。したがって $g - bv^n = 0$ より, $v = \sqrt[n]{g/b}$ が終速度である。

第13章 仕事とスカラー積

キーワード 一定の力がする仕事，摩擦力がする仕事，重力がする仕事，正味の仕事

13-1 一定の力がする仕事 Basic

日常生活で"仕事"というと，荷物を運んだり，書類を書いたり，接客したり，実にさまざまである。これに対して物理学では，力を加えて物体を引きずったり，もち上げたりする場合に，どのくらいの力を加えて，どのくらいの距離を動かしたのかという作業量で仕事を定義する。

(1) 仕事の定義

図 13-1 のように水平面と θ をなす方向に一定の力 $\vec{F}$ を加えて，$\vec{x}$ だけ変位させるとき，変位に直接寄与する力は変位方向の成分 $F\cos\theta$ だから，仕事を次のように定義する。

$$\text{仕事 } W \equiv \text{変位方向の力の成分 } F\cos\theta \times \text{変位の大きさ } x$$

すなわち，$W \equiv$ ① [   ] と定義する。仕事の単位を J（ジュール）と表し，仕事 [J] = 力 [N] × 変位 [m] だから，仕事の単位は J = ② [   ] = ③ [   ] と書ける。

変位の方向と力の方向が一致しているなら $\cos 0° =$ ④ [   ] だから，この場合の仕事は単純に $W =$ ⑤ [   ] となる。

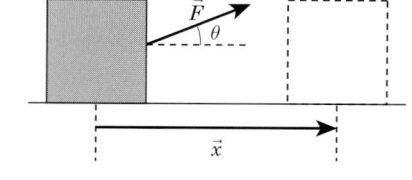

図 13-1 力 $\vec{F}$ がする仕事
変位方向の力の成分が，力 $\vec{F}$ がした仕事に関与する。

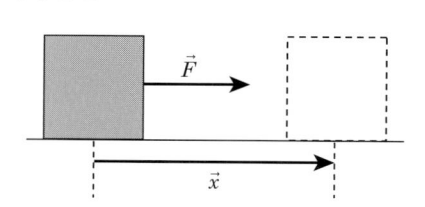

図 13-2 力 $\vec{F}$ がする仕事
力 $\vec{F}$ の方向と変位方向が一致しているときには $\vec{F}$ のすべてが仕事に関与する。

(2) 摩擦力がする仕事

摩擦力 $\vec{f}$ は常に変位の方向と反対向きに働くから，$\cos 180° =$ ⑥ [   ] となり，摩擦力がする仕事 W_f は，$W_f =$ ⑦ [   ] である。摩擦力が変位を妨げる力であることからも，摩擦力がする仕事が常に ⑧ [   ] であることを理解できる。

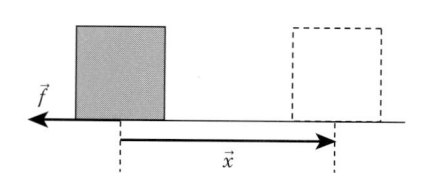

図 13-3 摩擦力がする仕事
摩擦力は変位方向と常に逆向きに働くから，摩擦力がした仕事は負の仕事となる。

(3) 重力がする仕事

重力に逆らって物体を鉛直方向にもち上げる場合，重力は物体の変位を妨げるから，重力がする仕事は負となる。重力 mg は変位の方向と反対向きに働くから，$\cos 180° = -1$ となり，重力がする仕事 W_g は，$W_g = $ ⑨ □ である。

複数の力が働いている場合は，それぞれの力がした仕事をたし合わせればよい。しかしながら，負の仕事（摩擦力がした仕事など）が含まれる場合もあるので，物体を動かすためにされた実質的な仕事を，ここでは**正味の仕事**とよぶことにする。

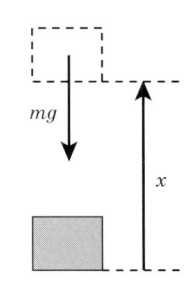

図 13-4 重力がする仕事
物体を鉛直上方にもち上げる場合，重力は負の仕事をする。

ジェームズ・プレスコット・ジュール
James Prescott Joule（1818～1889）

イギリスの物理学者。1840 年に電流と熱の関係を表すジュールの法則を発見し，1845 年に空気を断熱圧縮して熱の仕事当量を求める有名なジュールの実験を行った。その後 30 年間に渡り，仕事当量の精密測定を続けた。1861 年にはいわゆるジュール・トムソン効果の測定を行い，J. R. マイヤーとは独立にエネルギー保存則の確立に大きく貢献した。この業績がいかに偉大であったかは，エネルギーや仕事の単位に彼の名であるジュール（J）が使われていることからも想像できるであろう。

問題 13-1 【一定の力がする仕事 1】

滑らかな水平面上に置かれた物体を水平方向に $F = 10$ N の力で $x = 2.0$ m 移動させる。この間に力 F がした仕事 W を求めよ。

問題 13-2 【一定の力がする仕事 2】

滑らかな水平面上に置かれた物体を水平面と $\theta = 30°$ をなす $F = 10$ N の力で $x = 2.0$ m 移動させる。この間に力 F がした仕事 W を求めよ。

問題 13-3 【摩擦力がする仕事】

動摩擦係数 $\mu = 0.50$ の水平面上に置かれた質量 $m = 2.0$ kg の物体を水平方向 $x = 2.0$ m 移動させる。この間に摩擦力 f がした仕事 W を求めよ。

問題 13-4 【重力がする仕事】

質量 $m = 2.0$ kg の物体を $x = 3.0$ m もち上げる。この間に重力がした仕事 W を求めよ。

問題 13-5 【正味の仕事】

図のように，質量 $m = 2.0$ kg の物体に水平面と $\theta = 30°$ をなす力 $F = 20$ N を加えて，水平な床面

上を $L = 50$ cm 右方に引きずった。次の問いに答えよ。ただし，物体と床の間には摩擦があり，動摩擦係数は $\mu = 0.50$ である。

(1) 力 F がした仕事 W_F を求めよ。
(2) 摩擦力 f がした仕事 W_f を求めよ。
(3) 正味の仕事 W を求めよ。

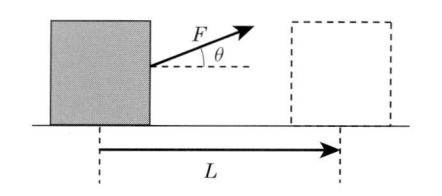

解答

(1) 力 F がした仕事は $W_F =$ ⓐ □ $=$ ⓑ □ J

(2) 摩擦力は $f =$ ⓒ □ であり，垂直抗力は $N =$ ⓓ □ だから，摩擦力がした仕事は $W_f =$ ⓔ □ $=$ ⓕ □ J

(3) 正味の仕事は $W = W_F + W_f$ だから，$W =$ ⓖ □ J

類似 問題 13-6 【正味の仕事】

次の①，②のそれぞれの場合に，次の問いに答えよ。ただし，$F = 50$ N，$L = 2.0$ cm，$\theta = 30°$，物体の質量を $m = 5.0$ kg，動摩擦係数を $\mu = 0.50$ とする。

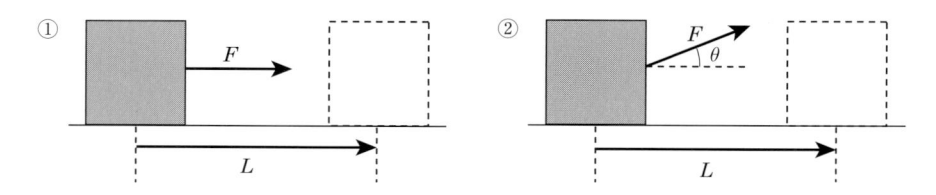

(1) 力 F がした仕事を求めよ。　(2) 摩擦力 f がした仕事を求めよ。
(3) 正味の仕事を求めよ。

13-2 ベクトルのスカラー積　Basic

2-2節でベクトルの和（たし算）と差（ひき算）を紹介した。ここではベクトルの積（かけ算）を紹介しよう。この積を用いて仕事を表すことができる。2つのベクトル $\vec{A}$ と $\vec{B}$ の積を次のように定義する。

$$\vec{A} \cdot \vec{B} \equiv \text{⑩} \boxed{}$$

このように定義された積を**内積**という。ここで，θ は2つのベクトルのなす角である。2つのベクトルの積がスカラー量になっていることから，**スカラー積**ともよばれる。$\vec{A}$ と $\vec{B}$ の間の積を表す "・（ドット）" は省略してはならない。

変位の方向と θ をなす方向に一定の力 $\vec{F}$ を加えて，

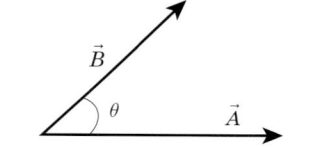

図 13-5　ベクトルのスカラー積
2つのベクトルの間のなす角とベクトルの大きさを用いてスカラー積を定義する。

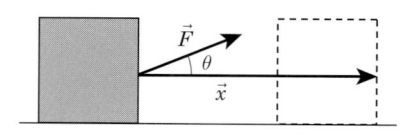

図 13-6　仕事とスカラー積
仕事はスカラー積を用いて表すことができる。

$\vec{x}$ だけ変位させるとき，仕事はスカラー積を用いて $W = \vec{F} \cdot \vec{x} =$ ⑪ [____] と表せる。

単位ベクトルを用いてスカラー積を表してみよう。x, y, z 方向の単位ベクトル $\vec{i}, \vec{j}, \vec{k}$ は互いに直角（$\cos 90° = 0$）であるから，スカラー積の定義より

$$\vec{i} \cdot \vec{j} = \vec{j} \cdot \vec{k} = \vec{i} \cdot \vec{k} = \text{⑫}[\quad],$$
$$\vec{i} \cdot \vec{i} = \vec{j} \cdot \vec{j} = \vec{k} \cdot \vec{k} = \text{⑬}[\quad]$$

であるから，$\vec{A} = A_x\vec{i} + A_y\vec{j} + A_z\vec{k}$ と $\vec{B} = B_x\vec{i} + B_y\vec{j} + B_z\vec{k}$ のスカラー積は $\vec{A} \cdot \vec{B} =$ ⑭ [____] となる。

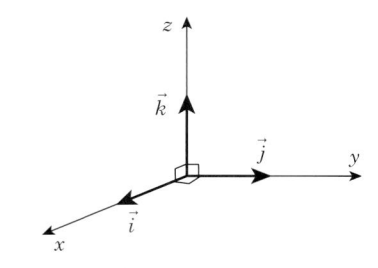

図 13-7　単位ベクトルのスカラー積
単位ベクトルは互いに直角に交わり，その大きさは 1 であるから，スカラー積の定義より，単位ベクトルどうしのスカラー積は直ちに求めることができる。

📝基本 問題 13-7 　【スカラー積】

$\vec{A} = 3\vec{i} + 2\vec{j}$, $\vec{B} = 5\vec{i} - 4\vec{j}$ について，次の問いに答えよ。
(1) $\vec{A} \cdot \vec{B}$ を求めよ。　(2) $\vec{A}, \vec{B}$ のなす角 θ を求めよ。

解答
(1) $\vec{A} = A_x\vec{i} + A_y\vec{j}$ と $\vec{B} = B_x\vec{i} + B_y\vec{j}$ のスカラー積は $\vec{A} \cdot \vec{B} = A_xB_x + A_yB_y$ であるから

$$\vec{A} \cdot \vec{B} = \text{ⓐ}[\qquad] = \text{ⓑ}[\quad]$$

(2) $\vec{A}, \vec{B}$ のなす角を θ とするとスカラー積の定義から $\vec{A} \cdot \vec{B} = |\vec{A}||\vec{B}|\cos\theta$ であるから

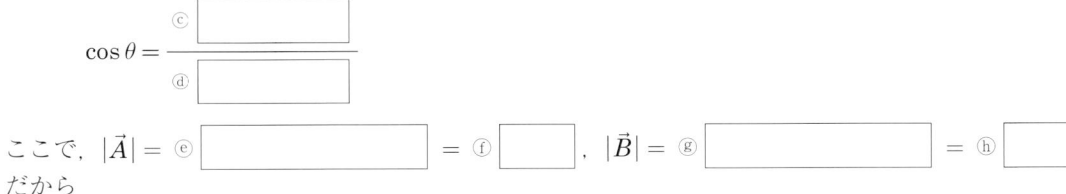

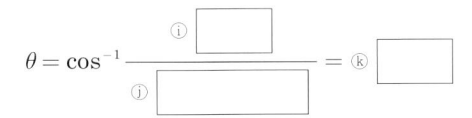

$$\cos\theta = \frac{\text{ⓒ}[\quad]}{\text{ⓓ}[\quad]}$$

ここで，$|\vec{A}| = \text{ⓔ}[\qquad] = \text{ⓕ}[\quad]$, $|\vec{B}| = \text{ⓖ}[\qquad] = \text{ⓗ}[\quad]$ だから

$$\theta = \cos^{-1}\frac{\text{ⓘ}[\quad]}{\text{ⓙ}[\quad]} = \text{ⓚ}[\quad]$$

🍒類似 問題 13-8 　【スカラー積】

$\vec{A} = 2\vec{i} + 2\vec{j}$, $\vec{B} = 2\vec{i} - 4\vec{j}$ について，次の問いに答えよ。
(1) $\vec{A} \cdot \vec{B}$ を求めよ。　(2) $\vec{A}, \vec{B}$ のなす角 θ を求めよ。

🍒類似 問題 13-9 　【スカラー積】

$\vec{A} = 3\vec{i} + 4\vec{j} + 2\vec{k}$, $\vec{B} = 2\vec{i} - 2\vec{j} + 3\vec{k}$ について，次の問いに答えよ。

① $Fx\cos\theta$ 　② N·m 　③ $\text{kg·m}^2/\text{s}^2$ 　④ 1 　⑤ Fx 　⑥ -1 　⑦ $-fx$ 　❽ 負 　⑨ $-mgx$

第 13 章●仕事とスカラー積　87

(1) $\vec{A} \cdot \vec{B}$ を求めよ。　(2) $\vec{A}$, $\vec{B}$ のなす角 θ を求めよ。
(3) $\vec{C} = 2\vec{i} + 2\vec{j}$ とするとき $(\vec{A} \cdot \vec{B})\vec{C}$ を求めよ。

問題 13-10 【仕事とスカラー積】

ある物体に力 $\vec{F} = 3\vec{i} + 4\vec{j}$ [N] を加えたところ $\vec{x} = \vec{i} + 2\vec{j}$ [m] だけ変位した。次の問いに答えよ。
(1) この力がした仕事を求めよ。　(2) $\vec{F}$ と $\vec{x}$ のなす角 θ を求めよ。

問題 13-11 【重力がする仕事】

図のように,質量 $M = 3.0$ kg の物体を水平面と $\theta = 30°$ をなす斜面に沿って,高さ $h = 1.0$ m まで上げるとき,重力がした仕事を求めよ。

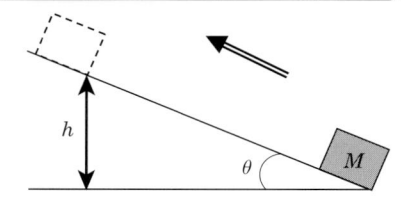

解答

問題 13-1　$W = Fx = 20$ J

問題 13-2　$W = Fx \cos\theta = 17$ J

問題 13-3　$W = -\mu mgx = -20$ J

問題 13-4　$W = -mgx = -59$ J

問題 13-5　ⓐ $FL\cos\theta$　ⓑ 8.7　ⓒ μN　ⓓ $mg - F\sin\theta$　ⓔ $-\mu(mg - F\sin\theta)L$
ⓕ -2.4　ⓖ 6.3

問題 13-6　①(1) $W_F = FL = 1.0$ J　(2) $W_f = -\mu mgL = -0.49$ J　(3) $W = W_F + W_f = 0.51$ J
②(1) $W_F = FL\cos\theta = 0.87$ J　(2) $W_f = -\mu(mg - F\sin\theta)L = -0.24$ J
(3) $W = W_F + W_f = 0.63$ J

問題 13-7　ⓐ $3 \times 5 + 2 \times (-4)$　ⓑ 7　ⓒ $\vec{A} \cdot \vec{B}$　ⓓ $|\vec{A}||\vec{B}|$　ⓔ $\sqrt{3^2 + 2^2}$
ⓕ $\sqrt{13}$　ⓖ $\sqrt{5^2 + (-4)^2}$　ⓗ $\sqrt{41}$　ⓘ 7　ⓙ $\sqrt{13}\sqrt{41}$　ⓚ $72°$

問題 13-8　(1) $\vec{A} \cdot \vec{B} = A_x B_x + A_y B_y = -4$　(2) $\theta = \cos^{-1}\dfrac{\vec{A} \cdot \vec{B}}{|\vec{A}||\vec{B}|} = 108°$

問題 13-9　(1) $\vec{A} \cdot \vec{B} = A_x B_x + A_y B_y + A_z B_z = 4$　(2) $\theta = \cos^{-1}\dfrac{\vec{A} \cdot \vec{B}}{|\vec{A}||\vec{B}|} = 80°$
(3) $(\vec{A} \cdot \vec{B})\vec{C} = 4 \times (2\vec{i} + 2\vec{j}) = 8\vec{i} + 8\vec{j}$

問題 13-10　(1) $W = \vec{F} \cdot \vec{x} = 11$ J　(2) $\theta = \cos^{-1}\dfrac{\vec{F} \cdot \vec{x}}{|\vec{F}||\vec{x}|} = 10°$

問題 13-11　$W = -Mg\sin\theta \times \dfrac{h}{\sin\theta} = -29$ J

第14章 変化する力がする仕事

キーワード 変化する力がする仕事，積分，ばねがする仕事，フックの法則

14-1 変化する力がする仕事 Basic

物体に働いている力が一定の場合の仕事は，単純に力と距離の積をとればよかった。これに対して，物体の位置とともに働いている力が変化するような場合は，それぞれの位置でなされた仕事をすべてたし合わせなければならない。

これを考えるために，力が一定の場合を再度見直しておこう。力 F_x は物体の位置によらず一定であるから，x 軸と平行な直線となる。このとき仕事は $W = F_x x$ であり，図 14-1 の長方形の面積に等しい。すなわち，仕事は F-x グラフの面積を求めることであるといえる。

このことを念頭に，位置 x とともに力 F_x が図 14-2 のように変化する場合を考える。小さな変位 Δx の間に力 F_x がする仕事 ΔW は図 14-2 中の長方形の面積 $\Delta W = $ ① □ に等しい。x_i から x_f までの間の全仕事は，長方形の面積をたし合わせればよいから，和の記号 Σ を用いて

$$W \cong ② \boxed{}$$

となる。ここで，"$\cong$" は，ほぼ等しいことを表している。というのは，仕事が F-x グラフの面積であったのに対して，Δx のとり方によっては曲線 $F_x = F(x)$ で囲まれた面積

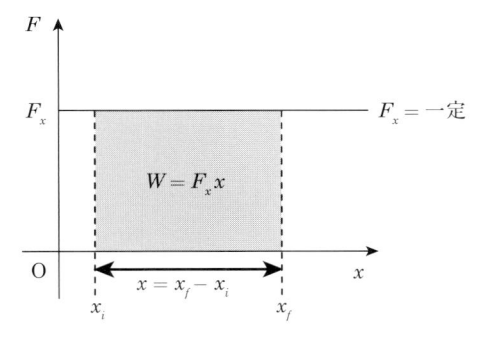

図 14-1 一定の力がする仕事（F-x グラフ）
仕事は F-x グラフにおける面積に等しい。

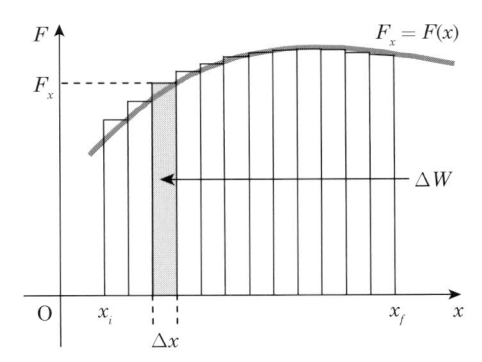

図 14-2 変化する力がする仕事（F-x グラフ）
仕事は F-x グラフにおける面積に等しいから，積分によって与えられる。

には等しくならないからである。小さな変位 Δx を限りなく小さく（$\Delta x \to 0$）とれば，求めたい面積に近づく。すなわち，$\Delta x \to 0$ の極限をとって $W = \lim_{\Delta x \to 0} \sum_{x=x_i}^{x_f} F_x \Delta x$ が全仕事となる。これは積分の定義にほかならない（☞「積分の定義」，90 ページ）。よって，

⑩ $|\vec{A}||\vec{B}|\cos\theta$　⑪ $|\vec{F}||\vec{x}|\cos\theta$　⑫ 0　⑬ 1　⑭ $A_x B_x + A_y B_y + A_z B_z$

変化する力がする仕事は $W=$ ③ □ となり，力 F_x の積分で与えられる。

積分の定義

積分区間 $x_0 \leq x \leq x_n$ を n 個の区間に分け，隣接する点の差を $\Delta x_k = x_k - x_{k-1}$ とすると，面積は $\sum_{k=1}^{n} f(x_k)\Delta x_k$ となる。

Δx_k が 0 になるように分割数 n の極限をとったときの極限値を積分と定義する。すなわち，$\lim_{n\to\infty}\sum_{k=1}^{n} f(x_k)\Delta x_k = \int_{x_0}^{x_n} f(x)dx$ となる。

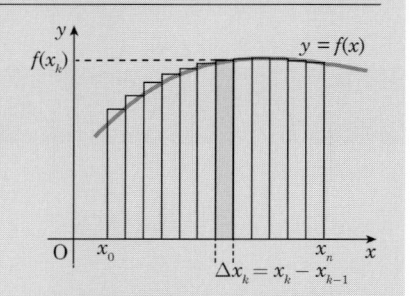

図 14-3　積分の定義
関数の積分は，その関数によって囲まれた面積を求めることに等しい。

定積分の計算

第 4 章で紹介したように，不定積分の公式は $\int f(x)dx = \int x^n dx = \frac{1}{n+1}x^{n+1}+C$ であった。これに対して，積分範囲を定めた積分を**定積分**といい，$\int_a^b f(x)dx$ のように積分範囲を添えて書く。

この場合，積分範囲 a から b までの積分といい，積分範囲のはじめの値 a を積分記号の下側に，終わりの値 b を積分記号の上側に書く。積分公式は不定積分の場合と同じであるが，積分定数はつけずに積分後，積分範囲の値を代入する。これを次のように書く。ある関数 $f(x)$ の不定積分が $\int f(x)dx = F(x)+C$ となる場合，定積分は $\int_a^b f(x)dx = [F(x)]_a^b = F(b)-F(a)$ となる。b（終わりの値）を代入し，a（はじめの値）を代入したものを引くことに注意せよ。

導入 問題 14-1　　　【定積分】

次の定積分をせよ。
(1) $\int_2^4 2x\,dx$　(2) $\int_1^2 (3x^2-4x+5)dx$　(3) $\int_1^3 \frac{2}{x^2}dx$　(4) $\int_0^x (x+2)^2 dx$

14-2　ばねがする仕事　Basic

変化する力の例として，ばねの力を考える。ばねの力は次の ❹ □ の法則によって与えられる。

$F_x =$ ⑤ □

ここで，x はばねが伸ばされたり縮められたりしていない自然な長さ（**自然長**：$x=0$）からどれだけ伸ばされているか（もしくは縮められているか）を表す量（変位）で，

k は**ばね定数**とよばれる定数であり，単位は [N/m] である。

また，マイナスの符号は，ばねの力が変位と常に反対方向であることを示している。すなわち，ばねを伸ばしたり縮めたりすると自然長に戻そうとする向きに力が働く。このように，物体が元の形状に戻ろうとする性質のことを**弾性**という。このことから，ばねの力はしばしば**復元力**（**弾性力**）とよばれる。

さて，ばねがする仕事を計算しよう。ばねがする仕事は，ばねの力 $F_x = -kx$ を積分すればよいから

$$W_\mathrm{s} = \int_{x_i}^{x_f} F_x \mathrm{d}x = \int_{x_i}^{x_f} (-kx) \mathrm{d}x =$$

$$= \boxed{} \text{⑥}$$

$$= \boxed{} \text{⑦}$$

となる。

変化する力がする仕事は，力 F_x の積分で与えられるから，$F_x = -kx$ のグラフからも求めることができる。たとえば，x_i および x_f が図 14-5 のような場合には，$\frac{1}{2}kx_i^2$ および $\frac{1}{2}kx_f^2$ は，それぞれ三角形の面積を表し，仕事 W_s は影をつけた部分の面積となる。

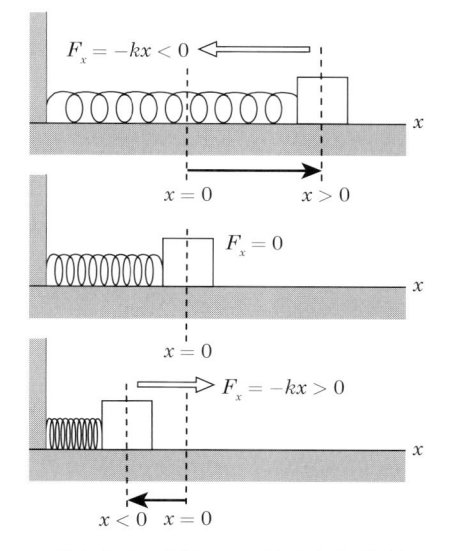

図 14-4　ばねにつけられた物体
物体に働くばねの力は位置によって変化し，常に自然長に戻そうとする向きに働く。ばねの力がする仕事は積分によって与えられる。

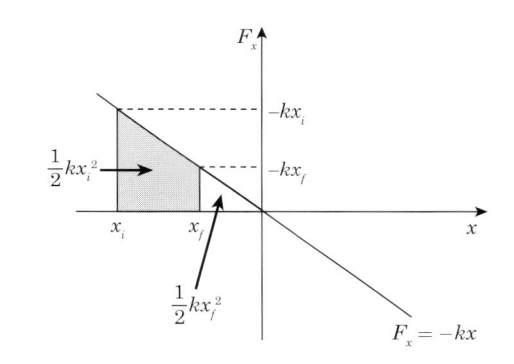

図 14-5　ばねの力がする仕事
ばねの力がする仕事は積分によって与えられ，図の影をつけた面積に等しい。

ロバート・フック
Robert Hooke（1635〜1703）

イギリスの物理学者・天文学者。1679 年に発表したフックの法則が有名だが，ほかにも多くの重要な発見を成し遂げている。特に，薄膜の色を研究して光の波動説を提唱したこと，および木星の回転の観察や年周視差の測定などから，ニュートンよりさきに引力に関する逆 2 乗の法則を提起していたことが大きな業績であろう。また，生物学への貢献も大きく，自ら改良し

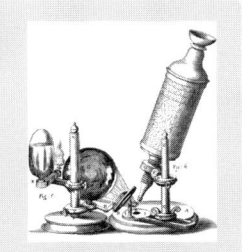

図 14-6　フックが自作した顕微鏡

---

① $F_x \Delta x$　② $\sum_{x=x_i}^{x_f} F_x \Delta x$

た顕微鏡でコルク内部の空室を発見，化石が動植物の死骸であることを提唱した。

仕事率

同じ仕事でもゆっくり実行するのと素早く実行するのでは，仕事の能率はまったく異なる。そこで，仕事の能率を比較するために単位時間当たりにする仕事の量を考え，**仕事率**とよぶ。同じ量の仕事でも，仕事率が大きいほど能率よく短時間に実行できる。仕事率 P は，t 秒間に W ジュールの仕事をするとき，

$$P = \frac{W}{t}$$

で定義される。仕事率の単位は**ワット**（W）である。1 秒間に 1 ジュールの仕事をする機械の仕事率が 1 ワットとなる（[W] = [J/s]）。仕事率「1 キロワット（1 kW）」を単位にとることも多い。

ジェームズ・ワット

James Watt（1736 〜 1819）

スコットランドの発明家。大工の家に生まれ 1757 年にグラスゴー大学の機械技術者となる。1763 年，物理学・数学・化学などを自習していたワットにその後の人生を左右する一大転機が訪れた。グラスゴー大学のニューコメン機関を修理する機会を得たのである。これが，ワットの蒸気機関が誕生するきっかけとなった。彼は作業シリンダーや凝縮器に数々の改良を加え，1769 年に蒸気機関に関する特許を取得，ボールトン・ワット工場を設立した。ワット工場では複動式機関や調速器なども発明。1782 年からは，2 回転運動が可能なワットの蒸気機関が金属工場で次々に導入され，イギリスの産業革命を支える一大原動力となった。

導入 問題 14-2 【ばねがする仕事】

水平面上に置かれた物体が，ばね定数 $k = 10$ N/m のばねにつながれている。ばねを $x = 0.20$ m 縮めて手を離すとき，自然長に戻るまでに，ばねがした仕事 W_s を求めよ。

基本 問題 14-3 【ばねがする仕事】

摩擦係数 $\mu = 0.50$ の粗い水平面上に置かれた質量 $m = 2.0$ kg の物体が，ばね定数 $k = 1000$ N/m のばねにつながれている。ばねを $x = 5.0$ cm 縮めて手を離すとき，次の問いに答えよ。
(1) 自然長に戻るまでに，ばねがした仕事 W_s を求めよ。
(2) この間に摩擦力がした仕事 W_f を求めよ。 (3) 正味の仕事 W を求めよ。

解答
(1) ばねがした仕事は $W_s = \int_x^0 (-kx)\mathrm{d}x =$ ⓐ ☐ = ⓑ ☐ J
(2) 摩擦力は $f =$ ⓒ ☐ だから，摩擦力がした仕事は $W_f =$ ⓓ ☐ = ⓔ ☐ J

(3) 正味の仕事は $W = W_s + W_f$ だから, $W =$ ⓕ ☐ J

▶(1)の結果を用いる際には W_s の値を 1 桁多くとって代入せよ。

類似 問題 14-4 　【ばねがする仕事】

粗い水平面上に置かれた質量 $m = 1.0$ kg の物体が,ばね定数 $k = 1000$ N/m のばねにつながれている。ばねを $x = 3.0$ cm 縮めて手を離すとき,次の問いに答えよ。ただし,摩擦係数を $\mu = 0.50$ とする。
(1) 自然長に戻るまでに,ばねがした仕事 W_s を求めよ。
(2) この間に摩擦力がした仕事 W_f を求めよ。　(3) 正味の仕事 W を求めよ。

基本 問題 14-5 　【ばねがする仕事】

滑らかな水平面上に置かれた物体が,ばね定数 $k = 100$ N/m のばねにつながれている。ばねを自然長から $x = 10.0$ cm 伸ばして手を離す。手を離した地点から,ばねが 6.0 cm 縮む間にした仕事 W_s を求めよ。

基本 問題 14-6 　【ばねがする仕事】

滑らかな水平面上に置かれた物体が,ばね定数 $k = 80$ N/m のばねにつながれている。ばねを自然長から $x = 10.0$ cm 伸ばして手を離す。物体が手を離した地点(位置)に戻るまでに,ばねがした仕事 W_s を求めよ。

基本 問題 14-7 　【つるされたばね】

ばね定数が未知のばねを天井から鉛直につるす。このばねの下端に質量 $m = 0.50$ kg の物体をとりつけ静かに手を離すと,ばねが $x = 2.0$ cm 伸びて静止した。次の問いに答えよ。
(1) ばね定数 k を求めよ。　(2) 重力がした仕事 W_g を求めよ。
(3) ばねがした仕事 W_s を求めよ。　(4) 正味の仕事 W を求めよ。

発展 問題 14-8 　【変化する力がする仕事】

ある物体に働く力が $F(x) = 2x^2 - 3$ にしたがって変化する。物体が $x = 1.0$ m から $x = 3.0$ m まで移動する間にこの力がする仕事 W を求めよ。

解答

問題 14-1　(1) $[x^2]_2^4 = 12$　(2) $[x^3 - 2x^2 + 5x]_1^2 = 6$　(3) $\left[-\dfrac{2}{x}\right]_1^3 = \dfrac{4}{3}$

(4) $\left[\dfrac{1}{3}x^3 + 2x^2 + 4x\right]_0^x = \dfrac{1}{3}x^3 + 2x^2 + 4x$

問題 14-2　$W_s = \dfrac{1}{2}kx^2 = 0.20$ J

問題 14-3　ⓐ $kx^2/2$　ⓑ 1.3 (= 1.25)　ⓒ μmg　ⓓ $-\mu mgx$　ⓔ -0.49
　　　　　　ⓕ 0.76

③ $\displaystyle\int_{x_i}^{x_f} F_x dx$　❹ フック　⑤ $-kx$　⑥ $\left[-\dfrac{1}{2}kx^2\right]_{x_i}^{x_f}$　⑦ $\dfrac{1}{2}kx_i^2 - \dfrac{1}{2}kx_f^2$

問題 14-4 (1) $W_s = \dfrac{1}{2}kx^2 = 0.45$ J (2) $W_f = -\mu mgx = -0.15$ J (3) $W = W_s + W_f = 0.30$ J

問題 14-5 $W_s = \displaystyle\int_{0.10}^{0.04}(-kx)\mathrm{d}x = 0.42$ J

問題 14-6 $W_s = \displaystyle\int_{0.10}^{0.10}(-kx)\mathrm{d}x = 0$ J

問題 14-7 (1) $k = \dfrac{mg}{x} = 2.5\times 10^2$ N/m $(= 245$ N/m$)$ (2) $W_g = mgx = 0.098$ J

(3) $W_s = -\dfrac{1}{2}kx^2 = -0.050$ J $\left(= -\dfrac{1}{2}mgx = 0.049\text{ J}\right)$

(4) $W = W_g + W_s = 0.048$ J $(= 0.049$ J$)$

問題 14-8 $W = \displaystyle\int_{1.0}^{3.0}(2x^2 - 3)\mathrm{d}x = \dfrac{34}{3}$ J $(= 11$ J$)$

専門用語の英語表現①

　力学に登場する専門用語の英語表現をどのぐらい知っているだろうか？ 1つの専門用語に対する英語表現が複数ある場合も多いが，ここではよく使われている英語表現を3回に分けて紹介しよう（☞②：167ページ，③：174ページ）。

■運動方程式や力に関する用語■

運動方程式	equation of motion
摩擦係数	coefficient of friction
静止摩擦	static friction
動摩擦	kinetic friction
反発係数	coefficient of restitution
向心加速度	centripetal acceleration
向心力	centripetal force
遠心力	centrifugal force
保存力	conservative force
空気抵抗	air resistance
粘性抵抗	viscosity resistance
慣性力	inertial force
撃力	impulsive force

■法則に関する用語■

慣性の法則	law of inertia
運動の法則	law of motion
作用反作用の法則	law of action and reaction
万有引力の法則	law of universal gravitation
力学的エネルギー保存則	law of conservation of mechanical energy
角運動量保存則	law of conservation of angular momentum
運動量保存則	momentum conservation law

第15章 仕事と運動エネルギー

キーワード 運動エネルギー，仕事・エネルギー定理

15-1 仕事・エネルギー定理 **Basic**

エネルギーってなんだろう。エネルギーは，力学的エネルギー，電気的エネルギー，熱エネルギー，化学的エネルギー，核エネルギーなど，いろいろな形態で存在し，お互いに移り変わるが，その総量は常に一定で保存される。エネルギーの概念はどの分野においても大変重要である。ここでは，力学的エネルギーの1つである運動エネルギーを紹介する。前章までに学んだ仕事をもとに運動エネルギーを定義する。

(1) 仕事・エネルギー定理（力が一定の場合）

質量 m の物体に一定の力 F_x が働く場合を考える。運動方程式 $F_x = ma_x$ より，この物体の運動は等加速度運動であることがわかる。この力によって物体が x だけ変位したとすると，F_x がした仕事は加速度を用いて，$W = F_x x =$ ① □ と表される。

一方，この物体の運動は等加速度運動であるから，時刻 $t_i = 0$ に速さ v_i であった物体が時刻 $t_f = t$ に速さ v_f になったとすると，第4章で学んだ運動学的方程式より，$x = \frac{1}{2}(v_i + v_f)t$，$a_x = \frac{v_f - v_i}{t - 0}$ となり，F_x がした仕事 W は以下のように表される。

$$W = \text{②} \boxed{} = \text{③} \boxed{}$$

ここで，**運動エネルギー K** を $K \equiv \frac{1}{2}mv^2$ と定義し，物体が最初にもっている運動エネルギーを $K_i =$ ④ □，最後にもっている運動エネルギーを $K_f =$ ⑤ □ とすると，仕事は $W = K_f - K_i = \Delta K$ となり，**仕事は運動エネルギーの変化に等しい**ことがわかる。これを**仕事・エネルギー定理**とよぶ。

運動エネルギーはスカラー量であり，単位は仕事と同じ⑥ □ で，このことは，J = ⑦ □ = kg·(m/s)^2 と書けば，（仕事）＝（質量）×（速さ）^{2} ＝（エネルギー）となっていることからもわかる。

(2) 仕事・エネルギー定理（力が変化する場合）

質量 m の物体に変化する力 F_x が働く場合も運動方程式は $F_x = ma_x$ であるが，当然，等加速度運動ではない。一方で，F_x がした仕事は積分で与えられるから，加速度

を用いて，仕事は $W = \int_{x_i}^{x_f} F_x \mathrm{d}x =$ ⑧ ☐ と書ける。ここで，$\mathrm{d}x = v\mathrm{d}t$, $a_x = \dfrac{\mathrm{d}v}{\mathrm{d}t}$ の関係を用いると $W = \int_{t_i}^{t_f} m \dfrac{\mathrm{d}v}{\mathrm{d}t} v \mathrm{d}t$ となり，さらに，$\dfrac{\mathrm{d}v^2}{\mathrm{d}t} = \dfrac{\mathrm{d}v^2}{\mathrm{d}v} \dfrac{\mathrm{d}v}{\mathrm{d}t} = 2v\dfrac{\mathrm{d}v}{\mathrm{d}t}$ を用いると

$$W = \frac{1}{2} m \int_{t_i}^{t_f} \frac{\mathrm{d}v^2}{\mathrm{d}t} \mathrm{d}t = \frac{1}{2} m [v^2]_{v_i}^{v_f} = \text{⑨} \boxed{}$$

となり，一定の力が働く場合と同じ結果，すなわち，仕事・エネルギー定理が成り立つ。結局，**物体に働く力が一定であるか変化するかに関わらず，仕事は運動エネルギーの変化に等しい。**

$$W = \frac{1}{2} m v_f^2 - \frac{1}{2} m v_i^2 = K_f - K_i = \Delta K$$

問題 15-1　【運動エネルギー】

質量 $m = 5.0$ kg の物体が速さ $v = 2.0$ m/s で運動しているとき，この物体がもつ運動エネルギー K を求めよ。

問題 15-2　【仕事・エネルギー定理】

はじめ静止していた質量 $m = 3.0$ kg の物体が速さ $v = 4.0$ m/s になった。この間になされた仕事 W を求めよ。

問題 15-3　【仕事・エネルギー定理】

はじめ静止していた質量 $m = 4.0$ kg の物体に $W = 8.0$ J の仕事をした。この物体の速さ v はいくらになったか求めよ。

問題 15-4　【仕事と運動エネルギー】

図のように，はじめ静止していた質量 $m = 5.0$ kg の物体に一定の力 $F = 100$ N を加えて，水平な床面上を $L = 50$ cm 右方に引きずった。次の問いに答えよ。ただし，物体と床の間には摩擦があり，動摩擦係数は $\mu = 0.50$ である。

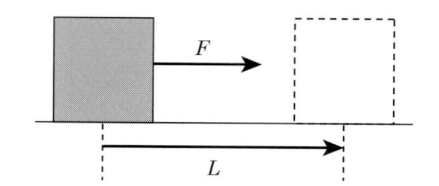

(1) 正味の仕事 W を求めよ。
(2) 物体がはじめにもっていた運動エネルギー K_i を求めよ。
(3) 物体が $L = 50$ cm 移動したときの速さを v_f とするとき，運動エネルギー K_f を求めよ。
(4) 物体が $L = 50$ cm 移動したときの速さ v_f を求めよ。

解答

(1) 力 F がした仕事は $W_F =$ ⓐ ☐ $=$ ⓑ ☐ J．

摩擦力がした仕事は $W_f =$ ⓒ ☐ $=$ ⓓ ☐ J

よって，正味の仕事は $W = W_F + W_f$ だから，$W =$ ⓔ ☐ J

(2) はじめ物体は静止しているから $v_i = 0$，よって運動エネルギーは $K_i = \frac{1}{2}mv_i^2 =$ ⓕ ☐

(3) v_f を用いて，$K_f =$ ⓖ ☐

(4) 仕事・エネルギー定理より，$W = \frac{1}{2}mv_f^2 - \frac{1}{2}mv_i^2$ だから

$$v_f = ⓗ \boxed{} = ⓘ \boxed{} \text{ m/s}$$

類似 問題 15-5 【仕事と運動エネルギー】

図のように，はじめ静止していた質量 $m = 3.0$ kg の物体に一定の力 $F = 100$ N を加えて，水平な床面上を $L = 80$ cm 右方に引きずった。次の問いに答えよ。ただし，物体と床の間には摩擦があり，動摩擦係数は $\mu = 0.50$ である。

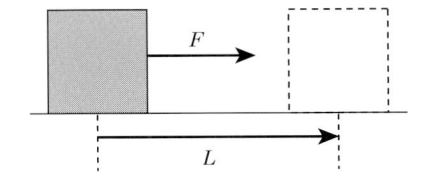

(1) 正味の仕事 W を求めよ。
(2) 物体が $L = 80$ cm 移動したときの速さ v_f を求めよ。

類似 問題 15-6 【仕事と運動エネルギー】

図のように，はじめ右方に速さ $v_i = 10$ m/s で等速直線運動していた質量 $m = 2.0$ kg の物体に水平面と $\theta = 30°$ をなす力 $F = 150$ N を加えて，滑らかな水平な床面上を $L = 50$ cm 右方に引きずった。次の問いに答えよ。

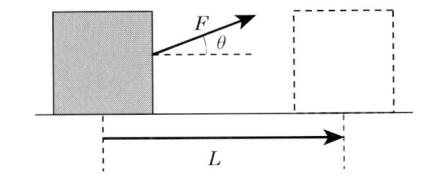

(1) 力 F がした仕事 W_F を求めよ。
(2) 物体がはじめにもっていた運動エネルギー K_i を求めよ。
(3) 物体が $L = 50$ cm 移動したときの速さ v_f を求めよ。

基本 問題 15-7 【仕事と運動エネルギー：ばねの仕事】

滑らかな水平面上に置かれた質量 $m = 2.0$ kg の物体が，ばね定数 $k = 1000$ N/m のばねにつながれている。ばねを $x = 5.0$ cm 縮めて手を離すとき，次の問いに答えよ。
(1) 自然長に戻るまでに，ばねがした仕事 W_s を求めよ。
(2) 自然長に戻ったときの物体の速さ v_f を求めよ。

基本 問題 15-8 【仕事と運動エネルギー：ばねの仕事】

粗い水平面上に置かれた質量 $m = 1.0$ kg の物体が，ばね定数 $k = 1000$ N/m のばねにつながれている。ばねを $x = 3.0$ cm 伸ばして手を離す。自然長に戻ったときの物体の速さ v_f を求めよ。ただし，動摩擦係数を $\mu = 0.50$ とする。

---

① $ma_x x$ ② $m\left(\dfrac{v_f - v_i}{t}\right) \times \dfrac{1}{2}(v_i + v_f)t$ ③ $\dfrac{1}{2}mv_f^2 - \dfrac{1}{2}mv_i^2$ ④ $\dfrac{1}{2}mv_i^2$ ⑤ $\dfrac{1}{2}mv_f^2$ ⑥ J

⑦ N・m

発展 問題 15-9 【仕事と運動エネルギー】

はじめ右方に速さ $v_i = 20$ m/s で等速直線運動していた質量 $m = 5.0$ kg の物体に，ある一定な力 F を加えて，滑らかな床面上を $L = 50$ m 右方に引いたところ，物体の速さは $v_f = 30$ m/s になった。加えた力の大きさ F を求めよ。

解答

問題 15-1 $K = \dfrac{1}{2}mv^2 = 10$ J

問題 15-2 $W = \dfrac{1}{2}mv^2 - 0 = 24$ J

問題 15-3 $v = \sqrt{\dfrac{2W}{m}} = 2.0$ m/s

問題 15-4 ⓐ FL ⓑ 50 ⓒ $-\mu mgL$ ⓓ -12 ⓔ 38 ⓕ 0 ⓖ $\dfrac{1}{2}mv_f^2$ ⓗ $\sqrt{\dfrac{2W}{m}}$ ⓘ 3.9

問題 15-5 (1) $W = FL - \mu mgL = 68$ J   (2) $v = \sqrt{\dfrac{2W}{m}} = 6.7$ m/s

問題 15-6 (1) $W_F = FL\cos\theta = 65$ J   (2) $K_i = \dfrac{1}{2}mv_i^2 = 1.0\times 10^2$ J

(3) $v_f = \sqrt{\dfrac{2(W_F + K_i)}{m}} = 13$ m/s

問題 15-7 (1) $W_s = \dfrac{1}{2}kx^2 = 1.3$ J   (2) $v_f = \sqrt{\dfrac{2W_s}{m}} = 1.1$ m/s

問題 15-8 $v_f = \sqrt{\dfrac{k}{m}x^2 - 2\mu gx} = 0.78$ m/s

問題 15-9 $F = \dfrac{m}{2L}(v_f^2 - v_i^2) = 25$ N

力学でよく使われる記号 ②

■仕事やエネルギーに関する記号■

仕事率：P	**p**ower
仕事：W	**w**ork
エネルギー：E	**e**nergy
運動エネルギー：K	**k**inetic energy
ポテンシャルエネルギー：U	potential energy
力学的エネルギー：E	mechanical energy

第16章 ポテンシャルエネルギー

キーワード 保存力と非保存力，重力のポテンシャルエネルギー，ばねのポテンシャルエネルギー

　第15章では，物理学でもっとも重要なエネルギーの1つである運動エネルギーを学び，運動エネルギーの差が仕事に等しいことを知った。ここでは，もう1つの重要な力学的エネルギーである**ポテンシャルエネルギー**を紹介する。ポテンシャルエネルギーは，物体の位置によって決まるので**位置エネルギー**ともよばれる。

16-1　保存力と非保存力　Basic

　運動エネルギーは，働く力がどのような種類のものであるかに関係なく定義できた。これに対して，これから紹介するポテンシャルエネルギーは，物体に働く力が保存力とよばれる種類の力である場合にのみ定義できる。まず，保存力とは何かを学んでおこう。

　図 16-1 のように，物体が鉛直方向に自由落下する場合と，摩擦のない滑らかな斜面に沿って落下する場合の重力による仕事をそれぞれ計算すると，重力による仕事はともに❶□□□と等しくなることがわかる。すなわち，重力による仕事は，運動の経路が異なっていても等しい。このような力を❷□□□という。重力，万有引力，ばねの復元力，静電気力などが保存力の例である。

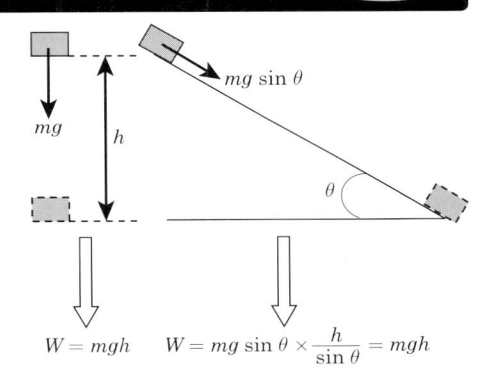

図 16-1　保存力
重力は保存力であり，重力がする仕事は経路によらず一定である。

　一方，図 16-2 のように，机の上に置かれた物体を移動するときの摩擦力がする仕事は，物体をどのように動かすか（物体を動かす経路）によって異なる。このように，経路によってその仕事が異なるような力を❸□□□という。摩擦力や空気抵抗などの抵抗力が非保存力の例である。

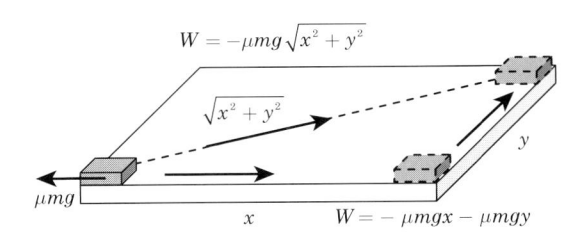

図 16-2　非保存力
摩擦力などの抵抗力は非保存力であり，その仕事は経路によって異なる。

⑧ $\int_{x_i}^{x_f} ma_x \mathrm{d}x$　⑨ $\frac{1}{2}mv_f^2 - \frac{1}{2}mv_i^2$

16-2 ポテンシャルエネルギー Basic

たくさんのパチンコ玉を握って、勢いよく上に投げてみよう。それぞれのパチンコ玉は異なる経路をたどって地面のあちこちに落ちるだろう。すべてのパチンコ玉の運動を1つ1つ解析するのはちょっと骨が折れるかもしれないが、パチンコ玉になされた仕事はすぐに求められる。空気抵抗を無視すれば、パチンコ玉に働く力は保存力である重力のみである。したがって、パチンコ玉になされる重力による仕事は、途中の経路にはよらず、はじめの位置（キミの手の位置）と終わりの位置（地面）だけで決まる。

そこで、保存力が働いている物体は、はじめの位置のみで決まるポテンシャルエネルギー U_i と、終わりの位置のみで決まるポテンシャルエネルギー U_f をもっており、その差が仕事 W に等しくなると定義する。

$$W \equiv U_i - U_f = -\Delta U$$

いいかえれば、ポテンシャルエネルギーを消費して仕事がなされ、**ポテンシャルエネルギーの減少分が仕事に等しい**。非保存力については、仕事が途中の経路によるため、ポテンシャルエネルギーを定義することはできない。

(1) 地表付近の重力のポテンシャルエネルギー

重力によるポテンシャルエネルギーを具体的に考えてみよう。地面を座標の原点とし、y 軸を鉛直上方にとる。高さ h から自由落下する質量 m の物体に重力がした仕事は $W = \vec{F} \cdot \vec{s} = (-mg)(-h) = mgh$ であるから、物体のはじめの位置（高さ h）で決まるポテンシャルエネルギーを U_i、終わりの位置（地面）で決まるポテンシャルエネルギーを U_f とすると

$$W = U_i - U_f = \text{④}\boxed{}$$

ここで、座標原点（ポテンシャルエネルギーの基準点）は地面ではなく、空中や井戸の底など、どこにセットしてもよい。なぜなら、ポテンシャルエネルギーの差だけが問題となるからである。

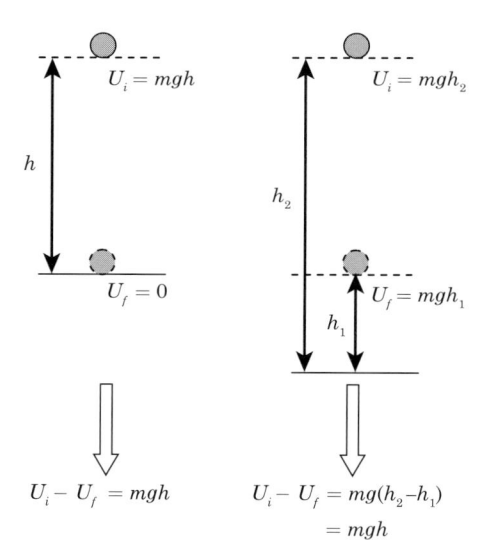

図 16-3　ポテンシャルエネルギーの基準
ポテンシャルエネルギーの基準はどこにとってもよい。しかし、後に述べるエネルギーの保存則を考えるときやエネルギーの比較をするようなときには、同一基準で考えなければ意味がない。基準を明確にすることが重要である。

今の場合、基準点を地面に設けて $U_f = 0$ とすると、地面から高さ h にある質量 m の物体がもつ**重力のポテンシャルエネルギー** U_g は以下のように表される。

$$U_g = \text{⑤} \boxed{}$$

(2) ばねのポテンシャルエネルギー

ばねの復元力（元の長さに戻ろうとする力）も保存力であるので，ポテンシャルエネルギーを考えることができる。ばね定数を k とすると，自然長から x だけ伸びている（または縮んでいる）ばねの力はフックの法則より $F = -kx$ である。したがって，伸びたばねが元に戻るときにばねの復元力（弾性力）がする仕事は

$$W = \int_x^0 (-kx)\,dx = \text{⑥} \boxed{}$$

となる。この仕事がポテンシャルエネルギーの差に等しいので，自然長のときのポテンシャルエネルギーを基準にとってゼロとすれば，自然長から x だけ伸びている**ばねのポテンシャルエネルギー（弾性エネルギー）** U_s は以下のように表される。

$$U_s = \text{⑦} \boxed{}$$

問題 16-1 【重力のポテンシャルエネルギー】

高さ $h = 10.0$ m にある質量 $m = 2.00$ kg の物体がもつ重力のポテンシャルエネルギー U_g を求めよ。ただし，重力加速度の大きさを $g = 9.80$ m/s² とする。

問題 16-2 【ばねのポテンシャルエネルギー】

ばね定数 $k = 100$ N/m のばねを $x = 0.10$ m 縮めた。このとき，ばねのポテンシャルエネルギー U_s を求めよ。

問題 16-3 【仕事と重力のポテンシャルエネルギー】

質量 $m = 20.0$ kg の物体がある。地面を基準点として次の問いに答えよ。ただし，重力加速度の大きさを $g = 9.80$ m/s² とする。
(1) 地上 $h = 2.00$ m の地点にあるときの重力のポテンシャルエネルギー U_g を求めよ。
(2) 地下 2.00 m の地点にあるときの重力のポテンシャルエネルギー U_g を求めよ。
(3) 地上 $h_i = 3.00$ m の地点から地上 $h_f = 1.00$ m の地点まで落下する間に重力がした仕事 W_g を求めよ。

解答
(1) 重力のポテンシャルエネルギーは $U_g = mgh$ で与えられるから

$$U_g = \text{ⓐ} \boxed{} = \text{ⓑ} \boxed{} \text{ J}$$

(2) 地面を基準点としたとき，地下 2.00 m は $h = -2.00$ m だから

---

① mgh　　❷ 保存力　　❸ 非保存力

$U_g =$ ⓒ ☐ = ⓓ ☐ J

(3) ポテンシャルエネルギーの減少分が仕事に等しいので

$W_g = U_i - U_f =$ ⓔ ☐ = ⓕ ☐ J

問題 16-4 【仕事と重力のポテンシャルエネルギー】

質量 $m = 10.0$ kg の物体がある。地面を基準点として次の問いに答えよ。ただし，重力加速度の大きさを $g = 9.80$ m/s² とする。

(1) 地上 $h = 10.0$ m の地点にあるときの重力のポテンシャルエネルギー U_g を求めよ。
(2) 地下 $h = 20.0$ m の地点にあるときの重力のポテンシャルエネルギー U_g を求めよ。
(3) 地上 $h_i = 20.0$ m の地点から地下 $h_f = 10.0$ m の地点まで落下する間に重力がした仕事 W_g を求めよ。
(4) 高さが 100 倍になれば，重力のポテンシャルエネルギーは何倍になるか。

問題 16-5 【仕事とばねのポテンシャルエネルギー】

ばね定数 $k = 50.0$ N/m のばねが摩擦のない水平面上に置かれている。次の問いに答えよ。

(1) 自然長から $x = 50.0$ cm 伸ばしたときのばねのポテンシャルエネルギー U_s を求めよ。
(2) 自然長から $x = 20.0$ cm 縮めたときのばねのポテンシャルエネルギー U_s を求めよ。
(3) ばねを $x_i = 50.0$ cm 伸ばして手を離した。伸びが $x_f = 20.0$ cm になるまでに弾性力が行った仕事 W_s を求めよ。

問題 16-6 【仕事とばねのポテンシャルエネルギー】

ばね定数 $k = 30.0$ N/m のばねが摩擦のない水平面上に置かれている。次の問いに答えよ。

(1) 自然長から $x = 50.0$ cm 伸ばしたときのばねのポテンシャルエネルギー U_s を求めよ。
(2) 自然長から $x = 20.0$ cm 縮めたときのばねのポテンシャルエネルギー U_s を求めよ。
(3) ばねを 50.0 cm 伸ばして手を離した。ばねは一度自然長に戻ったあと縮んだ。ばねが $x_i = 50.0$ cm 伸びた状態から $x_f = 20.0$ cm 縮むまでに弾性力が行った仕事 W_s を求めよ。
(4) 伸びが 2 倍になれば，ばねのポテンシャルエネルギーは何倍になるか。

問題 16-7 【ポテンシャルエネルギーの基準】

$L = 2.0$ m のひもの端に質量 $m = 3.0$ kg のおもりをつけ，天井からつるす。図のように鉛直線とのなす角が $\theta = 60°$ となるようにもち上げる。次の問いに答えよ。

(1) 天井を基準とするとき，点 A および点 B での重力のポテンシャルエネルギー U_A, U_B をそれぞれ求めよ。
(2) 点 B を基準とするとき，点 A および点 B での重力のポテンシャルエネルギー U_A, U_B をそれぞれ求めよ。
(3) 点 A を基準とするとき，点 A および点 B での重力のポテンシャルエネルギー U_A, U_B をそれぞれ求めよ。

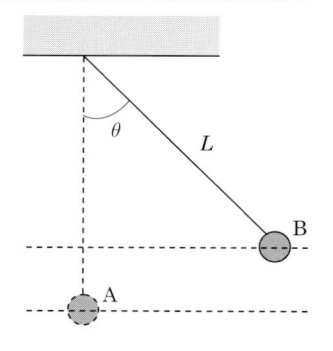

発展 問題 16-8 【ポテンシャルエネルギー】

図のように，水平面と $\theta = 30°$ をなす摩擦のない斜面上に自然長が $L = 30$ cm，ばね定数 $k = 30.0$ N/m のばねにつながれた質量 $m = 0.30$ kg の物体をとりつける。物体を静かに放つと，ばねが縮んで静止した。次の問いに答えよ。
(1) ばねが縮んだ長さ x を求めよ。
(2) 静止した位置でのばねのポテンシャルエネルギー U_s を求めよ。
(3) 静止した位置での重力のポテンシャルエネルギー U_g を求めよ。

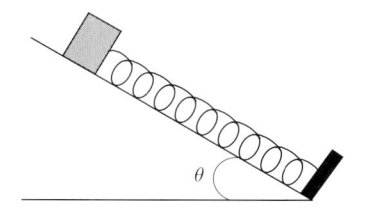

16-3 保存力とポテンシャルエネルギーの数学的関係 〔Standard〕

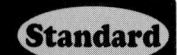

保存力とポテンシャルエネルギーの数学的関係を紹介しておこう。ある保存力 F_x により物体が dx 変位したとすると，この間に保存力 F_x がした仕事 dW は

$$dW = F_x dx$$

である。一方，保存力がした仕事はポテンシャルエネルギーの減少分に等しいから

$$dW = F_x dx = -dU$$

となる。したがって，保存力とポテンシャルエネルギーとの間の重要な関係式

$$F_x = -\frac{\boxed{\text{⑧}}}{\boxed{\text{⑨}}}$$

が導かれる。これは，その系のポテンシャルエネルギーがわかっている場合，その微分によって系に働いている保存力を知ることができるというものである。また，この関係はポテンシャルエネルギーに定数を加えたり，減じたりしても変わらない。つまり，ポテンシャルエネルギーの基準をどこにとっても本質は変わらないということである。

基本 問題 16-9 【保存力とポテンシャルエネルギー】

物体が次のようなポテンシャルエネルギーをもつとき，その物体に働く力を求めよ。ただし，m, g, k は定数であり，y, x は長さの次元をもつ量である。
(1) $U = mgy$ 　(2) $U = \frac{1}{2}kx^2$

発展 問題 16-10 【保存力とポテンシャルエネルギー】

物体が次のようなポテンシャルエネルギーをもつとき，その物体に働く力を求めよ。ただし，k, a は定数であり，r は長さの次元をもつ量である。

---

④ mgh 　⑤ mgh 　⑥ $\frac{1}{2}kx^2$ 　⑦ $\frac{1}{2}kx^2$

(1) $U = -\dfrac{a}{r}$ (2) $U = \dfrac{a}{r}e^{-kr}$

解答

問題 16-1　$U_g = mgh = 196$ J

問題 16-2　$U_s = \dfrac{1}{2}kx^2 = 0.50$ J

問題 16-3　ⓐ mgh　ⓑ 392　ⓒ mgh　ⓓ -392　ⓔ $mg(h_i - h_f)$　ⓕ 392

問題 16-4　(1) $U_g = mgh = 980$ J　(2) $U_g = mgh = -1.96 \times 10^3$ J
(3) $W_g = mg(h_i - h_f) = 2.94 \times 10^3$ J　(4) 100 倍

問題 16-5　(1) $U_s = \dfrac{1}{2}kx^2 = 6.25$ J　(2) $U_s = \dfrac{1}{2}kx^2 = 1.00$ J　(3) $W_s = \dfrac{1}{2}k(x_i^2 - x_f^2) = 5.25$ J

問題 16-6　(1) $U_s = \dfrac{1}{2}kx^2 = 3.75$ J　(2) $U_s = \dfrac{1}{2}kx^2 = 0.600$ J
(3) $W_s = \dfrac{1}{2}k(x_i^2 - x_f^2) = 3.15$ J　(4) 4 倍

問題 16-7　(1) 点 A：$U_A = -mgL = -59$ J，点 B：$U_B = -mgL\cos\theta = -29$ J
(2) 点 A：$U_A = -mgL(1 - \cos\theta) = -29$ J，点 B：$U_B = 0$ J
(3) 点 A：$U_A = 0$ J，点 B：$U_B = mgL(1 - \cos\theta) = 29$ J

問題 16-8　(1) $x = \dfrac{mg\sin\theta}{k} = 4.9 \times 10^{-2}$ m　(2) $U_s = \dfrac{1}{2}kx^2 = 3.6 \times 10^{-2}$ J
(3) $U_g = mg(L - x)\sin\theta = 0.37$ J

問題 16-9　(1) $F = -\dfrac{dU}{dy} = -mg$　(2) $F = -\dfrac{dU}{dx} = -kx$

問題 16-10　(1) $F = -\dfrac{dU}{dr} = -\dfrac{a}{r^2}$
(2) $F = -\dfrac{dU}{dr} = -\left\{a\left(\dfrac{dr^{-1}}{dr}\right)e^{-kr} + ar^{-1}\left(\dfrac{d}{dr}e^{-kr}\right)\right\} = \left(\dfrac{1}{r} + k\right)\dfrac{a}{r}e^{-kr}$

積の微分・商の微分

積の微分　　$(f(x)g(x))' = f'(x)g(x) + f(x)g'(x)$

商の微分　　$\left(\dfrac{f(x)}{g(x)}\right)' = \dfrac{f'(x)g(x) - f(x)g'(x)}{g^2(x)}$

e^x の微分

指数関数 e^x の微分は次のようになる。　　$(e^x)' = e^x,\quad (e^{f(x)})' = f'(x)e^{f(x)}$

第17章 力学的エネルギー

キーワード 力学的エネルギー保存則，非保存力と力学的エネルギー

17-1 力学的エネルギー保存則 Basic

運動している物体の運動エネルギーの差 $\Delta K = K_f - K_i$ は仕事に等しかった。一方，この物体に働いている力が保存力ならば，その仕事はポテンシャルエネルギーの減少分 $-\Delta U = U_i - U_f$ にも等しい。よって，運動エネルギーの差はポテンシャルエネルギーの減少分に等しく，$K_f - K_i = U_i - U_f$ が成り立ち，これを変形すると

$$K_i + U_i = \text{①} \boxed{}$$

となる。運動エネルギーとポテンシャルエネルギーの和 $E = K + U$ を**力学的エネルギー**という。物体がはじめにもっていた力学的エネルギー $E_i = K_i + U_i$ が最後にもっている力学的エネルギー $E_f = K_f + U_f$ に等しい。すなわち，物体に働く力が保存力ならば，力学的エネルギーは一定となって変化しない。これを❷ $\boxed{}$ という。

(1) 落体の力学的エネルギー保存則

自由落下する質量 m の物体の高さ y での速さが v であったとき，この物体のもつ運動エネルギーは $K = $ ③ $\boxed{}$ であり，重力のポテンシャルエネルギーは $U = $ ④ $\boxed{}$ である。よって，落体の力学的エネルギーは $E = $ ⑤ $\boxed{}$ である。

この物体が高さ y_1 を速さ v_1 で通過した後，高さ y_2 を速さ v_2 で通過したとすると力学的エネルギー保存則より

⑥ $\boxed{}$ = ⑦ $\boxed{}$

が成り立つ。

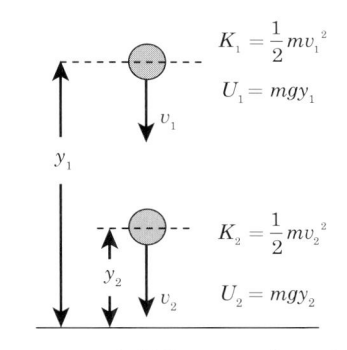

図 17-1 力学的エネルギーの保存
運動している物体がもつ運動エネルギー，ポテンシャルエネルギーは常に変化するが，その総和（力学的エネルギー）は保存される。

(2) ばねにつながれた物体の力学的エネルギー保存則

質量 m の物体がばね定数 k のばねにつながれて運動している。ばねが自然長から x

⑧ dU　　⑨ dx

だけ伸びたときの物体の速さが v であるとき，物体のもつ運動エネルギーは $K = \frac{1}{2}mv^2$ であり，ばねのポテンシャルエネルギーは $U = $ ⑧ □ である。よって，物体の力学的エネルギーは $E = $ ⑨ □ である。ばねの伸びが x_1 のときの速さが v_1，ばねの伸びが x_2 のときの速さが v_2 である場合，力学的エネルギー保存則より

⑩ □ = ⑪ □

が成り立つ。

問題 17-1　【力学的エネルギー保存則】

質量 $m = 20.0$ kg の物体が高さ $h = 10.0$ m の地点を速さ $v = 10.0$ m/s で落下している。次の問いに答えよ。ただし，重力加速度の大きさを $g = 9.80$ m/s² とする。

(1) 運動エネルギー K を求めよ。
(2) 重力のポテンシャルエネルギー U を求めよ。
(3) 力学的エネルギー E を求めよ。
(4) 高さが $h_f = 5.00$ m になったときの速さ v_f を求めよ。

解答

(1) 運動エネルギーは $K = $ ⓐ □ = ⓑ □ J
(2) 重力のポテンシャルエネルギーは $U = $ ⓒ □ = ⓓ □ J
(3) 力学的エネルギーは $E = $ ⓔ □ = ⓕ □ J
(4) 力学的エネルギー保存則より，$\frac{1}{2}mv_f^2 + mgh_f = E$ だから，これを解いて

$v_f = $ ⓖ □ = ⓗ □ m/s

問題 17-2　【力学的エネルギー保存則】

質量 $m = 10.0$ kg の物体が高さ $h = 40.0$ m の地点を速さ $v = 20.0$ m/s で落下している。次の問いに答えよ。ただし，重力加速度の大きさを $g = 9.80$ m/s² とする。

(1) 運動エネルギー K を求めよ。
(2) 重力のポテンシャルエネルギー U を求めよ。
(3) 力学的エネルギー E を求めよ。
(4) 高さが $h_f = 5.00$ m になったときの速さ v_f を求めよ。

問題 17-3　【力学的エネルギー保存則】

質量 $m = 1.00$ kg の物体が一端を固定したばね定数 $k = 25.0$ N/m のばねにつけられ，摩擦のない

水平面上に置かれている。手で物体をもち，ばねが $x = 10.0$ cm 伸びた状態まで引いて手をとどめた。次の問いに答えよ。

(1) このときのばねのポテンシャルエネルギー U を求めよ。
(2) このときの物体の運動エネルギー K を求めよ。
(3) このときの力学的エネルギー E を求めよ。
(4) 物体から手を離した。ばねが自然長になったときの物体の速さ v_f を求めよ。

問題 17-4 【力学的エネルギー保存則】

質量 $m = 5.0$ kg の物体が一端を固定したばね定数 $k = 10$ N/m のばねにつけられ，摩擦のない水平面上に置かれている。手で物体をもち，ばねが $x = 10$ cm 伸びた状態まで引いて手をとどめた。次の問いに答えよ。

(1) このときのばねのポテンシャルエネルギー U を求めよ。
(2) 物体から手を離した。ばねが自然長になったときの物体の速さ v_f を求めよ。

問題 17-5 【力学的エネルギー保存則】

水平と角度 $\theta = 30°$ をなす，滑らかな斜面上の高さ $h = 0.50$ m のところに質量 $m = 3.0$ kg の物体を置き，手を離すと，物体は斜面に沿って滑り降りた。次の問いに答えよ。

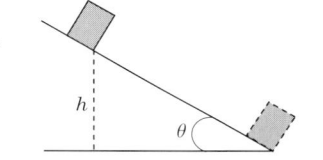

(1) エネルギー保存則を用いて，物体が斜面下端に達したときの速さ v を求めよ。
(2) 運動方程式および運動学的方程式を用いて，物体が斜面下端に達したときの速さ v を求めよ。

問題 17-6 【力学的エネルギー保存則】

滑らかな水平面上に一端を固定したばね定数 $k = 30$ N/m のばねが置かれている。このばねに質量 $m = 1.0$ kg の物体が左方から速度 $v = 0.80$ m/s で衝突する。ばねは最大どれだけ（何 cm）縮むか求めよ。

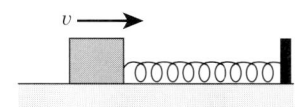

17-2 非保存力と力学的エネルギー Standard

実際の多くの場合，物体には保存力のほかに摩擦力のような非保存力が働き，力学的エネルギーは保存されない。このような場合について考えてみよう。

正味の仕事 $W_{正味}$ は運動エネルギーの変化 ΔK に等しいから，非保存力がする仕事を $W_{非保存力}$ と書き，保存力がする仕事を $W_{保存力}$ と書くと，次式が成り立つ。

$$W_{正味} = W_{非保存力} + W_{保存力} = \Delta K = K_f - K_i$$

一方，保存力のする仕事 $W_{保存力}$ はポテンシャルエネルギーの減少分に等しく，

---

① $K_i + U_f$ ❷ 力学的エネルギー保存則 ③ $\frac{1}{2}mv^2$ ④ mgy ⑤ $\frac{1}{2}mv^2 + mgy$ ⑥ $\frac{1}{2}mv_1^2 + mgy_1$
⑦ $\frac{1}{2}mv_2^2 + mgy_2$

$W_{保存力} = -\Delta U = U_i - U_f$ であるから，上式に代入して $W_{非保存力} = (K_f + U_f) - (K_i + U_i)$ が得られる．この式を，物体がはじめにもっている力学的エネルギー $E_i = K_i + U_i$ と，その後にもっている力学的エネルギー $E_f = K_f + U_f$ で書き直すと

$$W_{非保存力} = \boxed{\text{⑫}} = \Delta E$$

となり，**非保存力による仕事は力学的エネルギーの変化量に等しい**．非保存力が働かない場合には力学的エネルギーが保存された．確かに非保存力が働かない，すなわち，$W_{非保存力} = 0$ なら，$E_i = E_f$ となり，力学的エネルギーは保存される．

発展 問題 17-7 【非保存力と力学的エネルギー】

問題 17-5 で斜面に摩擦がある場合に，物体が斜面下端に達したときの速さを求めよ．ただし，動摩擦係数は $\mu = 0.50$ とする．

発展 問題 17-8 【非保存力と力学的エネルギー】

問題 17-6 で水平面に摩擦がある場合に，ばねは最大どれだけ（何 cm）縮むか求めよ．ただし，動摩擦係数は $\mu = 0.50$ とする．

ヒント 2次方程式 $ax^2 + bx + c = 0$ の解の公式：$x = \dfrac{-b \pm \sqrt{b^2 - 4ac}}{2a}$ を用いよ．

解答

問題 17-1 ⓐ $\dfrac{1}{2}mv^2$ ⓑ 1.00×10^3 ⓒ mgh ⓓ 1.96×10^3 ⓔ $K + U$
  ⓕ 2.96×10^3 ⓖ $\sqrt{\dfrac{2(E - mgh_f)}{m}}$ ⓗ 14.1

問題 17-2 (1) $K = \dfrac{1}{2}mv^2 = 2.00 \times 10^3$ J (2) $U = mgh = 3.92 \times 10^3$ J
  (3) $E = K + U = 5.92 \times 10^3$ J (4) $v_f = \sqrt{\dfrac{2(E - mgh_f)}{m}} = 33.0$ m/s

問題 17-3 (1) $U = \dfrac{1}{2}kx^2 = 0.125$ J (2) $K = \dfrac{1}{2}mv^2 = 0$ J (3) $E = K + U = 0.125$ J
  (4) $v_f = \sqrt{\dfrac{2E}{m}} = 0.500$ m/s

問題 17-4 (1) $U = \dfrac{1}{2}kx^2 = 0.050$ J (2) $v_f = \sqrt{\dfrac{2U}{m}} = 0.14$ m/s

問題 17-5 (1)(2) $v = \sqrt{2gh} = 3.1$ m/s

問題 17-6 $x = \sqrt{\dfrac{m}{k}}v = 15$ cm

問題 17-7 $v = \sqrt{2gh\left(1 - \dfrac{\mu}{\tan\theta}\right)} = 1.1$ m/s

問題 17-8 $x = \dfrac{-\mu mg + \sqrt{(\mu mg)^2 + kmv^2}}{k} = 5.6$ cm

第18章 運動量

キーワード 運動量，力積，運動量保存則

18-1　運動量　　Basic

第17章で学んだ力学的エネルギー保存則のほかにも重要な保存則が物理学には多数登場する。その中でも特に重要な保存則が運動量保存則である。まずは運動量の定義からはじめよう。

速度 $\vec{v}$ で運動している質量 m の物体の**運動量** $\vec{p}$ は

$$\vec{p} \equiv \boxed{①}$$

と定義される。質量が大きなものや大きな速さで運動しているものほど運動量は大きい。運動量の単位は「質量×速度」，すなわち [kg·m/s] である。速度 $\vec{v}$ がベクトルであることから運動量 $\vec{p}$ もベクトルである。このベクトルを成分 $\vec{p} = (p_x, p_y, p_z)$ で表すと $p_x = mv_x$, $p_y = mv_y$, $p_z = mv_z$ となる。運動量 $\vec{p} = m\vec{v}$ の両辺を時間で微分してみよう。質量 m が定数であることに注意して

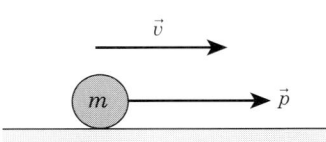

$$\frac{d\vec{p}}{dt} = \frac{d(m\vec{v})}{dt} = m\frac{d\vec{v}}{dt} = m\vec{a}$$

図 18-1　運動量
運動量はベクトル量であり，速度と同じ向きをもつ。

上式の $m\vec{a}$ に見覚えはないだろうか？　これはまさしく力 $\vec{F}$ である。よって，ニュートンの運動方程式は運動量 $\vec{p}$ を用いて

$$\vec{F} = \frac{\boxed{②}}{\boxed{③}}$$

と表すこともできる。この式から，力が働いていない（$\vec{F} = 0$）物体の運動量は変化せず一定（$d\vec{p}/dt = 0$）であることがわかる。逆に，ある物体の運動量が変化したとすると，その物体には力が働いたことになる。

---

⑧ $\frac{1}{2}kx^2$　⑨ $\frac{1}{2}mv^2 + \frac{1}{2}kx^2$　⑩ $\frac{1}{2}mv_1^2 + \frac{1}{2}kx_1^2$　⑪ $\frac{1}{2}mv_2^2 + \frac{1}{2}kx_2^2$

ルネ・デカルト
René Descartes (1596 〜 1650)

フランスの哲学者・数学者・物理学者。1637 年に発表した「方法序説」の中で、曖昧さをなくし、理性によって科学は真理を求めるべきだと主張した。「方法序説」の付録には物体の位置を明確に記すためには 2 本の直線を直角に交差させ、その交点を基準（原点）にすべしという、現在我々がもっとも頻繁に使用している直交座標（デカルト座標）についても述べられている。このほか、自然界で起きるさまざまな運動を空間内での位置変化で記述するという自然観を樹立し、慣性の法則、衝突の法則、運動量保存則などの基礎的な運動法則を提起した。これは、いわゆる「自然法則」という概念の確立である。

ちなみに、哲学者としてのデカルトが唱えた言葉「cogito ergo sum（コギト・エルゴ・スム：我思う故に我あり）」はとても有名である。彼は自然科学を含めて、まずはあらゆるものを疑わしいとした上で（方法的懐疑）、唯一疑いのない事実は何かを考えている自分の存在だけである、という思弁を基礎としていた。

導入 問題 18-1 【運動量】

質量 $m = 5.0$ kg の物体の速度が $v = 2.0$ m/s であるとき、この物体がもつ運動量 p を求めよ。

18-2　運動量と力積　Basic

ある物体の運動量が $\vec{p}_i$ から $\vec{p}_f$ に変化したとしよう。このとき、必ず何らかの力 $\vec{F}$ が働いている。力と運動量の関係はニュートンの運動方程式で与えられているので、ニュートンの運動方程式を $d\vec{p} = \vec{F}dt$ と変形して積分してみよう。

$$\int_{t_i}^{t_f} d\vec{p} = \int_{t_i}^{t_f} \vec{F} dt$$

左辺は運動量の変化量 $\Delta \vec{p} = \vec{p}_f - \vec{p}_i$ を表しており、右辺の $\int_{t_i}^{t_f} \vec{F} dt \equiv \vec{I}$ は、時間 $\Delta t = t_f - t_i$ での力 $\vec{F}$ の ❹ □ とよばれている。したがって、**運動量の変化は力積に等しい（力積・運動量定理）**。

一般に物体に働く力は時間とともに変化するが、平均の力 $\vec{F}_{平均}$（= 一定）がわかっている場合の力積は

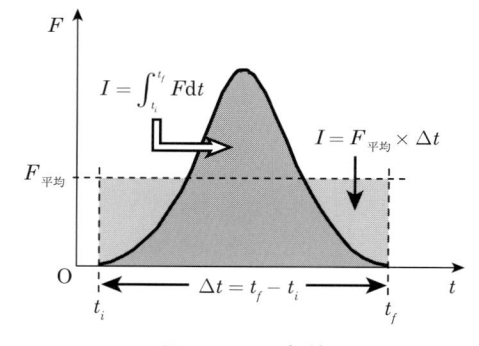

図 18-2　力積

力積は F-t グラフの面積に等しい。一般には積分によって与えられるが、力の平均値がわかっている場合は単純に力とそれを加えた時間との積で表される。

$$\vec{I} = \int_{t_i}^{t_f} \vec{F}_{平均} dt = \vec{F}_{平均} \int_{t_i}^{t_f} dt = \vec{F}_{平均}(t_f - t_i) = \vec{F}_{平均} \Delta t$$

となり，力積・運動量定理は，次のように簡単に表される。

$$\vec{I} = \Delta \vec{p} = \vec{F}_{平均} \Delta t$$

この式は，働く力が一定の場合（$\vec{F}_{平均} = \vec{F}_{一定}$）や，撃力の場合（$\vec{F}_{平均} = \vec{F}_{撃力}$）にも成り立つ。

ここで，**撃力**とは一瞬に働く大きな力のことであり，一瞬しか力が働かないので，近似的に力は一定と考えることができる。たとえば，ボールをバットで打つとき，衝突時間は約 0.01 秒程度であり，この一瞬に働く力は数千 [N] となる。したがってバットがボールにおよぼす力は撃力である。

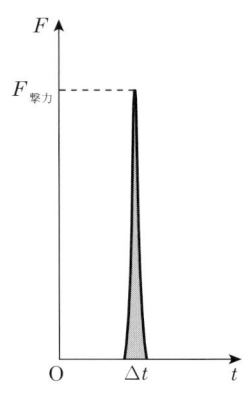

図 18-3 撃力
瞬間的に大きな力が働くような場合，その力を撃力とよび，力積は単純に撃力と時間との積で表される。

問題 18-2 【力積】

質量 $m = 2.0$ kg の物体に一定の力 F を物体の運動の向きに $\Delta t = 2.0$ 秒間加えたところ，速さが $v_i = 15$ m/s から $v_f = 30$ m/s に変化した。次の問いに答えよ。
(1) 力を加える前の運動量 p_i および力を加えた後の運動量 p_f を求めよ。
(2) 力積 I を求めよ。　(3) 加えた力 F を求めよ。

解答
(1) 力を加える前の運動量は，$p_i =$ ⓐ [　　] $=$ ⓑ [　　] kg·m/s

力を加えた後の運動量は，$p_f =$ ⓒ [　　] $=$ ⓓ [　　] kg·m/s

(2) 力積は運動量の変化に等しいから $I = \Delta p =$ ⓔ [　　] kg·m/s

(3) $I = F\Delta t$ より，$F = \dfrac{ⓕ [\quad]}{ⓖ [\quad]} =$ ⓗ [　　] N

問題 18-3 【力積】

質量 $m = 5.0$ kg の物体に一定の力 F を物体の運動と反対向きに $\Delta t = 2.0$ 秒間加えたところ，速さが $v_i = 20$ m/s から $v_f = 12$ m/s に変化した。次の問いに答えよ。
(1) 力を加える前の運動量 p_i および力を加えた後の運動量 p_f を求めよ。
(2) 力積 I を求めよ。　(3) 加えた力 F を求めよ。

問題 18-4 【運動量と力積】

右方から直進してきた質量 $m = 1300$ kg の自動車が，壁に正面衝突してはねかえった。右方向を正とすると，自動車の衝突直前の速度および衝突直後の速度は，それぞれ $v_i = -20.0$ m/s および

(第 17 章) ⑫ $E_f - E_i$ 　(第 18 章) ① $m\vec{v}$ 　② $d\vec{p}$ 　③ dt

$v_f = 2.50$ m/s であった。この衝突が $\Delta t = 0.150$ 秒間続くとき，衝突による力積 I および自動車に作用する平均の力 F を求めよ。

18-3　運動量保存則　　Basic

図 18-4 のように，物体 1 と物体 2 がそれぞれ運動量 $\vec{p}_1$ と $\vec{p}_2$ で運動している場合を考えよう。この 2 つの物体は互いに力をおよぼし合っている（相互作用している）が，ほかの力（外力）は受けていないとする。物体 1 は物体 2 から力 $\vec{F}_{12}$ を受け，物体 2 は物体 1 から力 $\vec{F}_{21}$ を受けているとすると，ニュートンの運動の第 2 法則（☞ 18-1 節）より

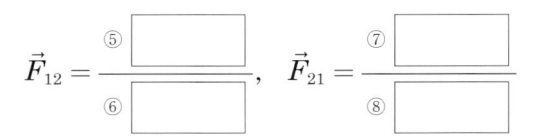

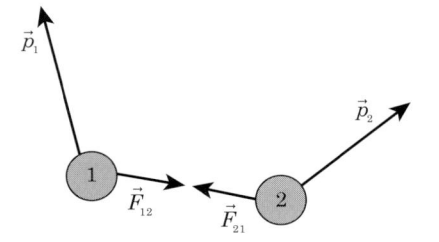

図 18-4　相互作用している質点
2 つの質点がお互いに力をおよぼし合っている。この相互作用は非接触であってもよい。このときに働く力は内力であることに注意せよ。

$$\vec{F}_{12} = \frac{\text{⑤}\boxed{}}{\text{⑥}\boxed{}}, \quad \vec{F}_{21} = \frac{\text{⑦}\boxed{}}{\text{⑧}\boxed{}}$$

が成り立つ。さらに，運動の第 3 法則（作用反作用の法則）より，これら 2 つの力は大きさが等しく向きが反対である（$\vec{F}_{12} = -\vec{F}_{21}$）。したがって

$$\vec{F}_{12} + \vec{F}_{21} = \frac{d\vec{p}_1}{dt} + \frac{d\vec{p}_2}{dt} = \frac{d}{dt}\,\text{⑨}\boxed{} = 0$$

よって，物体 1 と物体 2 がもっている運動量の和 $\vec{p} = \vec{p}_1 + \vec{p}_2$ は時間が経っても変化せずに一定（$d\vec{p}/dt = 0$）となる。外力が働かない系では運動量は常に保存される。これが**運動量保存則**である。

運動量保存則をもう少しわかりやすい形で書いておこう。物体 1 と物体 2 の運動量がはじめにそれぞれ $\vec{p}_{1i}$ と $\vec{p}_{2i}$ であり，その後それぞれ $\vec{p}_{1f}$ と $\vec{p}_{2f}$ になったとすると $\vec{p}_{1i} + \vec{p}_{2i} = $ ⑩ $\boxed{}$ が成り立つ。**運動量の総和は常に一定である。**

問題 18-5　【運動量保存則】

直線状のレールの上を物体 1 と物体 2 が運動している。はじめの運動量の大きさはそれぞれ $p_{1i} = 1.0$ kg·m/s と $p_{2i} = 2.0$ kg·m/s であった。一定時間経過後に物体 1 の運動量の大きさを測定したら $p_{1f} = 1.5$ kg·m/s に変化していた。物体 2 の運動量の大きさ p_{2f} を求めよ。なお，この 2 つの物体に外力は働いていないとする。

問題 18-6　【運動量保存則】

直線状のレールの上を質量 $m_1 = 1.00$ kg の物体 1 と質量 $m_2 = 2.00$ kg の物体 2 が運動している。はじめの速度はそれぞれ $v_{1i} = 1.00$ m/s と $v_{2i} = 2.00$ m/s であった。一定時間経過後に物体 1 の速度を測定したら $v_{1f} = 1.50$ m/s に変化していた。物体 2 の速度 v_{2f} を求めよ。なお，この 2 つの物体に

外力は働いていないとする。

問題 18-7　【運動量保存則】

質量 $m = 25.0$ kg の砲弾を装填した質量 $M = 2500$ kg の大砲が摩擦の無視できる水平面上に置かれている。砲弾を水平方向に発射したところ，その反動で大砲が後方に速度 $V = 2.00$ m/s で後退した。発射直後の砲弾の速度 v を求めよ。

問題 18-8　【ロケットの推進】

ロケットは後方にガスを噴射することによって推進・加速する。今，質量 $M = 2.0 \times 10^4$ kg のロケットが 1 秒間に $N = 5.0 \times 10^2$ kg のガスを $v = 2.0 \times 10^3$ m/s の速度で後方に噴射している。このロケットの加速度 a を求めよ。

ヒント　1 秒間あたりの運動量の変化（力積）$= Nv =$ ロケットが受ける力

解答

問題 18-1　　$p = mv = 10$ kg·m/s

問題 18-2　　ⓐ mv_i　　ⓑ 30　　ⓒ mv_f　　ⓓ 60　　ⓔ 30　　ⓕ I　　ⓖ Δt　　ⓗ 15

問題 18-3　　(1) $p_i = mv_i = 100$ kg·m/s, $p_f = mv_f = 60$ kg·m/s

　　　　　　(2) $I = p_f - p_i = -40$ kg·m/s

　　　　　　(3) $F = \dfrac{I}{\Delta t} = -20$ N

問題 18-4　　$I = mv_f - mv_i = 2.93 \times 10^4$ kg·m/s,　$F = 1.95 \times 10^5$ N

問題 18-5　　$p_{2f} = p_{1i} + p_{2i} - p_{1f} = 1.5$ kg·m/s

問題 18-6　　$v_{2f} = \dfrac{m_1}{m_2}(v_{1i} - v_{1f}) + v_{2i} = 1.75$ m/s

問題 18-7　　$v = -\dfrac{M}{m}V = 200$ m/s

問題 18-8　　$a = \dfrac{Nv}{M} = 50$ m/s^2

❹　力積

第 19 章 運動量の保存と衝突

キーワード 弾性衝突，非弾性衝突，はねかえり係数

19-1 衝突 　Basic

　第 18 章で学んだ運動量保存則はあらゆる物理現象で成り立っている。たとえば，2 つの物体が衝突するとき，衝突の前後で運動量の総和は変化しない。

　一方，一般に運動エネルギーは衝突の前後で保存されない。これは，衝突にともなう物体の変形や熱などのエネルギーとして使われてしまうからである。衝突の前後での運動エネルギーの変化に応じて衝突は次の 2 つに分類できる。

❶ _____：運動エネルギーが保存される（変化しない）衝突

❷ _____：運動エネルギーが保存されない（変化する）衝突

いずれの衝突においても運動量は保存されるから，物体の衝突を扱う際には運動量保存則が重要となる。 図 19-1 のような 1 次元の衝突を考えよう。直線に沿って初速度 $\vec{v}_{1i}$ および $\vec{v}_{2i}$ で運動する質量 m_1 と m_2 の 2 つの物体が正面衝突し，終速度が $\vec{v}_{1f}$ および $\vec{v}_{2f}$ になったとする。このとき，はじめに物体がもっていた運動量はそれぞれ $\vec{p}_{1i} =$ ③ _____ と $\vec{p}_{2i} =$ ④ _____ であり，衝突後に物体がもっている運動量はそれぞれ $\vec{p}_{1f} =$ ⑤ _____ と $\vec{p}_{2f} =$ ⑥ _____ であるから，運動量保存則 $\vec{p}_{1i} + \vec{p}_{2i} = \vec{p}_{1f} + \vec{p}_{2f}$ より，初速度と終速度の間には ⑦ _____ の関係が成り立つ。

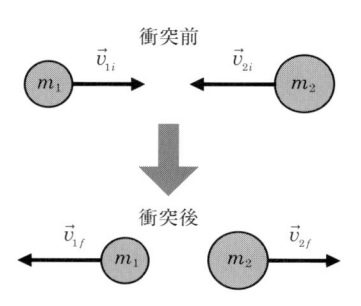

図 19-1　運動量の保存
衝突の前後で運動量は保存される。

19-2 1 次元の弾性衝突 　Basic

弾性衝突では運動量のほかに運動エネルギーも保存される。

運動量保存則より，

⑧ _____　……①

運動エネルギー保存則より，

⑨ ┃　　　　　　　　　　　　　　　　　　　　┃ ……②

ここで，速度の方向は右を正とする。この2つの式からなる連立方程式を解くことで，弾性衝突に関する問題を解くことができる。その計算を簡単に行うための準備をしておこう。まず，式①を m_1 の項と m_2 の項でまとめておく。

$$m_1(\vec{v}_{1i} - \vec{v}_{1f}) = ⑩\quad\quad\quad\quad ……①'$$

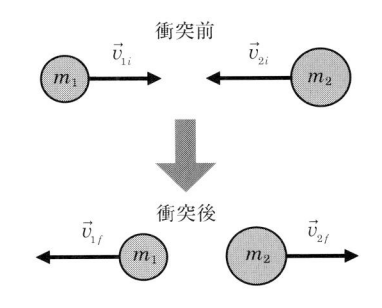

図 19-2 弾性衝突
弾性衝突は，衝突の前後で運動量，運動エネルギーはともに保存される。

次に，式②の両辺に2をかけて，m_1 の項と m_2 の項をまとめる。

$$m_1({v_{1i}}^2 - {v_{1f}}^2) = ⑪\quad\quad\quad$$

上式を因数分解すると

$$m_1(\vec{v}_{1i} - \vec{v}_{1f}) \cdot (\vec{v}_{1i} + \vec{v}_{1f}) = ⑫\quad\quad\quad$$

この式に式①'を代入すると ⑬ ┃　　　　　　　　　　　　　┃ が得られる。これを

$$\vec{v}_{1i} - \vec{v}_{2i} = -(\vec{v}_{1f} - \vec{v}_{2f}) \quad ……②'$$

と書けば，弾性衝突では2つの物体の相対速度の大きさは変わらず向きだけが逆転することがわかる。以上から，連立方程式①，②は

$$\begin{cases} m_1\vec{v}_{1i} + m_2\vec{v}_{2i} = m_1\vec{v}_{1f} + m_2\vec{v}_{2f} & ……① \\ \vec{v}_{1i} - \vec{v}_{2i} = -(\vec{v}_{1f} - \vec{v}_{2f}) & ……②' \end{cases}$$

となり，2乗の項がなくなり，はじめよりは簡単になった。

実際に弾性衝突についての連立方程式を解いてみよう。たとえば，終速度 v_{1f} と v_{2f} を求めると，式①，②'より

$$\vec{v}_{1f} = \left(\frac{m_1 - m_2}{m_1 + m_2}\right)\vec{v}_{1i} + \left(\frac{2m_2}{m_1 + m_2}\right)\vec{v}_{2i}, \quad \vec{v}_{2f} = \left(\frac{2m_1}{m_1 + m_2}\right)\vec{v}_{1i} + \left(\frac{m_2 - m_1}{m_1 + m_2}\right)\vec{v}_{2i}$$

となる。この関係から，特別な場合として，$m_1 = m_2 = m$ の場合は，$\vec{v}_{1f} = \vec{v}_{2i}$，$\vec{v}_{2f} = \vec{v}_{1i}$ となり，同じ質量をもつ2つの物体が弾性衝突するときには**衝突の前後で速度の交換が起こる**ことがわかる。

---

⑤ $d\vec{p}_1$　⑥ dt　⑦ $d\vec{p}_2$　⑧ dt　⑨ $(\vec{p}_1 + \vec{p}_2)$　⑩ $\vec{p}_{1f} + \vec{p}_{2f}$

導入 問題 19-1 【衝突後の速度】

直線上を運動する質量 $m_1 = 5.0$ kg と $m_2 = 10$ kg の 2 つの物体が初速度 v_{1i} および v_{2i} で弾性衝突した。次の場合に衝突後の 2 つの物体の速度 v_{1f} と v_{2f} を求めよ。ただし，右方を正とする。

(1) 初速度 $v_{1i} = 10$ m/s, $v_{2i} = -4.0$ m/s の場合
(2) 初速度 $v_{1i} = 10$ m/s, $v_{2i} = 0.0$ m/s の場合

基本 問題 19-2 【1 次元の弾性衝突】

直線上を運動する同じ質量 m をもつ 2 つの物体が初速度 v_{1i} および v_{2i} で弾性衝突した。次の問いに答えよ。ただし，右方を正とする。

(1) 衝突後の 2 つの物体の速度を v_{1f}, v_{2f} とするとき，運動量保存の式を書け。
(2) 衝突後の 2 つの物体の速度を v_{1f}, v_{2f} するとき，運動エネルギー保存の式を書け。
(3) $v_{1i} = 20$ m/s, $v_{2i} = -8.0$ m/s のとき，衝突後の 2 つの物体の速度 v_{1f}, v_{2f} を求めよ。

解答

(1) 運動量保存則より，$mv_{1i} + mv_{2i} = mv_{1f} + mv_{2f}$

両辺を m でわって，ⓐ [　　　] ……①

(2) 運動エネルギー保存則より，$\frac{1}{2}mv_{1i}^2 + \frac{1}{2}mv_{2i}^2 = \frac{1}{2}mv_{1f}^2 + \frac{1}{2}mv_{2f}^2$

両辺を $m/2$ でわって，ⓑ [　　　] ……②

(3) 式②より，$v_{1i}^2 - v_{1f}^2 = v_{2f}^2 - v_{2i}^2$ だから，両辺を因数分解して

$(v_{1i} - v_{1f})(v_{1i} + v_{1f}) =$ ⓒ [　　　] ……③

また，式①より，$v_{1i} - v_{1f} = v_{2f} - v_{2i}$ だから，式③に代入して

ⓓ [　　　] ……④

式① − 式④より，$v_{1f} =$ ⓔ [　　] = ⓕ [　　] m/s

式① + 式④より，$v_{2f} =$ ⓖ [　　] = ⓗ [　　] m/s

類似 問題 19-3 【1 次元の弾性衝突】

直線上を運動する同じ質量 m をもつ 2 つの物体が初速度 v_{1i} および v_{2i} で弾性衝突した。次の問いに答えよ。ただし，右方を正とする。

(1) 衝突後の 2 つの物体の速度を v_{1f}, v_{2f} とするとき，運動量保存の式を書け。
(2) 衝突後の 2 つの物体の速度を v_{1f}, v_{2f} するとき，運動エネルギー保存の式を書け。
(3) $v_{1i} = 10$ m/s, $v_{2i} = -4.0$ m/s のとき，衝突後の 2 つの物体の速度 v_{1f}, v_{2f} を求めよ。

類似 問題 19-4 【1 次元の弾性衝突】

静止している質量 m の物体 1 に同じ質量の物体 2 が初速度 v_{2i} で弾性衝突した。次の問いに答えよ。ただし，この衝突は正面衝突とし，右方を正とする。

(1) 衝突後の 2 つの物体の速度を v_{1f}, v_{2f} とするとき，運動量保存の式を書け。
(2) 衝突後の 2 つの物体の速度を v_{1f}, v_{2f} するとき，運動エネルギー保存の式を書け。

(3) $v_{2i} = 5.0$ m/s のとき，衝突後の 2 つの物体の速度 v_{1f}, v_{2f} を求めよ。

問題 19-5　【質量差のある物体の弾性衝突】

直線に沿って速度 $v_{1i} = 20$ m/s で運動する質量 $m_1 = 1.0 \times 10^4$ kg の重い物体が，静止している質量 $m_2 = 1.0$ kg の軽い物体と弾性衝突した。衝突後の 2 つの物体の速度 v_{1f}, v_{2f} を計算せよ。また，その結果から，質量差のある物体の衝突について，どのようなことがいえるか。ただし，この衝突は正面衝突とし，右方を正とする。

19-3 完全非弾性衝突　Basic

非弾性衝突の特別な場合として，衝突後に 2 つの物体が一体化するような衝突を ⑭ _____ という。衝突後に一体化してしまうので，2 つの物体の終速度は同じである。一体化する際には熱や音などが発生し，運動エネルギーの一部が失われるので，運動エネルギーは保存されないが，この場合も運動量は保存される。直線に沿って初速度 $\vec{v}_{1i}$ および $\vec{v}_{2i}$ で運動する質量 m_1 と m_2 の 2 つの物体が衝突し一体となって，共通の終速度 $\vec{v}_f$ になったとする。このとき，運動量保存則より

$$m_1\vec{v}_{1i} + m_2\vec{v}_{2i} = (m_1 + m_2)\vec{v}_f$$

したがって，終速度は以下のように表される。

$$\vec{v}_f = \frac{⑮\ \rule{3cm}{0.15mm}}{⑯\ \rule{3cm}{0.15mm}}$$

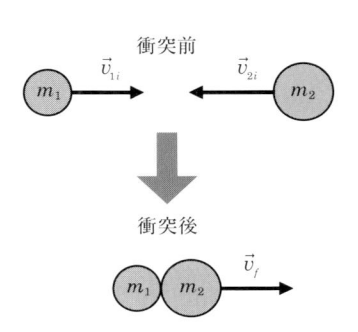

図 19-3　完全非弾性衝突
完全非弾性衝突は，衝突後に 2 つの物体が一体化する衝突である。

問題 19-6　【完全非弾性衝突】

直線に沿って初速度 $v_{1i} = 10$ m/s および $v_{2i} = -4.0$ m/s で運動する質量 $m_1 = 5.0$ kg と $m_2 = 10$ kg の 2 つの物体が衝突し一体となった。共通の終速度 v_f を求めよ。ただし，右方を正とする。

問題 19-7　【追突】

停止信号で停車していた質量 $M = 2.0 \times 10^3$ kg のトラックの後ろから，質量 $m = 9.0 \times 10^2$ kg の乗用車が追突した。衝突後，乗用車がトラックにめり込み一体となった。次の問いに答えよ。
(1) 衝突直前の乗用車の速度が $v = 15$ m/s であるとき，衝突後の一体となった車の速度 V を求めよ。
(2) この衝突で失われた運動エネルギー K を求めよ。

---

❶ 弾性衝突　❷ 非弾性衝突　③ $m_1\vec{v}_{1i}$　④ $m_2\vec{v}_{2i}$　⑤ $m_1\vec{v}_{1f}$　⑥ $m_2\vec{v}_{2f}$
⑦ $m_1\vec{v}_{1i} + m_2\vec{v}_{2i} = m_1\vec{v}_{1f} + m_2\vec{v}_{2f}$　⑧ $m_1\vec{v}_{1i} + m_2\vec{v}_{2i} = m_1\vec{v}_{1f} + m_2\vec{v}_{2f}$　⑨ $\frac{1}{2}m_1v_{1i}^2 + \frac{1}{2}m_2v_{2i}^2 = \frac{1}{2}m_1v_{1f}^2 + \frac{1}{2}m_2v_{2f}^2$
⑩ $m_2(\vec{v}_{2f} - \vec{v}_{2i})$　⑪ $m_2(v_{2f}^2 - v_{2i}^2)$　⑫ $m_2(\vec{v}_{2f} - \vec{v}_{2i}) \cdot (\vec{v}_{2f} + \vec{v}_{2i})$　⑬ $\vec{v}_{1i} + \vec{v}_{1f} = \vec{v}_{2f} + \vec{v}_{2i}$

発展 問題 19-8 【隕石の衝突】

質量 $m = 3.00 \times 10^3$ kg の隕石が地球と正面衝突する。隕石の衝突直前の速さが $v = 200$ m/s であった。地球に隕石がぶつかった後の地球の速度（地球の反跳速度）V を求めよ。ただし，地球の質量は $M_e = 5.98 \times 10^{24}$ kg とする。なお，衝突直前の地球は静止しているものとする。

19-4 はねかえり係数 Basic

これまで見てきた衝突の問題を物体がはねかえる様子をもとに見直しておこう。まず，壁に物体が衝突する場合を考える。多くの場合，衝突した物体は，衝突前の速さよりも小さい速さではねかえってくるだろう。この速さの比を**はねかえり係数**（反発係数）といい，この係数の値によって衝突を特徴づけられる。衝突前の速度 $\vec{v}_i$ が正であれば，衝突後の速度 $\vec{v}_f$ は負であるから，はねかえり係数 e は

$$e \equiv \frac{|\vec{v}_f|}{|\vec{v}_i|} = \frac{-v_f}{v_i}$$

と定義する。$e = 1$ の場合が弾性衝突，$0 < e < 1$ の場合が非弾性衝突，$e = 0$ の場合は物体がはねかえらず（$v_f = 0$），一体化する完全非弾性衝突を表す。

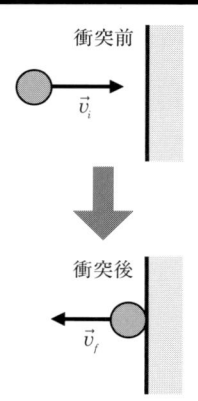

図 19-4　はねかえり係数
物体の衝突をはねかえり係数を用いて分類・解析できる。特に非弾性衝突の場合は，はねかえり係数がわかっていると関係式が 1 つ増え，より解析がしやすくなる。

2 つの物体が互いに運動して衝突する場合は，衝突前後の相対速度の比が，はねかえり係数 e となる。

$$e \equiv \frac{|\vec{v}_{1f} - \vec{v}_{2f}|}{|\vec{v}_{1i} - \vec{v}_{2i}|} = \frac{-(v_{1f} - v_{2f})}{v_{1i} - v_{2i}} = \frac{\text{衝突後の相対速度}}{\text{衝突前の相対速度}}$$

この関係式は，$e = 1$（弾性衝突）の場合に 19-2 節の式 ②′（☞ 115 ページ）と一致する。すなわち，衝突の前後での相対速度が等しいことは，運動エネルギー保存則を意味している。また，$e = 0$（完全非弾性衝突）の場合は，衝突後の 2 つの物体の速度が等しく（$\vec{v}_{1f} = \vec{v}_{2f}$），衝突後に一体化する衝突であることがわかる。

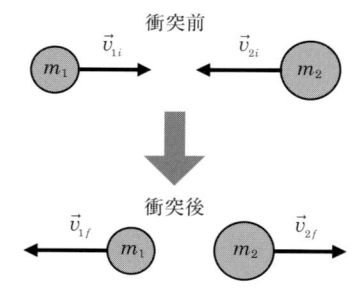

図 19-5　はねかえり係数と相対速度
運動している物体どうしのはねかえり係数は，相対速度の比で与えられる。

問題 19-9 【非弾性衝突】

直線上を運動する同じ質量 m をもつ2つの物体が初速度 v_{1i} および v_{2i} で非弾性衝突した。2つの物体間のはねかえり係数が $e = 0.80$ であるとき，次の問いに答えよ。ただし，右方を正とする。

(1) 衝突後の2つの物体の速度を v_{1f}, v_{2f} とするとき，運動量保存の式を書け。
(2) 衝突後の2つの物体の速度を v_{1f}, v_{2f} とするとき，相対速度をはねかえり係数を用いて表せ。
(3) $v_{1i} = 10$ m/s，$v_{2i} = -4.0$ m/s のとき，衝突後の2つの物体の速度 v_{1f}, v_{2f} を求めよ。

19-5　2次元の弾性衝突　Standard

正面衝突ではない衝突を考えよう。図19-6のように静止した質量 m の物体2に左方から同じ質量 m をもつ物体1が速度 $\vec{v}_0$ で弾性衝突する。衝突後，2つの物体はそれぞれ水平線に対して角度 θ，ϕ で速度 $\vec{v}_1$，$\vec{v}_2$ をもって運動した。この衝突は弾性衝突であるから，運動量，運動エネルギーはともに保存される。

!　記号 "ϕ" はギリシャ文字 Φ の小文字で "ファイ" と読む。

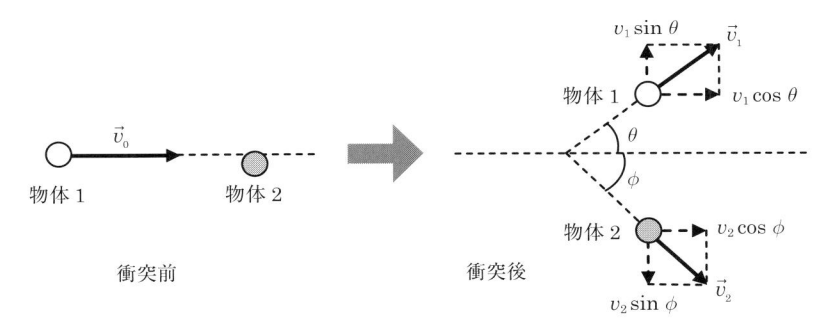

図 19-6　2次元の弾性衝突
物体1の進路上に物体2があれば正面衝突となり，1次元の衝突である。物体2が少しずれた位置にあれば，2次元の衝突となる。

$\vec{v}_1, \vec{v}_2$ をそれぞれ成分に分解し，運動量保存則を適用すれば

⑰ [　　　　　　　　　　　]　, ⑱ [　　　　　　　　　　　]

となるから，共通の質量 m を消去して

$$v_0 = v_1 \cos\theta + v_2 \cos\phi \quad \cdots\cdots ① \qquad 0 = v_1 \sin\theta - v_2 \sin\phi \quad \cdots\cdots ②$$

となる。また，運動エネルギー保存則から

⑲ [　　　　　　　　　　　]

となり，共通の $m/2$ を消去して

---

⑭ 完全非弾性衝突　⑮ $m_1 \vec{v}_{1i} + m_2 \vec{v}_{2i}$　⑯ $m_1 + m_2$

$$v_0{}^2 = v_1{}^2 + v_2{}^2 \quad \cdots\cdots ③$$

が得られる。今，v_0 および θ を既知のものとすれば，式①〜③を連立して v_1, v_2 および ϕ を決定できる。

式①および式②の右辺第 1 項を左辺に移項し，両辺を 2 乗すれば

$$v_0{}^2 - 2v_0 v_1 \cos\theta + v_1{}^2 \cos^2\theta = v_2{}^2 \cos^2\phi$$
$$v_1{}^2 \sin^2\theta = v_2{}^2 \sin^2\phi$$

となるから，これらの式の両辺を加え合わせれば

$$v_0{}^2 - 2v_0 v_1 \cos\theta + v_1{}^2(\sin^2\theta + \cos^2\theta) = v_2{}^2(\sin^2\phi + \cos^2\phi)$$

となり，$\sin^2\theta + \cos^2\theta = \sin^2\phi + \cos^2\phi = 1$ を用いれば

$$v_0{}^2 - 2v_0 v_1 \cos\theta + v_1{}^2 = v_2{}^2$$

となる。これを式③に代入し，$v_2{}^2$ を消去すれば

$$v_1 = \boxed{}^{⑳}$$

が求められる。この結果を式③に代入すれば
$v_2{}^2 = v_0{}^2(1 - \cos^2\theta)$ となり，$1 - \cos^2\theta = \sin^2\theta$ を用いれば，
$v_2 = \boxed{}^{㉑}$ となる。

さて，衝突後の角度について考えよう。速度ベクトルの関係は，運動量保存則より $\vec{v}_0 = \vec{v}_1 + \vec{v}_2$ であり，運動エネルギー保存則から $v_0{}^2 = v_1{}^2 + v_2{}^2$ であるから，直角三角形となる。すなわち，$\phi + \theta = 90°$ であることを意味しており，衝突後，2 つの物体はお互いに 90° の方向に進む。

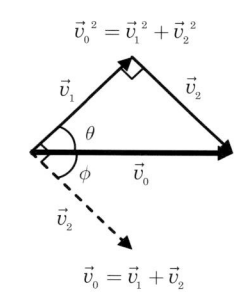

図 19-7 衝突後の角度
2 つの物体の衝突が弾性衝突であれば，互いに垂直な方向に散乱される。

📝基本 問題 19-10 【2 次元の衝突】

図のように質量 m の静止した物体 2 に左方から同じ質量の物体 1 が速度 $V_0 = 2.0$ m/s で弾性衝突する。衝突後，物体 1 は水平線に対して $\theta = 30°$，物体 2 はある角度 ϕ で，それぞれ速度 V_1, V_2 をもって運動した。次の問いに答えよ。

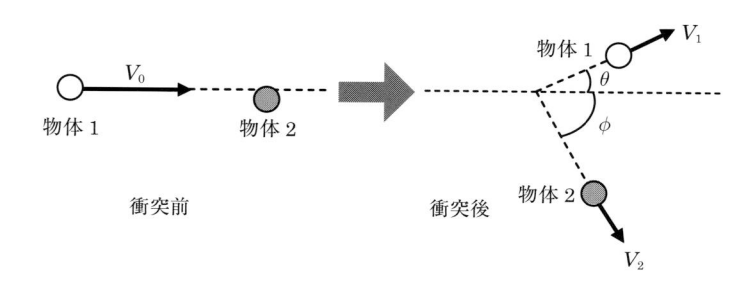

(1) 衝突の前後での水平方向の運動量保存の式を求めよ。
(2) 衝突の前後での垂直方向の運動量保存の式を求めよ。
(3) 衝突の前後での運動エネルギー保存の式を求めよ。
(4) 2つの物体の衝突後の速さ V_1 および V_2 を求めよ。　(5) 角度 ϕ を求めよ。

解答

問題 19-1　(1) $v_{1f} = \left(\dfrac{m_1 - m_2}{m_1 + m_2}\right) v_{1i} + \left(\dfrac{2m_2}{m_1 + m_2}\right) v_{2i} = -8.7 \text{ m/s}$,

$v_{2f} = \left(\dfrac{2m_1}{m_1 + m_2}\right) v_{1i} + \left(\dfrac{m_2 - m_1}{m_1 + m_2}\right) v_{2i} = 5.3 \text{ m/s}$

(2) $v_{1f} = \left(\dfrac{m_1 - m_2}{m_1 + m_2}\right) v_{1i} + \left(\dfrac{2m_2}{m_1 + m_2}\right) v_{2i} = -3.3 \text{ m/s}$,

$v_{2f} = \left(\dfrac{2m_1}{m_1 + m_2}\right) v_{1i} + \left(\dfrac{m_2 - m_1}{m_1 + m_2}\right) v_{2i} = 6.7 \text{ m/s}$

問題 19-2　ⓐ $v_{1i} + v_{2i} = v_{1f} + v_{2f}$　ⓑ $v_{1i}^2 + v_{2i}^2 = v_{1f}^2 + v_{2f}^2$　ⓒ $(v_{2f} - v_{2i})(v_{2f} + v_{2i})$
ⓓ $v_{1i} + v_{1f} = v_{2f} + v_{2i}$　ⓔ v_{2i}　ⓕ -8.0　ⓖ v_{1i}　ⓗ 20

問題 19-3　(1) $v_{1i} + v_{2i} = v_{1f} + v_{2f}$　(2) $v_{1i}^2 + v_{2i}^2 = v_{1f}^2 + v_{2f}^2$
(3) $v_{1f} = v_{2i} = -4.0 \text{ m/s}$, $v_{2f} = v_{1i} = 10 \text{ m/s}$

問題 19-4　(1) $v_{2i} = v_{1f} + v_{2f}$　(2) $v_{2i}^2 = v_{1f}^2 + v_{2f}^2$　(3) $v_{1f} = v_{2i} = 5.0 \text{ m/s}$, $v_{2f} = v_{1i} = 0 \text{ m/s}$

問題 19-5　$v_{1f} = \left(\dfrac{m_1 - m_2}{m_1 + m_2}\right) v_{1i} = 20 \text{ m/s}$, $v_{2f} = \left(\dfrac{2m_1}{m_1 + m_2}\right) v_{1i} = 40 \text{ m/s}$,

重い質量 m_1 の物体の速度は衝突前とほとんど変わらず $v_{1f} = \left(\dfrac{m_1 - m_2}{m_1 + m_2}\right) v_{1i} \approx v_{1i}$, 軽い質量 m_2 の物体は m_1 の物体の 2 倍の速度 $v_{2f} = \left(\dfrac{2m_1}{m_1 + m_2}\right) v_{1i} \approx 2v_{1i}$ ではね飛ばされる。

問題 19-6　$v_f = \dfrac{m_1 v_{1i} + m_2 v_{2i}}{m_1 + m_2} = 0.67 \text{ m/s}$

問題 19-7　(1) $V = \dfrac{m}{M + m} v = 4.7 \text{ m/s}$　($= 4.66 \text{ m/s}$)

(2) $K = \dfrac{1}{2} m v^2 - \dfrac{1}{2}(M + m) V^2 = \dfrac{mM}{2(M + m)} v^2 = 7.0 \times 10^4 \text{ J}$

▶(2)の補足：(1)の結果を用いる場合は，V の値を 1 桁多くとって代入せよ。

問題 19-8　$V = \dfrac{m}{M_e + m} v = 1.00 \times 10^{-19} \text{ m/s}$

問題 19-9　(1) $v_{1i} + v_{2i} = v_{1f} + v_{2f}$　(2) $e = \dfrac{-(v_{1f} - v_{2f})}{v_{1i} - v_{2i}}$

(3) $v_{1f} = \dfrac{1}{2}\{(1 - e)v_{1i} + (1 + e)v_{2i}\} = -2.6 \text{ m/s}$, $v_{2f} = \dfrac{1}{2}\{(1 + e)v_{1i} + (1 - e)v_{2i}\} = 8.6 \text{ m/s}$

問題 19-10　(1) $mV_0 = mV_1 \cos\theta + mV_2 \cos\phi$　(2) $0 = mV_1 \sin\theta - mV_2 \sin\phi$

(3) $\dfrac{1}{2} mV_0^2 = \dfrac{1}{2} mV_1^2 + \dfrac{1}{2} mV_2^2$

(4) $V_1 = V_0 \cos\theta = 1.7 \text{ m/s}$, $V_2 = V_0 \sin\theta = 1.0 \text{ m/s}$　(5) $\phi = 90° - \theta = 60°$

⑰ $mv_0 = mv_1 \cos\theta + mv_2 \cos\phi$　⑱ $0 = mv_1 \sin\theta - mv_2 \sin\phi$　⑲ $\dfrac{1}{2} mv_0^2 = \dfrac{1}{2} mv_1^2 + \dfrac{1}{2} mv_2^2$　⑳ $v_0 \cos\theta$
㉑ $v_0 \sin\theta$

総合演習 III　仕事とエネルギー，運動量

復習 問題III-1　【力学的エネルギー保存則】　☞問題17-1

質量 $m = 20.0$ kg の物体が高さ $h = 40.0$ m の地点を速さ $v = 20.0$ m/s で落下している。次の問いに答えよ。ただし，重力加速度の大きさを $g = 9.80$ m/s^2 とする。

(1) 運動エネルギー K を求めよ。　(2) 重力のポテンシャルエネルギー U を求めよ。
(3) 力学的エネルギー E を求めよ。　(4) 高さが $h_f = 5.00$ m になったときの速さ v_f を求めよ。

復習 問題III-2　【運動量保存則】　☞問題18-6

直線状のレールの上を質量 $m_1 = 1.00$ kg の物体1と質量 $m_2 = 2.00$ kg の物体2が運動している。はじめの速度はそれぞれ $v_{1i} = 1.00$ m/s と $v_{2i} = 4.00$ m/s であった。一定時間経過後に物体1の速度を測定したら $v_{1f} = 1.50$ m/s に変化していた。物体2の速度 v_{2f} を求めよ。なお，この2つの物体に外力は働いていないとする。

復習 問題III-3　【非弾性衝突】　☞問題19-9

直線上を運動する同じ質量 m をもつ2つの物体が初速度 $v_{1i} = 10$ m/s および $v_{2i} = -4.0$ m/s で非弾性衝突した。2つの物体間のはねかえり係数が $e = 0.60$ であるとき，衝突後の2つの物体の速度 v_{1f}, v_{2f} を求めよ。

総合 問題III-4　【ばねによって打ち上げられる物体】

図のように，鉛直に立てた筒の中に軽いばねを固定し，物体を鉛直上方に発射できる装置がある。ばねを自然長から x だけ縮めて，質量 m の物体を発射したところ，この物体は高さ h まで上がった。空気抵抗および筒と物体との間の摩擦は無視できるものとし，重力加速度の大きさを g として次の問いに答えよ。

(1) 使用したばねのばね定数 k を求めよ。
(2) 自然長の位置を通過するときの物体の速さ v を求めよ。
(3) ばねを縮めた位置から $2h$ だけ物体を打ち上げるためには，ばねをどれだけ縮めればよいか。縮める長さ x' は x の何倍か求めよ。

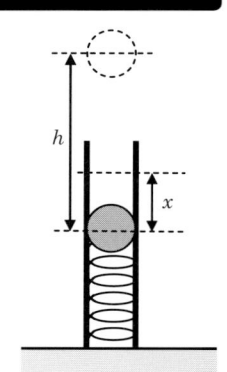

ヒント　この系には運動エネルギー K，重力のポテンシャルエネルギー U_g，ばねのポテンシャルエネルギー U_s が存在することに注意せよ。各状態での力学的エネルギー K，U_g，U_s を考え，力学的エネルギー保存則を用いよ。

総合 問題III-5　【曲面から発射される物体】

図のように，水平な面 AB に曲面 BC が接続された発射台がある。この曲面 BC は半径 r，中心角 θ の円弧であり，AB，BC はともに滑らかである。今，水平面からある初速度 v_0 で質量 m の物体を打ち出すとき，次の問いに答えよ。ただし，空気抵抗は無視できるものとし，重力加速度の大きさを

g とする。

(1) 点 C を越えて物体を空中に飛び出させるためには，初速度 v_0 をいくら以上にすればよいか。
(2) (1)で求めた初速度の 4 倍の速さで物体を打ち出すとき，点 C での速さ v_C を求めよ。
(3) (1)で求めた初速度の 4 倍の速さで物体を打ち出すとき，最高点 D の高さ h_D を求めよ。

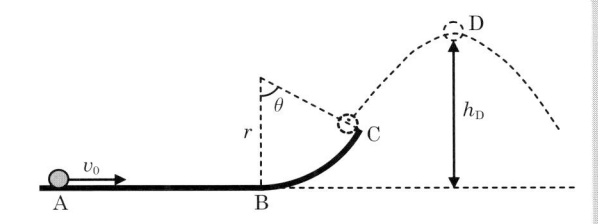

ヒント (1) 力学的エネルギー保存則を用いて，物体がちょうど点 C に到達したときに $v_C = 0$ となるような初速度を求めればよい。 (2) 力学的エネルギー保存則および(1)の結果を用いよ。 (3) 物体は点 C を θ の角度で飛び出すことに注意して，力学的エネルギー保存則を用いよ。

総合問題Ⅲ-6 【2次元の弾性衝突】

滑らかで水平な床の上で，速さ v_0 で運動している質量 m の物体 A が，静止していた質量 m の物体 B に弾性衝突した。衝突後，物体 A と物体 B の速度の大きさ（速さ）はそれぞれ v_A，v_B となり，速度の向きはそれぞれ，物体 A の入射方向に対して角度 θ_A と θ_B であった。$\theta_A = 30°$ のとき，v_A，v_B および θ_B を求めよ。

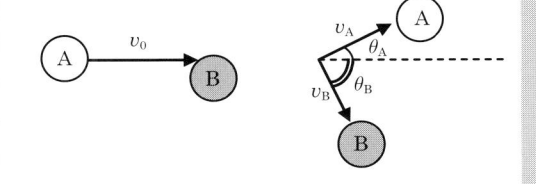

ヒント 弾性衝突なので運動量，運動エネルギーはともに保存される。

総合問題Ⅲ-7 【繰り返しはねかえる物体】

滑らかで水平な床の上に $h_0 = 1.0$ m の高さから小球を落下させる。小球は床ではねかえり $h_1 = 0.64$ m まで上がってから再び落下し，はねかえりと落下を繰り返しながら，最後は床の上で静止した。落下開始から床の上に小球が静止するまでの時間 T を求めよ。ただし，重力加速度の大きさを $g = 9.8$ m/s^2 とする。

ヒント ① 高さ h_0 から落下して床に衝突する直前の速さ v_0 とはねかえった直後の速さ v_1 をそれぞれ力学的エネルギー保存則を用いて h_0 もしくは h_1 で表し，はねかえり係数 e を求めよ。 ② 高さ h_0 から床に衝突するまでの時間 t_0 を $h_0 = gt_0^2/2$ より求め，さらに高さ h_1 から床に衝突するまでの時間 t_1 を求める。このとき，t_1 を t_0 と e を用いて表すことを考えよ。 ③ 以下同様にして，衝突するまでの時間を t と e を用いて表し，たし合わせよ。結果は数列の関係式 $1 + e + e^2 + \cdots = 1/(1-e)$ を用いて計算せよ。

解答

問題Ⅲ-1 (1) $K = \frac{1}{2}mv^2 = 4.00 \times 10^3$ J (2) $U = mgh = 7.84 \times 10^3$ J

(3) $E = K + U = 1.18 \times 10^4$ J $(= 1.184 \times 10^4$ J$)$ (4) $v_f = \sqrt{\frac{2(E - mgh_f)}{m}} = 33.0$ m/s

問題Ⅲ-2 $v_{2f} = \frac{1}{m_2}(m_1 v_{1i} + m_2 v_{2i} - m_1 v_{1f}) = 3.75$ m/s

問題Ⅲ-3 $v_{1f} = \frac{1}{2}\{(1-e)v_{1i} + (1+e)v_{2i}\} = -1.2$ m/s, $v_{2f} = \frac{1}{2}\{(1+e)v_{1i} + (1-e)v_{2i}\} = 7.2$ m/s

問題III-4 (1) 物体がはじめにもつ力学的エネルギーは，ばねのポテンシャルエネルギー $U_s = kx^2/2$ のみであり，最高点での力学的エネルギーは，重力のポテンシャルエネルギー $U_g = mgh$ のみであるから，力学的エネルギー保存則より，$kx^2/2 = mgh$ が成り立つ。
よって，$k = 2mgh/x^2$

(2) 自然長の位置での力学的エネルギーは，$K + U_g = mv^2/2 + mgx$ であるから，力学的エネルギー保存則より，$\frac{1}{2}mv^2 + mgx = mgh$　よって，$v = \sqrt{2g(h-x)}$

(3) 力学的エネルギー保存則より，$\frac{1}{2}kx'^2 = 2mgh$　よって，$x' = \sqrt{\frac{4mgh}{k}} = \sqrt{2}x$

問題III-5 (1) 点 C の高さを h_C，そのときの速さを v_C とすると，力学的エネルギー保存則より，$\frac{1}{2}mv_0^2 = \frac{1}{2}mv_C^2 + mgh_C$ が成り立つ。物体がちょうど点 C に到達したときに $v_C = 0$ となるような初速度は，$h_C = r(1 - \cos\theta)$ を用いて，$v_0 = \sqrt{2gr(1-\cos\theta)}$ となるから，物体が空中に飛び出すためにはこの初速度よりも大きければよい。
よって，$v_0 > \sqrt{2gr(1-\cos\theta)}$

(2) 力学的エネルギー保存則 $\frac{1}{2}mv_0^2 = \frac{1}{2}mv_C^2 + mgr(1-\cos\theta)$ および(1)の結果 $v_0 = 4\sqrt{2gr(1-\cos\theta)}$ を用いて，$v_C = \sqrt{30gr(1-\cos\theta)}$

(3) 物体は点 C を速度 v_C，角度 θ で飛び出すから，最高点 D での速度 v_D は点 C での速度の水平成分 $v_D = v_C \cos\theta = \sqrt{30gr(1-\cos\theta)}\cos\theta$ となる。力学的エネルギー保存則 $\frac{1}{2}mv_0^2 = \frac{1}{2}mv_D^2 + mgh_D$ に v_0，v_D を代入して，$h_D = r(1-\cos\theta)(16 - 15\cos^2\theta)$

問題III-6 運動量保存則より，$mv_0 = mv_A \cos\theta_A + mv_B \cos\theta_B$ ……①
$$0 = mv_A \sin\theta_A - mv_B \sin\theta_B \quad \text{……②}$$
また，弾性衝突なので運動エネルギーは保存されるから，
$$\frac{1}{2}mv_0^2 = \frac{1}{2}mv_A^2 + \frac{1}{2}mv_B^2 \quad \text{……③}$$
式①，②を変形し，2乗してたし合わせ，式③に代入すれば，
$v_A = v_0 \cos\theta_A$，$v_B = v_0 \sin\theta_A$
$\theta_A = 30°$ を代入して，$v_A = \frac{\sqrt{3}}{2}v_0$，$v_B = \frac{1}{2}v_0$　さらに，v_A，v_B を式②に代入して $\theta_B = 60°$

問題III-7 高さ h_0 から落下して床に衝突する直前の速さを v_0 とし，はねかえった直後の速さ v_1 とする。v_1 ではねかえった後，小球が高さ h_1 まで上がったので，はねかえり係数は
$$e = \frac{v_1}{v_0} = \frac{\sqrt{2gh_1}}{\sqrt{2gh_0}} = \sqrt{\frac{h_1}{h_0}} = 0.80$$
である。また，高さ h_0 から床に衝突するまでの時間は，$h_0 = \frac{1}{2}gt_0^2$ より，$t_0 = \sqrt{\frac{2h_0}{g}} = 0.45$ s である。同様にして，高さ h_1 から床に衝突するまでの時間は，$t_1 = \sqrt{\frac{2h_1}{g}}$ となるが $\frac{t_1}{t_0} = \sqrt{\frac{h_1}{h_0}} = e$ から，$t_1 = et_0$ となる。したがって，小球が床に静止するまでの時間は
$$T = t_0 + 2t_1 + 2t_2 + \cdots = t_0 + 2et_0 + 2e^2t_0 + \cdots = t_0\{1 + 2e(1 + e + \cdots)\}$$
$$= t_0\left(1 + \frac{2e}{1-e}\right) = 4.1 \text{ s}$$

第20章 固定軸のまわりの剛体の回転運動

キーワード 角速度，角加速度，慣性モーメント

20-1 剛体 —Standard

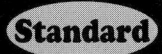

これまでは大きさのない質点を扱ってきた。たとえば，落体の運動を議論したときも，落ちていく球の大きさは考えなかった。だが，我々が日常で目にする物体は大小さまざまな大きさをもっている。より厳密に物理現象を解析するためには，質点ではなく大きさをもった物体の力学が必要である。大きさをもった物体には質点にはなかった性質（変形と回転）がある。このため，その運動を解析することが一気に難しくなる。

力を加えてもけっして変形しない物体を❶ □ という。自然界に存在する物体に力を加えると，わずかであれ必ず変形する。したがって，完全な剛体は存在しないが，変形が無視できるような場合，その物体を剛体として考えると便利である。剛体は変形しないので，質点の力学にその物体の回転運動のみを加えればよい。ちなみに，変形する物体には弾性体や流体がある。

導入問題 20-1　【剛体】

次のうち，剛体として考えることができるものはどれか。
(1) 水　(2) 空気　(3) 大きな氷　(4) 鉄の球　(5) ゴム　(6) 液体ヘリウム
(7) 大きなダイヤモンド　(8) アルゴンガス　(9) 海水

20-2 角速度と角加速度 —Basic

物体の位置変化を表す物理量に速度と加速度があった。剛体の回転運動を扱うためには，角度変化を表す**角速度**と**角加速度**を使う。

剛体の1点が回転し，時刻 t_i から t_f の間に角度 θ_i の位置 P から θ_f の位置 Q に移動したとする。このときの平均角速度は

$$\bar{\omega} \equiv \frac{\boxed{②}}{\boxed{③}} = \frac{\Delta \theta}{\Delta t}$$

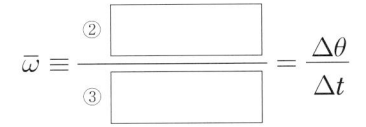

と定義され，角速度（瞬間角速度）は

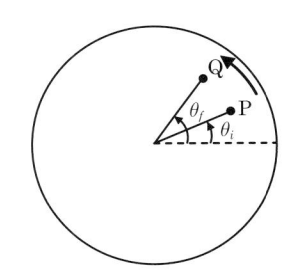

図 20-1　回転角
ある点（軸）のまわりを回転している物体は刻々と，その回転角が変化する。これは直進運動の際の変位に相当する。

$$\omega \equiv \lim_{\Delta t \to 0} \frac{\Delta \theta}{\Delta t} = \frac{\boxed{}^{④}}{\boxed{}_{⑤}}$$

と定義される。角速度は「**単位時間にどれだけ回転するか**」を表している。これまでに慣れ親しんできた平均速度や瞬間速度との違いは，定義式の分子の距離が角度に入れ替わっている点のみである。角速度の単位は[rad/s]であるが，[rad]は無次元量なので，[s^{-1}]が角速度の物理的な単位である。また，角速度は角度θが増加するとき（いいかえれば反時計回りに回転するとき）に正となり，角度θが減少するとき（時計回りに回転するとき）に負になると定められている。

⚠ 角速度の記号 "ω" はギリシャ文字 Ω の小文字で "オメガ" と読む。

弧度法

　直角（90°）の1/90である1°を単位とする角度の測り方を度数法という。度数法では円の中心角は360°である。これに対して，半円の中心角（180°）の1/πである1 rad（もしくは1弧度）を単位とする角度の測り方を**弧度法**という。弧度法では円の中心角は2πである。π = 3.14…は円周率であり，[rad]はラジアン(radian)と読む。ラジアンは無名数（次元をもたない量）であるが，便宜上，[rad]という単位を用いる。

$$1\,\mathrm{rad} = \left(\frac{180}{\pi}\right)^\circ = 57.2957\cdots, \quad 1° = \frac{\pi}{180}\,\mathrm{rad}$$

表20-1　弧度法

度数法	0°	30°	45°	60°	90°	120°	135°	150°	180°
弧度法	0	$\frac{\pi}{6}$	$\frac{\pi}{4}$	$\frac{\pi}{3}$	$\frac{\pi}{2}$	$\frac{2}{3}\pi$	$\frac{3}{4}\pi$	$\frac{5}{6}\pi$	π

　弧度法を用いると，半径rの円周は$2\pi r$，中心角は2πである。よって，中心角がθ [rad]である扇形の弧の長さsは$2\pi r : 2\pi = s : \theta$より$s = r\theta$となる。また，面積は$S = r \times r \times \pi \times \frac{\theta}{2\pi} = \frac{1}{2}r^2\theta$で求められる。

通常の加速度と同様にして，平均角加速度は$\bar{\alpha} \equiv \frac{\omega_f - \omega_i}{t_f - t_i} = \frac{\Delta \omega}{\Delta t}$と定義され，角加速度（瞬間角加速度）は$\alpha \equiv \lim_{\Delta t \to 0} \frac{\Delta \omega}{\Delta t} = \frac{\boxed{}^{⑥}}{\boxed{}_{⑦}} = \frac{\boxed{}^{⑧}}{\boxed{}_{⑨}}$

で定義される。角加速度は「**単位時間にどれだけ角速度が変化するか**」を表している。これまで学んだ加速度との違いは，速度が角速度に入れ替わっている点のみである。角

加速度の単位は [rad/s^2]（物理的な単位としては [s^{-2}]）である。

> 角加速度の記号 "α" はギリシャ文字 A の小文字で "アルファ" と読む。

さて，固定された 1 本の軸線のまわりで剛体が回転する場合を考えよう．固定軸のまわりの剛体の回転運動では，定義から明らかではあるが，**剛体の各点は同一の角速度と同一の角加速度をもつ**ことに注意が必要である．角速度と角加速度が剛体の回転を特徴づける物理量となる．

しかしながら，剛体の各点が同一の角速度をもっていても同一の速度をもっているわけではない．固定軸から遠くなるほど，回転の速さが大きくなることはイメージできるであろう．実際，固定軸から距離 r 離れた剛体上の点は，円軌道を描き運動する．このときの速さ（接線方向の速さ）は，$s = $ ⑩ □ であることを用いて

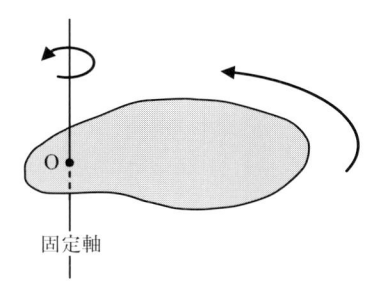

$$v = \frac{ds}{dt} = r\frac{d\theta}{dt} = \text{⑪} \boxed{}$$

図 20-2　固定軸まわりの剛体の回転
剛体上の各点は同一の角速度および角加速度をもつ．

となり，距離 r とともに大きくなることが示される．接線方向の加速度の大きさ a_t も同様にして求めることができる．

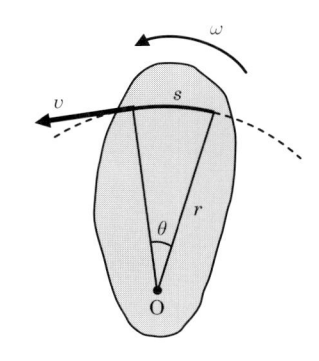

$$a_\text{t} = \frac{dv}{dt} = r\frac{d\omega}{dt} = \text{⑫} \boxed{}$$

図 20-3　剛体上の点の速度
剛体上の各点は同一の角速度および角加速度をもつが，速度は軸からの距離によって異なることに注意せよ．

また，半径方向の加速度（向心加速度）の大きさ a_r は v^2/r であったから（☞第 10 章），これを角速度を用いて表せば $a_\text{r} = \dfrac{v^2}{r} = \dfrac{(r\omega)^2}{r} = \text{⑬} \boxed{}$ となる．全加速度の大きさは三平方の定理より，$a = \sqrt{a_\text{t}^2 + a_\text{r}^2} = \sqrt{(r\alpha)^2 + (r\omega^2)^2} = r\sqrt{\alpha^2 + \omega^4}$ で与えられる．

問題 20-2　【弧度法】

次の度数法で表された量を弧度法で表せ．
(1) 30°　(2) 45°　(3) 60°　(4) 90°　(5) 180°　(6) 360°

---

❶ 剛体　② $\theta_f - \theta_i$　③ $t_f - t_i$

第 20 章●固定軸のまわりの剛体の回転運動　127

導入 問題 20-3　【平均角速度】

(1) ある剛体が固定軸のまわりに，2.0 秒間に 6.0 rad の割合で回転している。このときの平均角速度 $\bar{\omega}$ を求めよ。

(2) ある剛体が固定軸のまわりに，0.50 秒間に 1.5 rad の割合で回転している。このときの平均角速度 $\bar{\omega}$ を求めよ。

導入 問題 20-4　【平均角加速度】

ある剛体が固定軸のまわりで回転している。

(1) 回転開始から 1.0 秒後には角速度 1.0 rad/s で回転していたが，2.0 秒後には 2.0 rad/s で，3.0 秒後には 3.0 rad/s で回転した。このときの平均角加速度 $\bar{\alpha}$ を求めよ。

(2) 回転開始から 1.0 秒後には角速度 3.0 rad/s で回転していたが，2.0 秒後には 6.0 rad/s で，3.0 秒後には 9.0 rad/s で回転した。このときの平均角加速度 $\bar{\alpha}$ を求めよ。

基本 問題 20-5　【速さ・向心加速度】

ある剛体が固定軸のまわりを一定の角速度 $\omega = 3.0$ rad/s で回転している。

(1) 固定軸から距離 $r_1 = 0.50$ m 離れた点の速さ v_1 および向心加速度の大きさ a_1 を求めよ。

(2) 固定軸から距離 $r_2 = 1.0$ m 離れた点の速さ v_2 および向心加速度の大きさ a_2 を求めよ。

基本 問題 20-6　【加速度の接線方向成分】

半径 $r = 2.5$ m の円盤が一定の角加速度 $\alpha = 3.0$ rad/s^2 で回転している。このとき，円盤の縁がもつ接線方向の加速度の大きさ a_t を求めよ。

20-3　等角加速度回転運動　Standard

もっとも解析が容易な質点の運動は等加速度運動である。同様に，固定軸のまわりの剛体の回転運動の中でもっとも単純なのは，等角加速度をもった回転運動である。**等角加速度回転運動**の運動学的方程式を導いてみよう。角加速度の定義式 $\alpha = d\omega/dt$ を $d\omega = \alpha dt$ と変形して積分すると

$$\omega = \int d\omega = \alpha \int dt = \alpha t + C \quad (C は積分定数)$$

となる。ここで，時刻 $t = 0$ のときに角速度が ω_0 であったとすると $C =$ ⑭ ⬜ であるので

$$\omega = \text{⑮ }\boxed{}$$

が得られる。これが，等加速度運動の $v = v_0 + at$ に相当する方程式である。

同様にして，$\omega = d\theta/dt$ を $d\theta = \omega dt$ と変形して積分すると

$$\theta = \int d\theta = \int \omega dt = \int (\omega_0 + \alpha t) dt = \omega_0 t + \frac{1}{2}\alpha t^2 + C \quad (C は積分定数)$$

となる。ここで，時刻 $t=0$ のときに角度が θ_0 であったとすると $C =$ ⑯ ☐ であるので

$$\theta = \text{⑰ ☐}$$

が得られる。これが，等加速度運動の $x = x_0 + v_0 t + \frac{1}{2}at^2$ に相当しているのは想像できるであろう。

基本 問題 20-7 【等角加速度回転運動】

等角加速度 $\alpha = 3.0 \text{ rad/s}^2$ で回転する車輪がある。はじめに角速度 $\omega_0 = 2.0 \text{ rad/s}$ で回転していたとするとき，次の問いに答えよ。ただし，$\pi = 3.14$ とする。

(1) 2.0 秒後の角速度 ω を求めよ。　(2) 2 回転するのにかかる時間 t を求めよ。
(3) 3.0 秒で何回転するか求めよ。

解答

(1) $\omega = \omega_0 + \alpha t$ より，$\omega = $ ⓐ ☐ rad/s

(2) 2 回転は $\theta = $ ⓑ ☐ rad であるから，$\theta = \theta_0 + \omega_0 t + \frac{1}{2}\alpha t^2$ より，

$$t = \frac{\text{ⓒ ☐}}{\text{ⓓ ☐}} = \text{ⓔ ☐} \text{ s}$$

(3) $\theta = \theta_0 + \omega_0 t + \frac{1}{2}\alpha t^2$ より，角度の差は $\theta - \theta_0 = $ ⓕ ☐ rad

したがって，$\frac{\theta - \theta_0}{2\pi} = $ ⓖ ☐ 回転する。

類似 問題 20-8 【等角加速度回転運動】

等角加速度 $\alpha = 5.0 \text{ rad/s}^2$ で回転する車輪がある。はじめに角速度 $\omega_0 = 0.50 \text{ rad/s}$ で回転していたとするとき，次の問いに答えよ。ただし，$\pi = 3.14$ とする。

(1) 1.0 秒後の角速度 ω を求めよ。　(2) 3 回転するのにかかる時間 t を求めよ。
(3) 5.0 秒で何回転するか求めよ。

発展 問題 20-9 【等角加速度回転運動】

はじめに 1 分間に 33 回転していた半径 15 cm のレコード用のターンテーブルが，一定の角加速度 α で回転が減少し，15 秒後に静止した。次の問いに答えよ。ただし，$\pi = 3.14$ とする。

(1) ターンテーブルがはじめにもつ角速度 ω_0 を求めよ。
(2) ターンテーブルの角加速度 α を求めよ。
(3) ターンテーブルは静止するまでに何回転するか求めよ。
(4) はじめにターンテーブルの縁がもつ加速度の接線方向成分 a_t と半径方向成分 a_r を求めよ。

---

④ $d\theta$　⑤ dt　⑥ $d\omega$　⑦ dt　⑧ $d^2\theta$　⑨ dt^2　⑩ $r\theta$　⑪ $r\omega$　⑫ $r\alpha$　⑬ $r\omega^2$

20-4 回転の運動エネルギー　Standard

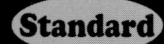

剛体が回転している場合，剛体を作る各点はそれぞれの速さで運動している。したがって，運動エネルギーをもっている。角速度 ω で回転している剛体を考えよう。固定軸から距離 r_i にある質量 m_i の質点の速さは $v_i = r_i \omega$ であるので，その質点のもつ運動エネルギーは

$$K_i = \frac{1}{2} m_i v_i^2 = \frac{1}{2} m_i (r_i \omega)^2$$

である。剛体を作るすべての質点についての運動エネルギーをたし合わせると

$$K = \sum K_i = \sum \frac{1}{2} m_i (r_i \omega)^2 = \frac{1}{2} \left(\sum m_i r_i^2 \right) \omega^2$$

が得られる。これは剛体の**回転の運動エネルギー**とよばれ，単位は [J] である。ここで，$I \equiv \sum m_i r_i^2$ と定義すれば，回転の運動エネルギーは

$$K = \text{⑱} \boxed{}$$

と表される。I [kg·m²] は ⑲ ◯◯◯◯◯◯ とよばれ，回転運動において大変重要な物理量である。こうすると並進運動のエネルギー（いわゆる通常の運動エネルギー）$K = \frac{1}{2} mv^2$ との類似が明らかになる。速度 v を角速度 ω に，加速度 a を角加速度 α にそれぞれ置き換えると，等加速度運動の式が等角加速度運動の式になった。さらに，質量 m を慣性モーメント I に置き換えると，並進の運動エネルギーの式が回転の運動エネルギーの式となる。（☞表 20-2）

表 20-2　並進運動と回転運動の式の類似性(1)

	並進運動		回転運動	
速度	$v = \dfrac{dx}{dt}$		角速度	$\omega = \dfrac{d\theta}{dt}$
加速度	$a = \dfrac{dv}{dt}$		角加速度	$\alpha = \dfrac{d\omega}{dt}$
等加速度運動	$v = v_0 + at$ $x = x_0 + v_0 t + \dfrac{1}{2} at^2$		等角加速度運動	$\omega = \omega_0 + \alpha t$ $\theta = \theta_0 + \omega_0 t + \dfrac{1}{2} \alpha t^2$
質量	m		慣性モーメント	I
運動エネルギー	$K = \dfrac{1}{2} mv^2$		運動エネルギー	$K = \dfrac{1}{2} I \omega^2$

基本 問題 20-10　【回転の運動エネルギー】

慣性モーメントが $I = 1.95 \times 10^{-46}$ kg·m² である二原子分子が角速度 $\omega = 2.00 \times 10^{12}$ rad/s で回転している。このときの回転の運動エネルギー K を求めよ。

20-5 慣性モーメント Standard

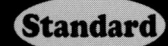

有限の数の質点の集合体なら，$I = \sum m_i r_i^2$ を用いて慣性モーメントを計算すればよいが，無数の質点の集合体である剛体の慣性モーメントを計算する場合には，剛体を限りなく小さな質点へ分解してたし合わせる必要がある。限りなく小さな質点の位置を r_i，質量を $\Delta m_i = \Delta m$ とすれば

$$I = \lim_{\Delta m \to 0} \sum r_i^2 \Delta m = \text{⑳}\boxed{} \quad \text{となる。}$$

質量密度，具体的には**体積密度** ρ（単位体積あたりの質量），**面密度** σ（単位面積あたりの質量），**線密度** λ（単位長さあたりの質量）は，それぞれ

$$\rho = \lim_{\Delta V \to 0} \frac{\Delta m}{\Delta V} = \frac{dm}{dV}, \quad \sigma = \lim_{\Delta A \to 0} \frac{\Delta m}{\Delta A} = \frac{dm}{dA}, \quad \lambda = \lim_{\Delta L \to 0} \frac{\Delta m}{\Delta L} = \frac{dm}{dL}$$

となるから，慣性モーメントは

$$I = \int r^2 dm = \int r^2 \rho\, dV, \quad I = \int r^2 dm = \int r^2 \sigma\, dA, \quad I = \int r^2 dm = \int r^2 \lambda\, dL$$

と表される。さらに具体的に，3次元の物体，2次元の物体，1次元の物体について直交座標を用いて表せば

$$I = \int r^2 \rho\, dV = \iiint (x^2 + y^2 + z^2)\rho\, dxdydz, \quad I = \int r^2 \sigma\, dA = \iint (x^2 + y^2)\sigma\, dxdy$$

$$I = \int r^2 \lambda\, dL = \int x^2 \lambda\, dx$$

となる。これらを適当な座標系で計算すればよい。

> ⚠ 体積密度，面密度，線密度の記号 "ρ"，"σ"，"λ" はギリシャ文字 P，Σ，Λ の小文字で，それぞれ "ロー"，"シグマ"，"ラムダ" と読む。

ここで，質量中心（重心）を通る軸線まわりの慣性モーメントがわかっている場合に便利な**平行軸線定理**（スタイナーの定理）を紹介しておく。

質量中心 C を通る軸線に平行で距離 D だけ離れた点 O を通る軸線まわりの慣性モーメントは，質量中心を通る軸線まわりの慣性モーメントを I_C，この剛体の質量を M とすると，

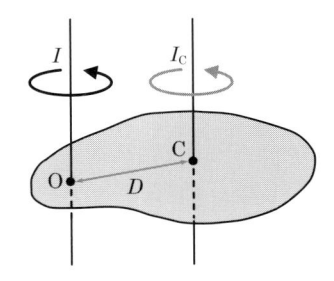

$$I = I_C + MD^2$$

図 20-4　平行軸線定理
質量中心を通る軸線に平行な軸線まわりの慣性モーメントは，平行軸線定理によって求めることができる。

---

⑭ ω_0　⑮ $\omega_0 + \alpha t$　⑯ θ_0　⑰ $\theta_0 + \omega_0 t + \frac{1}{2}\alpha t^2$

と表される（☞質量中心（重心）については第21章，137ページ）

平行軸線定理の証明

Oを原点とし，質量中心Cの座標を (x_C, y_C) とするとき，剛体上の微小質量 dm を考え，この dm の質量中心から見た座標を (x', y') とする．すなわち，dm の座標を $(x, y) = (x_C + x', y_C + y')$ とする．

$r = \sqrt{x^2 + y^2}$ だから，点Oを通る軸線まわりの慣性モーメントは，質量中心の座標 (x_C, y_C) が定数であることに注意すれば

$$I = \int r^2 dm = \int (x^2 + y^2) dm = \int \{(x_C + x')^2 + (y_C + y')^2\} dm$$
$$= \int \{(x')^2 + (y')^2\} dm + (x_C^2 + y_C^2) \int dm + 2x_C \int (x') dm + 2y_C \int (y') dm$$

となる．

右辺第1項は，座標 (x', y') が質量中心から見た dm の座標であるから，質量中心を通る軸線まわりの慣性モーメント I_C である．すなわち，

$$\int \{(x')^2 + (y')^2\} dm = I_C$$

第2項は，$x_C^2 + y_C^2 = D^2$ であり，$\int dm = M$ だから，$(x_C^2 + y_C^2) \int dm = D^2 M$

第3項，第4項は，座標 (x', y') が質量中心から見た dm の座標，すなわち，質量中心を原点とした座標 $(x_C, y_C) = (0, 0)$ であることに注意すれば，質量中心の定義

$$x_C = \frac{\int (x') dm}{M}, \quad y_C = \frac{\int (y') dm}{M} \text{ から,}$$

$$\int (x') dm = 0, \quad \int (y') dm = 0$$

よって，質量中心Cを通る軸線に平行で距離 D だけ離れた点Oを通る軸線まわりの慣性モーメントは，$I = I_C + MD^2$ となる．

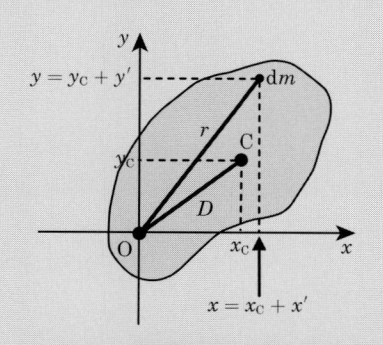

図 20-5　平行軸線定理の証明
点Oを通る軸線まわりの慣性モーメントは，質量中心を通る軸線まわりの慣性モーメント I_C と2軸間の距離 D および剛体の質量 M によって与えられる．

参考のために，図20-6にさまざまな剛体の慣性モーメントをあげておく．（☞導出は「付録A」，187ページ～191ページ）

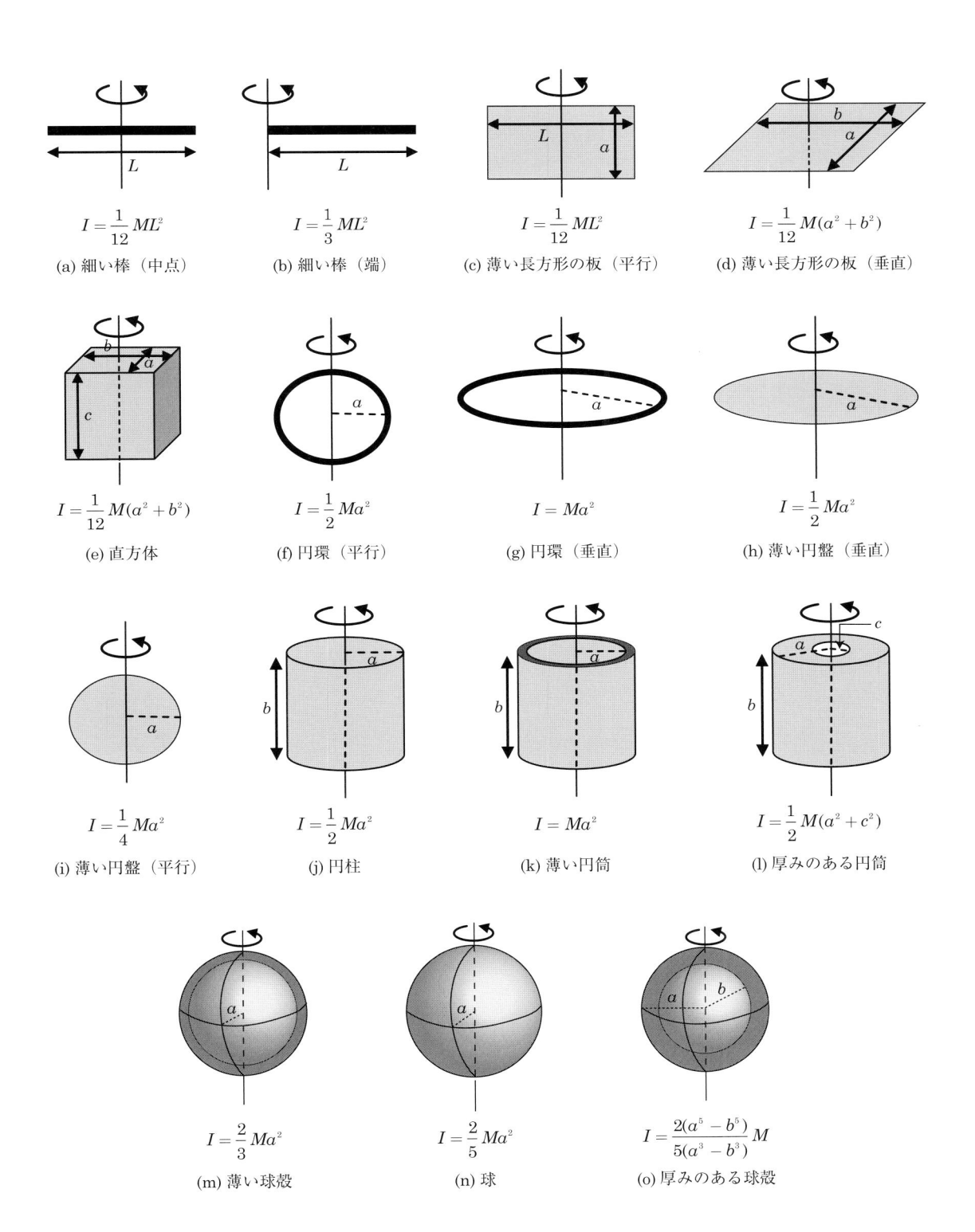

$I = \dfrac{1}{12}ML^2$	$I = \dfrac{1}{3}ML^2$	$I = \dfrac{1}{12}ML^2$	$I = \dfrac{1}{12}M(a^2+b^2)$
(a) 細い棒（中点）	(b) 細い棒（端）	(c) 薄い長方形の板（平行）	(d) 薄い長方形の板（垂直）
$I = \dfrac{1}{12}M(a^2+b^2)$	$I = \dfrac{1}{2}Ma^2$	$I = Ma^2$	$I = \dfrac{1}{2}Ma^2$
(e) 直方体	(f) 円環（平行）	(g) 円環（垂直）	(h) 薄い円盤（垂直）
$I = \dfrac{1}{4}Ma^2$	$I = \dfrac{1}{2}Ma^2$	$I = Ma^2$	$I = \dfrac{1}{2}M(a^2+c^2)$
(i) 薄い円盤（平行）	(j) 円柱	(k) 薄い円筒	(l) 厚みのある円筒
$I = \dfrac{2}{3}Ma^2$	$I = \dfrac{2}{5}Ma^2$	$I = \dfrac{2(a^5-b^5)}{5(a^3-b^3)}M$	
(m) 薄い球殻	(n) 球	(o) 厚みのある球殻	

図 20-6　さまざまな形状の物体の慣性モーメント

⑱ $\dfrac{1}{2}I\omega^2$　❶ 慣性モーメント　⑳ $\int r^2 dm$

問題 20-11 【質点系の慣性モーメント】

質量および太さの無視できる長さ $L = 0.50$ m の棒の両端に質量 $m_1 = 1.0$ kg, $m_2 = 2.0$ kg の小さな物体がとりつけてある。次の問いに答えよ。

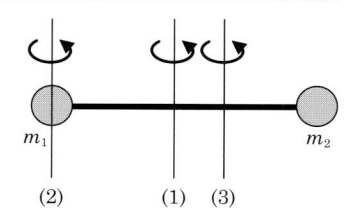

(1) 棒の中点を通り，棒に垂直な軸のまわりの慣性モーメントを求めよ。

(2) 質量 m_1 の物体を通り，棒に垂直な軸のまわりの慣性モーメントを求めよ。

(3) 質量 m_1 の物体から $2L/3$ の位置を通り，棒に垂直な軸のまわりの慣性モーメントを求めよ。

問題 20-12 【棒の慣性モーメント】

長さ L，質量 M の細い棒の中点を通り，棒に垂直な軸のまわりの慣性モーメントを求めよ。

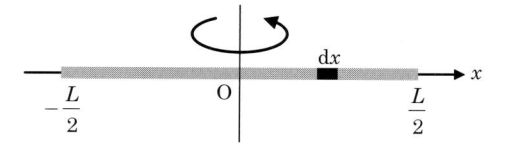

解答

図のように x 軸上の棒を考え，回転軸を原点にとると，積分範囲は ⓐ □ から ⓑ □ であるから，線密度を λ として，慣性モーメントは，

$$I = \int_{-\frac{L}{2}}^{\frac{L}{2}} x^2 \lambda \mathrm{d}x = \text{ⓒ} \boxed{} = \frac{1}{3}\lambda\left[\left(\frac{L}{2}\right)^3 - \left(-\frac{L}{2}\right)^3\right] = \text{ⓓ} \boxed{}$$

ここで，$M = $ ⓔ □ であるから，慣性モーメントは $I = $ ⓕ □ となる。

問題 20-13 【棒の慣性モーメント】

長さ L，質量 M の細い棒の端を通り，棒に垂直な軸のまわりの慣性モーメントを求めよ。

問題 20-14 【棒の慣性モーメント】

平行軸線定理を用いて，長さ L，質量 M の細い棒の端を通り，棒に垂直な軸のまわりの慣性モーメントを求めよ。ここで，質量中心を通る軸線まわりの慣性モーメントは $I_\mathrm{C} = ML^2/12$ である。

解答

問題 20-1 (3) 大きな氷　(4) 鉄の球　(7) 大きなダイヤモンド

問題 20-2 (1) $\dfrac{\pi}{6}$　(2) $\dfrac{\pi}{4}$　(3) $\dfrac{\pi}{3}$　(4) $\dfrac{\pi}{2}$　(5) π　(6) 2π

問題 20-3 (1) $\bar{\omega} = \dfrac{\Delta\theta}{\Delta t} = 3.0$ rad/s　(2) $\bar{\omega} = \dfrac{\Delta\theta}{\Delta t} = 3.0$ rad/s

問題 20-4 (1) $\bar{\alpha} = \dfrac{\Delta\omega}{\Delta t} = 1.0$ rad/s^2　(2) $\bar{\alpha} = \dfrac{\Delta\omega}{\Delta t} = 3.0$ rad/s^2

問題 20-5 (1) $v_1 = r_1\omega = 1.5$ m/s, $a_1 = \dfrac{v_1^2}{r_1} = 4.5$ m/s^2

(2) $v_2 = r_2\omega = 3.0$ m/s, $a_2 = \dfrac{v_2^2}{r_2} = 9.0$ m/s^2

問題 20-6 $a_\mathrm{t} = r\alpha = 7.5$ m/s^2

問題 20-7 ⓐ 8.0　ⓑ 4π　ⓒ $-\omega_0 + \sqrt{\omega_0{}^2 + 2\alpha\theta}$　ⓓ α　ⓔ 2.3　ⓕ 19.5
ⓖ 3.1

問題 20-8 (1) $\omega = \omega_0 + \alpha t = 5.5\,\text{rad/s}$　(2) $t = \dfrac{-\omega_0 + \sqrt{\omega_0{}^2 + 2\alpha\theta}}{\alpha} = 2.6\,\text{s}$

(3) $\dfrac{\theta - \theta_0}{2\pi} = \dfrac{\omega_0 t + \dfrac{1}{2}\alpha t^2}{2\pi} = 10\,\text{回転}$

問題 20-9 (1) $\omega_0 = 3.5\,\text{rad/s}$　(2) $\alpha = -\dfrac{\omega_0}{t} = -0.23\,\text{rad/s}^2$

(3) $\dfrac{\theta - \theta_0}{2\pi} = \dfrac{\omega_0 t + \dfrac{1}{2}\alpha t^2}{2\pi} = 4.2\,\text{回転}$

(4) $a_\text{t} = r\alpha = -3.5 \times 10^{-2}\,\text{m/s}^2,\ \ a_\text{r} = r\omega_0^2 = 1.8\,\text{m/s}^2$

問題 20-10 $K = \dfrac{1}{2}I\omega^2 = 3.90 \times 10^{-22}\,\text{J}$

問題 20-11 (1) $I = m_1\left(\dfrac{L}{2}\right)^2 + m_2\left(\dfrac{L}{2}\right)^2 = 0.19\,\text{kg}\cdot\text{m}^2$　(2) $I = m_2 L^2 = 0.50\,\text{kg}\cdot\text{m}^2$

(3) $I = m_1\left(\dfrac{2L}{3}\right)^2 + m_2\left(\dfrac{L}{3}\right)^2 = 0.17\,\text{kg}\cdot\text{m}^2$

問題 20-12 ⓐ $-\dfrac{L}{2}$　ⓑ $\dfrac{L}{2}$　ⓒ $\lambda\left[\dfrac{1}{3}x^3\right]_{-\frac{L}{2}}^{\frac{L}{2}}$　ⓓ $\dfrac{1}{12}\lambda L^3$　ⓔ λL　ⓕ $\dfrac{1}{12}ML^2$

問題 20-13 $I = \displaystyle\int_0^L x^2 \lambda\,\text{d}x = \dfrac{1}{3}ML^2$

問題 20-14 $I = I_\text{C} + M\left(\dfrac{L}{2}\right)^2 = \dfrac{1}{3}ML^2$

▶積分によって求めるならば，$I = \displaystyle\int_0^L x^2 \lambda\,\text{d}x = \lambda\left[\dfrac{1}{3}x^3\right]_0^L = \dfrac{1}{3}ML^2$

第21章 剛体の回転とトルク

キーワード トルク，トルク方程式，回転の運動エネルギー

21-1 トルク（力のモーメント） Standard

　公園のシーソーで遊んだ経験は誰にでもあると思う。体重差のある2人がシーソーで遊ぶためにはどうすればよかった？　重い人は内側に，軽い人は外側に乗ればバランスよく遊べる。これは，回転軸からの距離（乗る位置）と加わる力（体重）の関係により，どちらに回転するかが決まるからである。このような回転運動を引き起こす力に関連した量が❶□□□□であり，トルクが大きいほど回転を起こす効果が大きい。トルクがゼロならば新たな回転は起こらず，バランスが保たれる。

　長さ r の細い棒（剛体）を考えよう。図21-1のように，棒の左端を固定軸として，右端に水平面と角度 ϕ をなす力 $\vec{F}$ を加えると棒は反時計回りに回転する。この回転に直接関与するのは，棒に垂直な力の成分 ❷□□□□ であるから，トルク τ を次のように定義する。

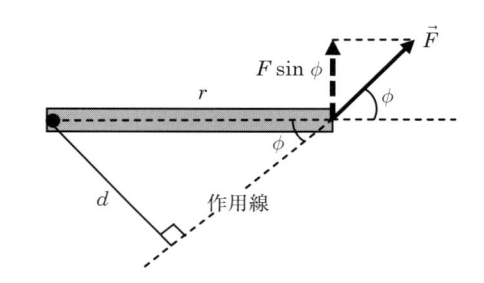

$$\tau \equiv \text{③}\boxed{}$$

図21-1　剛体に作用するトルク
剛体の回転は加えた力と力を加えた位置（回転軸からの距離）によって決まる。これを表すのがトルクである。

トルクは，回転軸から $\vec{F}$ の作用線（$\vec{F}$ がのっている線）までの垂直距離 d を用いても表すことができる。$d = r\sin\phi$ であるから，

$$\tau \equiv rF\sin\phi = \text{④}\boxed{}$$

となる。定義より，トルクは基準となる回転軸がなければ計算できないことに注意しよう。回転軸からの垂直距離 d は，**力 F のモーメントの腕**（もしくは単に腕）とよばれている。また，通常は物体を反時計回りに回転させるトルクを正にとり，時計回りに回転させるトルクを負にとる。

⚠ 記号 "τ" はギリシャ文字 T の小文字で "タウ" と読む。

　トルクの定義より，力 F が大きくなるか，腕 d が長くなれば，トルクが大きくなって回転効果が増加することがわかる。たとえば，ドアのノブは回転軸である蝶番に近い

位置ではなく，蝶番から離れた位置につけられている。これは，ドアを開閉しようとする人間の力には限りがあるので，できるだけ腕を長くしてドアが容易に回転できるよう設計されているからである。

1つの剛体に2つの力 F_1 と F_2 が働く場合を考えよう。**正味のトルク** τ は，力 F_1 によるトルク τ_1 と力 F_2 によるトルク τ_2 の和となる。たとえば図 21-2 のように，力 F_1 が剛体を回転軸（点 O）

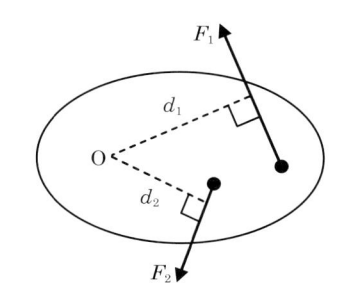

図 21-2　剛体に作用する複数のトルク
剛体に複数の力が働くとき，そのトルクの和によって剛体の回転が決まる。

のまわりで反時計回りに回転させ，一方の力 F_2 が剛体を時計回りに回転させようとするならば，正味のトルクは

$$\tau = \tau_1 + \tau_2 = F_1 d_1 - F_2 d_2$$

となる。同様に，剛体に3つ以上の力が働く場合の正味のトルクは，正負に注意しながら，それぞれの力によるトルクの総和によって求められる。なお，トルクと力を混同しないように注意してほしい。トルクの単位は「力 × 距離」，すなわち⑤ □ である。

剛体の静止平衡

剛体は並進運動と回転運動の2種類の運動が可能である。そして，並進も回転もしていないとき，剛体は**静止平衡**にある（つり合っている）という。静止平衡となる条件は次の2つである。
(1) 剛体に働く外力の和がゼロである。
(2) 剛体に働くトルクの和がゼロである。

外力の和がゼロであるとは，結局のところ剛体に力が働かないことと同じである。したがって剛体は位置を変えない。また，トルクとは回転を生みだす力の成分であったから，トルクの和がゼロであるとは，剛体を回転させようとする力が働いていないことと同じである。したがって剛体は回転しない。

重心（質量中心）

野球のバットを指一本で支えたい。さてバットのどの点を支えればよいのだろうか。答えは**重心**を通る点である。バットの形は複雑であるから，その代わりに細長い棒を考えよう。この棒を n 個の小さな部分に分け，各部分の座標を $x_1, x_2, \cdots, x_n$，質量を $m_1, m_2, \cdots, m_n$ とする。棒の重心 x_G とは，そこを指一本で押えれば棒が回転せずつり合う点である。したがって，重心のまわりに対する棒の各部分に働く重力のモーメントの和はゼロになるので

$$m_1 g(x_G - x_1) + m_2 g(x_G - x_2) + \cdots + m_n g(x_G - x_n) = 0$$

これから重心は，以下のように表される。

$$x_G = \frac{m_1 x_1 + m_2 x_2 + \cdots + m_n x_n}{m_1 + m_2 + \cdots + m_n}$$

たとえば，同じ質量の 2 つの球を軽い剛体の棒の両端につけて，やじろべえを作成したとする。このやじろべえを指一本で支えるには剛体棒の中心を支えればよいことは想像できるであろう。実際，やじろべえの重心は

$$x_G = \frac{m x_1 + m x_2}{m + m} = \frac{x_1 + x_2}{2}$$

となって，確かに剛体棒の中心となっている。

図 21-3　やじろべえ

導入 問題 21-1　【トルク】

力 $F = 2.0$ N が腕の長さ $d = 0.50$ m の点に働いている。トルクの大きさ τ を求めよ。

基本 問題 21-2　【正味のトルク】

図のように，中心をピン留めされた固い棒に 2 つの力 $F_1 = 1.0$ N，$F_2 = 3.0$ N が，それぞれ棒の中心から $d_1 = 1.0$ m，$d_2 = 0.50$ m の位置に働いている。正味のトルク τ を求めよ。また，棒の回転方向を答えよ。

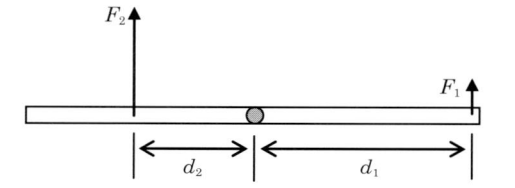

基本 問題 21-3　【正味のトルク】

摩擦のない軸のまわりに自由に回転できる外半径 R_1，内半径 R_2 の二重滑車を考える。それぞれの滑車にひもを巻きつけ，図のように，半径 R_1 の滑車には力 F_1 を加え，半径 R_2 の滑車には力 F_2 を加える。次の問いに答えよ。

(1) 二重滑車に作用する正味のトルク τ を求めよ。
(2) $R_1 = 1.0$ m，$F_1 = 4.0$ N，$R_2 = 0.50$ m，$F_2 = 6.0$ N として正味のトルク τ を求めよ。また，このときの回転方向を答えよ。

解答

(1) 半径 R_1 の滑車に作用するトルクは $\tau_1 =$ ⓐ ☐

　　半径 R_2 の滑車に作用するトルクは $\tau_2 =$ ⓑ ☐

　　よって，正味のトルクは $\tau = \tau_1 + \tau_2 =$ ⓒ ☐

(2) (1)の結果にそれぞれの値を代入して，$\tau =$ ⓓ ☐ N·m

　　正味のトルクは正であるから，回転方向は ⓔ ☐ である。

類似 問題 21-4　【正味のトルク】

摩擦のない軸のまわりに自由に回転できる外半径 R_1，内半径 R_2 の二重滑車を考える。それぞれの滑車にひもを巻きつけ，図のように，半径 R_1 の滑車には力 F_1 を加え，半径 R_2 の滑車には力 F_2 を

加える。次の問いに答えよ。
(1) 二重滑車に作用する正味のトルク τ を求めよ。
(2) $R_1 = 0.80$ m，$F_1 = 2.0$ N，$R_2 = 0.50$ m，$F_2 = 4.0$ N として正味のトルク τ を求めよ。また，このときの回転方向を答えよ。

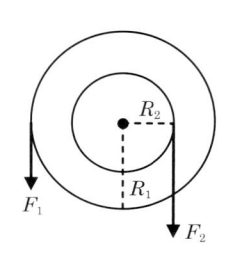

21-2 トルクと角加速度 [Standard]

運動の第2法則（☞7-3節）を思い出そう。質量 m の質点に正味の力 F が作用するとき，力 F が大きければ物体の加速度 a も大きくなり，その関係は運動方程式 $F = ma$ で与えられた。同様に，慣性モーメント I の剛体に正味のトルク τ が働くとき，正味のトルク τ が大きければ剛体の角加速度 α も大きくなる。これを式で表すと

⑥ ____

となる。この式は質点の運動方程式 $F = ma$ に相当する回転運動の運動方程式であり，**トルク方程式**とよばれる。

この式を導いてみよう。剛体を質量 dm の無限小部分に分割する。各部分に働く接線方向の力を dF_t とし接線加速度を a_t とすれば，ニュートンの運動方程式より $dF_t = (dm)a_t$ となる。一方，この力 dF_t についてのトルクは，回転軸から無限小部分までの腕の長さを r とすると $d\tau = rdF_t = r(dm)a_t$ である。これは，角加速度を α とすると $a_t = r\alpha$ より，$d\tau = (r^2 dm)\alpha$ となる。これから正味のトルクは，すべての無限小部分が同一の角加速度をもつことに注意すれば，$\tau = \int d\tau = \alpha \int r^2 dm$ と計算される。右辺の積分は慣性モーメントにほかならないので（☞20-5節），$\tau = I\alpha$ が得られる。

導入 問題 21-5 【トルクと角加速度】

質量 $M = 0.20$ kg で長さが $L = 0.50$ m の細長い棒が，棒の中心を軸として角加速度 $\alpha = 2.0$ rad/s^2 で回転している。このときのトルク τ を求めよ。ただし，慣性モーメントは $I = ML^2/12$ とする。

基本 問題 21-6 【運動方程式】

摩擦のない軸のまわりに自由に回転できる半径 $R = 0.20$ m，質量 $M = 2.0$ kg の滑車にひもを巻きつけ，図のように，ひもの下端に質量 $m = 1.0$ kg のおもりをつけ，手を離す。次の問いに答えよ。ただし，滑車の慣性モーメントを $I = MR^2/2$ とする。
(1) 滑車の角加速度を α，滑車の慣性モーメントを I，おもりの加速度を a，張力を T として，滑車およびおもりの運動方程式を書け。
(2) 滑車の角加速度 α を求めよ。

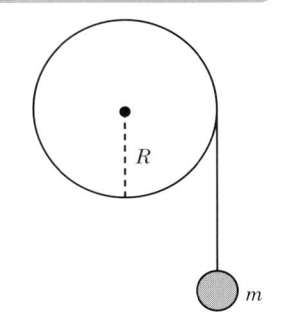

❶ トルク　② $F\sin\phi$　③ $rF\sin\phi$　④ Fd　⑤ N·m

第21章●剛体の回転とトルク　139

(3) おもりの加速度 a を求めよ。
(4) 張力 T を求めよ。

解答
(1) 滑車およびおもりに働く力は図のようになり，滑車に作用するトルクは $\tau = $ ⓐ □ である。滑車の運動方程式は $\tau = I\alpha$ より

ⓑ □ ……①

また，おもりの運動方程式は

ⓒ □ ……② となる。

(2) 滑車の接線方向の加速度は，おもりの加速度に等しいから，角加速度と加速度の関係：$a = R\alpha$ を用いて，張力を角加速度で表すと式②より $T = $ ⓓ □ となるから，式①に代入して ⓔ □

ここで，滑車の慣性モーメントは $I = MR^2/2$ であるから，

滑車の角加速度は $\alpha = \dfrac{ⓕ\ □}{ⓖ\ □} = $ ⓗ □ rad/s^2

(3) おもりの加速度は $a = R\alpha$ より，$a = \dfrac{ⓘ\ □}{ⓙ\ □} = $ ⓚ □ m/s^2

(4) 張力は式②に(3)の結果を代入して，$T = $ ⓛ □ = ⓜ □ N

類似 問題 21-7 【運動方程式】

摩擦のない軸のまわりに自由に回転できる半径 $R = 0.10$ m，質量 $M = 1.0$ kg の滑車にひもを巻きつけ，図のように，ひもの下端に質量 $m = 0.50$ kg のおもりをつけ，手を離す。次の問いに答えよ。ただし，滑車の慣性モーメントを $I = MR^2/2$ とする。

(1) 滑車の角加速度を α，滑車の慣性モーメントを I，おもりの加速度を a，張力を T として，滑車およびおもりの運動方程式を書け。
(2) 滑車の角加速度 α を求めよ。
(3) おもりの加速度 a を求めよ。
(4) 張力 T を求めよ。

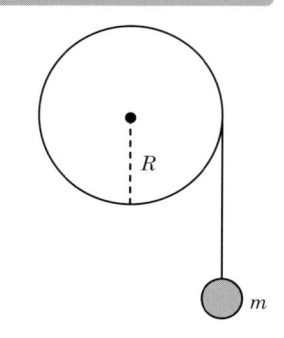

発展 問題 21-8 【棒の回転】

図のように，長さが $L = 0.50$ m で質量 $M = 0.20$ kg の細い均一な棒の左端を摩擦のない回転軸にとりつけ，自由に回転できるようにした。この棒を水平な状態に手で支え，手を離した。次の問いに答えよ。ただし，棒の慣性モーメントは $I = ML^2/3$ とする。

(1) 棒に作用するトルク τ を求めよ。
(2) 棒の右端の初期角加速度 α を求めよ。

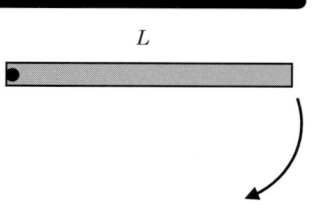

(3) 棒の右端の初期加速度 a を求めよ。

21-3 回転運動における仕事・エネルギー定理 Standard

第15章で並進運動についての仕事・エネルギー定理を学んだ。すなわち、ある力による仕事は運動エネルギーの変化に等しかった。回転運動についてはどうだろうか。回転運動についても、回転運動を引き起こす力による仕事が回転の運動エネルギーの変化に等しいことが導かれる。

この定理を示すために、まず仕事から考えよう。今、図21-4に示すように回転軸Oのまわりに回転する剛体上の点Pに力Fを加え、時間dtの間に$ds = rd\theta$だけ回転したとすれば、この力のした仕事は

$$dW = \vec{F} \cdot d\vec{s} = F\sin\phi\, rd\theta$$

となる。ここで、$rF\sin\phi$は力Fによるトルクτであるから、

$$dW = \tau d\theta \quad \cdots\cdots ①$$

が得られる。これは並進運動に関する$dW = Fdx$に対応する式である。

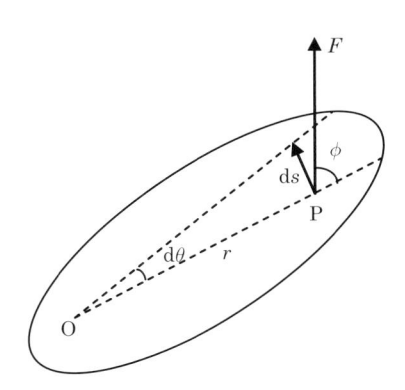

図21-4 回転運動における仕事
回転運動における仕事も並進運動のときと同様に、点Pに作用する力と点Pの変位のスカラー積をとればよい。

さて、回転運動についての仕事・エネルギー定理を導こう。$\tau = I\alpha$, $\alpha = \dfrac{d\omega}{dt}$, $d\theta = \omega dt$の関係を用いると、式①は$dW = I\dfrac{d\omega}{dt}\omega dt$となり、さらに、$\dfrac{d\omega^2}{dt} = 2\omega\dfrac{d\omega}{dt}$を用いると、全仕事は、

$$W = \int_{\theta_0}^{\theta} \tau d\theta = \frac{1}{2}I\int_{t_i}^{t_f}\frac{d\omega^2}{dt}dt = \frac{1}{2}I[\omega^2]_{\omega_i}^{\omega_f} = \boxed{\text{⑦}}$$

と計算される。よって、**仕事は回転の運動エネルギーの差に等しい。**

基本 問題 21-9 【エネルギー保存則】

力学的エネルギー保存則を用いて、問題21-6を再考してみよう。摩擦のない軸のまわりに自由に回転できる半径$R = 0.20$ m、質量$M = 2.0$ kgの滑車にひもを巻きつけ、図のように、ひもの下端に質量$m = 1.0$ kgのおもりをつけ、手を離す。次の問いに答えよ。ただし、滑車の慣性モーメントを$I = MR^2/2$とする。
(1) 手を離してから、おもりがhだけ落下したときのおもりの速さをv、滑車の角速度をω、滑車の慣性モーメントをIとして、力学的エネルギー保存の式を書け。
(2) おもりが$h = 0.50$ m落下したときのおもりの速さvを求めよ。
(3) おもりの加速度aを求めよ。

⑥ $\tau = I\alpha$

(4) おもりが $h = 0.50$ m 落下したときの滑車の角速度 ω を求めよ。
(5) 滑車の角加速度 α を求めよ。

解答

(1) この系の力学的エネルギーは，おもりの運動エネルギーとポテンシャルエネルギーおよび滑車の回転の運動エネルギーである。はじめの位置でのおもりのポテンシャルエネルギーをゼロとすると，h だけ落下したときのポテンシャルエネルギーは ⓐ[ ] となることに注意すれば，力学的エネルギー保存の式は

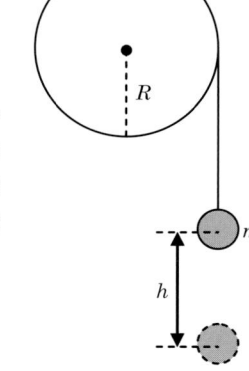

$$0 = \boxed{\text{ⓑ}} \quad \cdots\cdots ① \quad \text{となる。}$$

(2) 速さと角速度の関係は $v = R\omega$ であるから，式①に代入し ω を消去すれば $v^2 = \dfrac{\boxed{\text{ⓒ}}}{\boxed{\text{ⓓ}}}$ となるから，$I = \dfrac{1}{2}MR^2$ を代入して

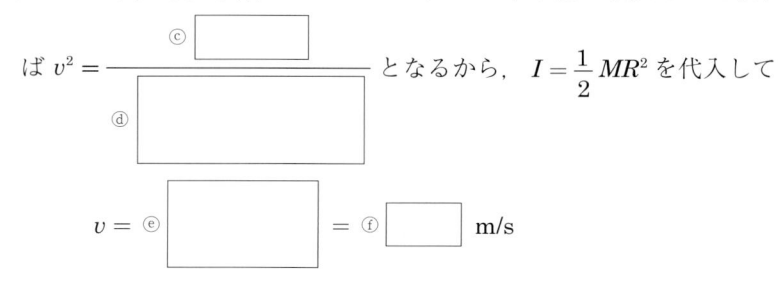

$$v = \boxed{\text{ⓔ}} = \boxed{\text{ⓕ}} \text{ m/s}$$

(3) おもりの運動は等加速度運動であるから，運動学的方程式：$v^2 = 2ah$ に(2)の結果を代入すれば，おもりの加速度は

$$a = \dfrac{\boxed{\text{ⓖ}}}{\boxed{\text{ⓗ}}} = \boxed{\text{ⓘ}} \text{ m/s}^2$$

(4) (2)の結果を $v = R\omega$ に代入して，滑車の角速度は

$$\omega = \boxed{\text{ⓙ}} = \boxed{\text{ⓚ}} \text{ rad/s}$$

(5) 滑車は等角加速度運動している。回転角を θ とすれば，回転運動の運動学的方程式：$\omega^2 = 2\alpha\theta$ が成り立つ。

おもりが h だけ落下する間に滑車は，$R\theta = h$ より，$\theta = \dfrac{\boxed{\text{ⓛ}}}{\boxed{\text{ⓜ}}}$ だけ回転するから(4)の結果を用いて，滑車の角加速度は

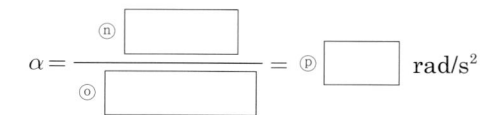

$$\alpha = \dfrac{\boxed{\text{ⓝ}}}{\boxed{\text{ⓞ}}} = \boxed{\text{ⓟ}} \text{ rad/s}^2$$

類似 問題 21-10 　【エネルギー保存則】

力学的エネルギー保存則を用いて，問題 21-7 を再考してみよう。摩擦のない軸のまわりに自由に回転できる半径 $R = 0.10$ m，質量 $M = 1.0$ kg の滑車にひもを巻きつけ，図のように，ひもの下端に

質量 $m = 0.50$ kg のおもりをつけ，手を離す．次の問いに答えよ．ただし，滑車の慣性モーメントを $I = MR^2/2$ とする．

(1) おもりの加速度 a を求めよ．
(2) 滑車の角加速度 α を求めよ．

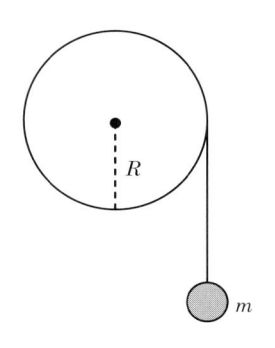

21-4 並進運動と回転運動の式の類似性 Standard

これまで見てきたように，並進運動について成り立つ式と固定軸まわりの回転運動について成り立つ式には類似点が多い．表 21-1 に諸式をまとめておく（☞角運動量については第 23 章で学ぶ）．

表 21-1 並進運動と回転運動の式の類似性(2)

	並進運動		回転運動	
速度	$v = \dfrac{dx}{dt}$		角速度	$\omega = \dfrac{d\theta}{dt}$
加速度	$a = \dfrac{dv}{dt}$		角加速度	$\alpha = \dfrac{d\omega}{dt}$
等加速度運動	$v = v_0 + at$		等角加速度運動	$\omega = \omega_0 + \alpha t$
	$x = x_0 + v_0 t + \dfrac{1}{2}at^2$			$\theta = \theta_0 + \omega_0 t + \dfrac{1}{2}\alpha t^2$
質量	m		慣性モーメント	I
運動エネルギー	$K = \dfrac{1}{2}mv^2$		運動エネルギー	$K = \dfrac{1}{2}I\omega^2$
仕事	$W = \int F dx$		仕事	$W = \int \tau d\theta$
仕事率	$P = Fv$		仕事率	$P = \tau\omega$
運動量	$p = mv$		角運動量	$L = I\omega$
力と運動量	$F = \dfrac{dp}{dt}$		トルクと角運動量	$\tau = \dfrac{dL}{dt}$

解答

問題 21-1 $\tau = Fd = 1.0$ N·m

問題 21-2 $\tau = F_1 d_1 - F_2 d_2 = -0.5$ N·m，時計回りに回転する

問題 21-3 ⓐ $F_1 R_1$　ⓑ $-F_2 R_2$　ⓒ $F_1 R_1 - F_2 R_2$　ⓓ 1.0　ⓔ 反時計回り

問題 21-4 (1) $\tau = F_1 R_1 - F_2 R_2$　(2) $\tau = -0.4$ N·m，時計回りに回転する

問題 21-5 $\tau = \dfrac{1}{12}ML^2 \alpha = 8.3 \times 10^{-3}$ N·m

⑦ $\dfrac{1}{2}I\omega_f^2 - \dfrac{1}{2}I\omega_i^2$

問題 21-6　ⓐ RT　ⓑ $RT = I\alpha$　ⓒ $mg - T = ma$　ⓓ $m(g - R\alpha)$

ⓔ $Rm(g - R\alpha) = I\alpha$　ⓕ mg　ⓖ $\left(\dfrac{1}{2}M + m\right)R$　ⓗ 25　ⓘ mg

ⓙ $\dfrac{1}{2}M + m$　ⓚ 4.9　ⓛ $m(g - a)$　ⓜ 4.9

問題 21-7　(1) $RT = I\alpha,\ mg - T = ma$　(2) $\alpha = \dfrac{mg}{\left(\dfrac{1}{2}M + m\right)R} = 49\ \text{rad/s}^2$

(3) $a = \dfrac{mg}{\dfrac{1}{2}M + m} = 4.9\ \text{m/s}^2$　(4) $T = m(g - a) = 2.5\ \text{N}$

問題 21-8　(1) $\tau = \dfrac{MgL}{2} = 0.49\ \text{N}\cdot\text{m}$　(2) $\alpha = \dfrac{3g}{2L} = 29\ \text{rad/s}^2$　(3) $a = \dfrac{3g}{2} = 15\ \text{m/s}^2$

問題 21-9　ⓐ $-mgh$　ⓑ $\dfrac{1}{2}I\omega^2 + \dfrac{1}{2}mv^2 - mgh$　ⓒ mgh　ⓓ $\dfrac{I}{2R^2} + \dfrac{m}{2}$

ⓔ $\sqrt{\dfrac{4mgh}{M + 2m}}$　ⓕ 2.2　ⓖ $2mg$　ⓗ $M + 2m$　ⓘ 4.9

ⓙ $\sqrt{\dfrac{4mgh}{(M + 2m)R^2}}$　ⓚ 11　ⓛ h　ⓜ R　ⓝ $2mg$　ⓞ $(M + 2m)R$

ⓟ 25

問題 21-10　(1) $a = \dfrac{2mg}{M + 2m} = 4.9\ \text{m/s}^2$　(2) $\alpha = \dfrac{2mg}{(M + 2m)R} = 49\ \text{rad/s}^2$

力学でよく使われる記号③

■剛体に関する記号■
　慣性モーメント：I　　moment of **i**nertia
　トルク：τ　　torque

■円運動や振動に関する記号■
　角度：θ　　angle
　角速度：ω　　angular velocity
　角加速度：α　　angular acceleration
　角運動量：L　　angular momentum
　振幅：A　　**a**mplitude
　振動数：f　　**f**requency
　角振動数：ω　　angular frequency
　位相：δ　　phase
　周期：T, T_P　　period

第22章 ベクトル積

キーワード ベクトル積，剛体の転がり運動

22-1 ベクトル積　Standard

第13章で学んだように，仕事 $W = \vec{F} \cdot \vec{s} = |\vec{F}||\vec{s}|\cos\theta$ はベクトルのスカラー積（内積）を用いて定義され，$\vec{F}$ と $\vec{s}$ の間にある "·（ドット）" がスカラー積（内積）を表している。ベクトルにはもう1つ，**ベクトル積（外積）** とよばれるかけ算がある。ベクトル積はドットの代わりに "×（クロス）" で積を表す。このベクトル積を使って，これまでに学んだ角速度やトルクを定義できる。また，第23章で角運動量を学ぶときにもこのベクトル積が重要となる。

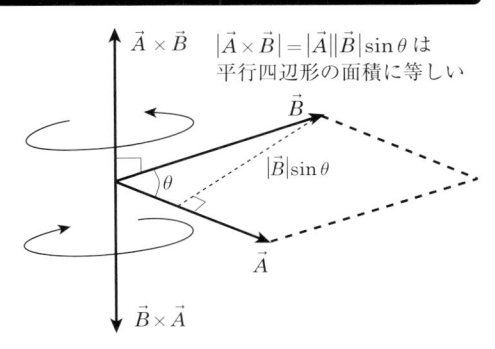

図 22-1 ベクトル積
2つのベクトルのベクトル積の結果はベクトルであることに注意が必要であり，積の順序によってその方向が反対向きとなる。

2つのベクトル $\vec{A} = A_x\vec{i} + A_y\vec{j} + A_z\vec{k}$, $\vec{B} = B_x\vec{i} + B_y\vec{j} + B_z\vec{k}$ の積 $\vec{A} \times \vec{B}$ が，次のようなベクトルとなる演算を定義し，これをベクトル積とよび，記号 "×" で表す。

定義①　その大きさは，$\vec{A}$, $\vec{B}$ を二辺とする平行四辺形の面積に等しい。
定義②　その向きは，$\vec{A}$, $\vec{B}$ に垂直で，$\vec{A}$ から $\vec{B}$ へ右ねじを回すときの，ねじの進む方向である。

定義①から，$\vec{A}$, $\vec{B}$ のなす角を θ とするとベクトル積の大きさは

$$|\vec{A} \times \vec{B}| = \boxed{①}$$

となる。

また，定義②から，$\vec{A} \times \vec{B} = -\vec{B} \times \vec{A}$ である。このように，**ベクトル積は演算の順序を変えると符号が変わるので，演算の順序が重要である。**

右ねじ・右手

ベクトル積の向きは，右ねじもしくは右手を使って判断できる。

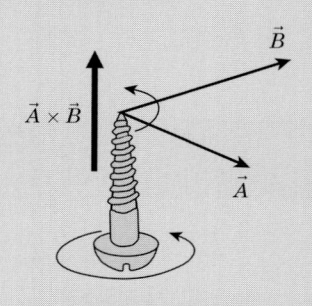

図 22-2　右ネジ
$\vec{A} \times \vec{B}$ の向きは，$\vec{A}$ から $\vec{B}$ へ右ねじを回すときの，ねじの進む方向である。

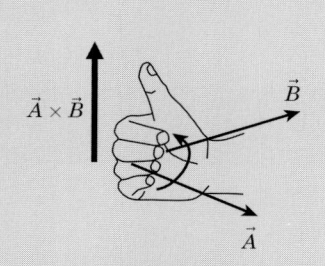

図 22-3　右手
$\vec{A} \times \vec{B}$ の向きは，右手の4本の指を $\vec{A}$ から $\vec{B}$ へ回したときの親指が向く方向である。

さて，成分でベクトル積を表してみよう。単位ベクトルのベクトル積は，定義①，②から，

$$\vec{i} \times \vec{j} = -\vec{j} \times \vec{i} = \boxed{} \text{②}$$

$$\vec{j} \times \vec{k} = -\vec{k} \times \vec{j} = \boxed{} \text{③}$$

$$\vec{k} \times \vec{i} = -\vec{i} \times \vec{k} = \boxed{} \text{④}$$

$$\vec{i} \times \vec{i} = \vec{j} \times \vec{j} = \vec{k} \times \vec{k} = \boxed{} \text{⑤}$$

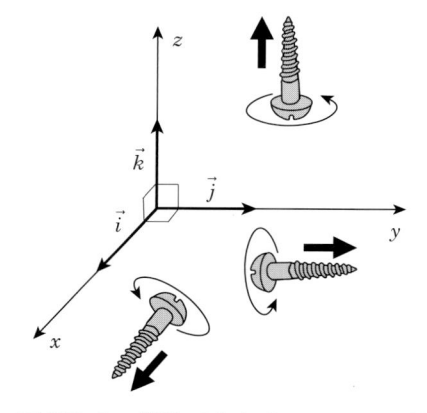

図 22-4　単位ベクトルのベクトル積
積をとる順序を考慮し，右ねじを考えることによって，単位ベクトルどうしのベクトル積の方向を判断できる。

となるから

$$\vec{A} \times \vec{B} = (A_x\vec{i} + A_y\vec{j} + A_z\vec{k}) \times (B_x\vec{i} + B_y\vec{j} + B_z\vec{k})$$

$$= A_xB_x\vec{i}\times\vec{i} + A_yB_x\vec{j}\times\vec{i} + A_zB_x\vec{k}\times\vec{i} + A_xB_y\vec{i}\times\vec{j} + A_yB_y\vec{j}\times\vec{j} + A_zB_y\vec{k}\times\vec{j}$$

$$+ A_xB_z\vec{i}\times\vec{k} + A_yB_z\vec{j}\times\vec{k} + A_zB_z\vec{k}\times\vec{k}$$

$$= A_yB_x(-\vec{k}) + A_zB_x\vec{j} + A_xB_y\vec{k} + A_zB_y(-\vec{i}) + A_xB_z(-\vec{j}) + A_yB_z\vec{i}$$

$$= (A_yB_z - A_zB_y)\vec{i} + (A_zB_x - A_xB_z)\vec{j} + (A_xB_y - A_yB_x)\vec{k}$$

よって，ベクトル積は，

$$\vec{A} \times \vec{B} = \boxed{}\text{⑥}\vec{i} + \boxed{}\text{⑦}\vec{j} + \boxed{}\text{⑧}\vec{k}$$

と表される。2つのベクトルの**ベクトル積は，ベクトル量である**ことに注意が必要である。この意味で，このかけ算のことをベクトル積という。ベクトル積の大きさは，ベクトル積を成分で表した結果より，

$$|\vec{A} \times \vec{B}| = \sqrt{(A_y B_z - A_z B_y)^2 + (A_z B_x - A_x B_z)^2 + (A_x B_y - A_y B_x)^2}$$

と表すこともできる。また，$\vec{A}$, $\vec{B}$ に垂直なベクトルは，定義から $\pm \vec{A} \times \vec{B}$ であるから，この方向の単位ベクトルは，$\pm \dfrac{\vec{A} \times \vec{B}}{|\vec{A} \times \vec{B}|}$ と表される。

ベクトル積の覚え方

　ベクトル積は，上記のように積の順序に注意し，丁寧に計算すれば常に求めることができるが，少し複雑である。そこで，簡単な覚え方を紹介しておく。

　たとえば，$\vec{i} \times \vec{j}$ は $+\vec{k}$ であった。これは，3つのベクトル $\vec{i}$, $\vec{j}$, $\vec{k}$ を $\vec{i} \to \vec{j} \to \vec{k} \to \vec{i} \to \cdots$ の順序（正順）に並べると，ベクトル $\vec{i}$ とその後ろにあるベクトル $\vec{j}$ のベクトル積 $\vec{i} \times \vec{j}$ が，$\vec{j}$ の後ろにあるベクトル $\vec{k}$ で得られることを示している（$\vec{i} \to \vec{j} \to \vec{k}$ の順）。

　次に，$\vec{i}$ と $\vec{j}$ を入れ替えて $\vec{j} \times \vec{i}$ とすると，答えは $-\vec{k}$ になった。これは，3つのベクトル $\vec{i}$, $\vec{j}$, $\vec{k}$ を $\cdots \leftarrow \vec{k} \leftarrow \vec{i} \leftarrow \vec{j} \leftarrow \vec{k}$ の順序（逆順）に並べると，ベクトル $\vec{j}$ とその前にあるベクトル $\vec{i}$ のベクトル積 $\vec{j} \times \vec{i}$ が，$\vec{i}$ の前にあるベクトル $\vec{k}$ の「マイナス」で得られることを示している（$\vec{k} \leftarrow \vec{i} \leftarrow \vec{j}$ の順）。

　このように単位ベクトルのベクトル積を得るためには，図 22-5 のように $\vec{i}$, $\vec{j}$, $\vec{k}$ を周期的（サイクリック）に頭の中で描き，$\vec{i} \to \vec{j} \to \vec{k}$ の順序の場合はプラス（+），逆の順序の場合はマイナス（−）とする。そして，その符号を正順や逆順を正しく考えながら次に来るベクトル（正順の場合には後ろに来るベクトル，逆順の場合には前に来るベクトル）につければよい。このように考えれば，$\vec{k} \times \vec{i} = +\vec{j}$ や $\vec{i} \times \vec{k} = -\vec{j}$ はすぐに求められるであろう。

　また，単位ベクトルではないベクトルのベクトル積 $\vec{A} \times \vec{B}$ の x 成分 $(\vec{A} \times \vec{B})_x$ は，$(\vec{A} \times \vec{B})_x = (A_y B_z - A_z B_y)$ であった。これをよく見ると，A の次に B が来るという順序はそのままであり，変化するのは x, y, z であることがわかる。そこで $\vec{A} \times \vec{B}$ の x 成分 $(\vec{A} \times \vec{B})_x$ を求めるためには，まず $AB-AB$ と書く。次に $x \to y \to z$ を周期的に頭の中で描く。そして，x の次に来る y と z を正順（$y \to z$）にして最初の AB につけ，次に y と z を逆順（$y \leftarrow z$）にして残りの AB につければよい。このように考えれば，$\vec{A} \times \vec{B}$ の y 成分も，$AB-AB$ を作り，y の次に来る z と x を正順（$z \to x$）と逆順（$z \leftarrow x$）にして AB にわり振ることですぐに求められるであろう。z 成分も同様である。

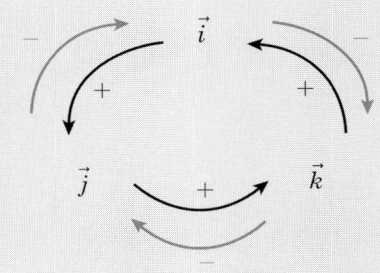

図 22-5　ベクトル積の覚え方
正順 $\vec{i} \to \vec{j} \to \vec{k} \to \vec{i}$ のときは +。
逆順 $\vec{i} \to \vec{k} \to \vec{j} \to \vec{i}$ のときは −。

行列式を用いる方法

　行列式を用いてベクトル積を表現すると

$$\vec{A} \times \vec{B} = \begin{vmatrix} \vec{i} & \vec{j} & \vec{k} \\ A_x & A_y & A_z \\ B_x & B_y & B_z \end{vmatrix}$$

① $|\vec{A}||\vec{B}| \sin \theta$

と表すこともできる。ここでは，行列式については詳しくふれないが，3 × 3 行列の行列式は，下記の**サラス（Sarrus）の方法**を用いるのが便利である。

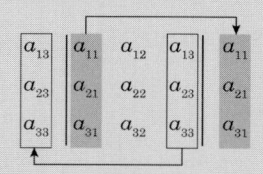

[STEP①] 行列式の第1列を第3列の右側に書き，第3列を第1列の左側に書く

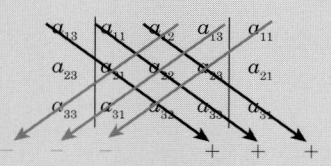

[STEP②] 右斜め下にかけたものをプラス，左斜め下にかけたものをマイナスにする

$$+ a_{11}a_{22}a_{33} + a_{13}a_{21}a_{32} + a_{12}a_{23}a_{31}$$
$$- a_{11}a_{23}a_{32} - a_{12}a_{21}a_{33} - a_{13}a_{22}a_{31}$$

図 22-6　行列式の求め方（サラスの方法）

この公式は少し複雑に思うかもしれないが，ベクトル積の簡単な計算の仕方として練習しておくと便利である。

ベクトル積 $\vec{A} \times \vec{B}$ は図 22-7 のように，1 行目に単位ベクトルを書き，2 行目，3 行目にそれぞれのベクトルの成分を書く。サラスの方法を用いてベクトル積を具体的に計算すると，前に計算したものと一致していることがわかる。

$$\vec{A} \times \vec{B} = \begin{vmatrix} \vec{i} & \vec{j} & \vec{k} \\ A_x & A_y & A_z \\ B_x & B_y & B_z \end{vmatrix}$$

$$\vec{A} \times \vec{B} = (A_y B_z - A_z B_y)\vec{i} + (A_z B_x - A_x B_z)\vec{j} + (A_x B_y - A_y B_x)\vec{k}$$

図 22-7　サラスの方法を用いたベクトル積の求め方

導入 問題 22-1　【単位ベクトルのベクトル積】

次の単位ベクトルどうしのベクトル積をベクトル積の定義にしたがって計算せよ。
(1) $\vec{i} \times \vec{j}$　　(2) $\vec{j} \times \vec{i}$　　(3) $\vec{j} \times \vec{k}$　　(4) $\vec{i} \times \vec{k}$　　(5) $\vec{i} \times \vec{i}$

基本 問題 22-2　【2次元ベクトルのベクトル積】

$\vec{A} = 3\vec{i} + 4\vec{j}$, $\vec{B} = -2\vec{i} + 6\vec{j}$ のとき，次の問いに答えよ。
(1) $\vec{A} \times \vec{B}$ を求めよ。　　(2) $\vec{B} \times \vec{A}$ を求め，$\vec{A} \times \vec{B} = -\vec{B} \times \vec{A}$ であることを確認せよ。
(3) $\vec{A} \times \vec{B}$ の大きさ $|\vec{A} \times \vec{B}|$ を求めよ。　　(4) $\vec{A}$ と $\vec{B}$ のなす角 θ を求めよ。

解答

(1) $\vec{A} \times \vec{B} = (A_y B_z - A_z B_y)\vec{i} + (A_z B_x - A_x B_z)\vec{j} + (A_x B_y - A_y B_x)\vec{k}$

　　　= ⓐ 　　　

　　　= ⓑ 　　　

(2) $\vec{B} \times \vec{A} = (B_y A_z - B_z A_y)\vec{i} + (B_z A_x - B_x A_z)\vec{j} + (B_x A_y - B_y A_x)\vec{k}$

　　　= ⓒ 　　　

　　　= ⓓ

したがって $\vec{A} \times \vec{B} = -\vec{B} \times \vec{A}$ である。

(3) (1)の結果を用いて，$|\vec{A} \times \vec{B}| = $ ⓔ ☐

(4) $|\vec{A}| = $ ⓕ ☐ $= $ ⓖ ☐ ，$|\vec{B}| = $ ⓗ ☐ $= $ ⓘ ☐

であるから，(3)の結果および $|\vec{A} \times \vec{B}| = |\vec{A}||\vec{B}|\sin\theta$ より，

$\theta = $ ⓙ ☐ $= $ ⓚ ☐

類似 問題 22-3 【2次元ベクトルのベクトル積】

$\vec{A} = -3\vec{i} + 4\vec{j}$，$\vec{B} = 2\vec{i} - 6\vec{j}$ のとき，次の問いに答えよ。
(1) $\vec{A} \times \vec{B}$ を求めよ。　(2) $\vec{B} \times \vec{A}$ を求め，$\vec{A} \times \vec{B} = -\vec{B} \times \vec{A}$ であることを確認せよ。
(3) $\vec{A} \times \vec{B}$ の大きさ $|\vec{A} \times \vec{B}|$ を求めよ。　(4) $\vec{A}$ と $\vec{B}$ のなす角 θ を求めよ。

基本 問題 22-4 【3次元ベクトルのベクトル積】

$\vec{A} = 2\vec{i} + 3\vec{j} - \vec{k}$，$\vec{B} = -2\vec{i} + \vec{j} + 2\vec{k}$ のとき，次の問いに答えよ。
(1) $\vec{A} \times \vec{B}$ を求めよ。　(2) $\vec{B} \times \vec{A}$ を求め，$\vec{A} \times \vec{B} = -\vec{B} \times \vec{A}$ であることを確認せよ。
(3) $\vec{A} \times \vec{B}$ の大きさ $|\vec{A} \times \vec{B}|$ を求めよ。　(4) $\vec{A}$ と $\vec{B}$ のなす角 θ を求めよ。

22-2　ベクトル積の応用例　Standard

これまでに学んだ角速度，向心力およびトルクは，ベクトル積と深く結びついている。これらの関係を具体的に見てみよう。

(1) ベクトル積と角速度および向心力

原点を中心に xy 平面内を半径 r の等速円運動する質量 m の粒子の速さ v は，角速度を ω として，$v = r\omega$ で表され，その方向は接線方向であった（☞ 20-2節）。また，粒子に働く力（向心力）の大きさは $v = r\omega$ より，$F = m\dfrac{v^2}{r} = mv\omega = mr\omega^2$ で，その方向は半径方向である。

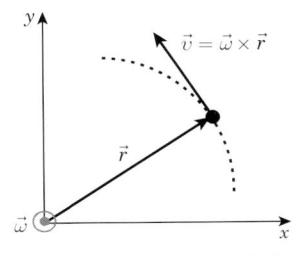

図 22-8　速度ベクトル・角速度ベクトル
回転運動における速度ベクトルは，角速度ベクトルと位置ベクトルのベクトル積によって与えられる。

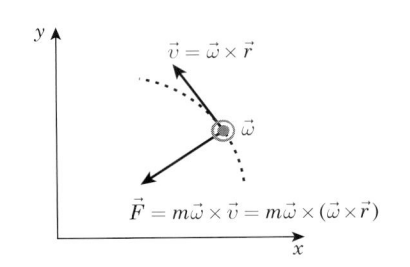

図 22-9　向心力ベクトル
回転運動における向心力ベクトルは，角速度ベクトルと速度ベクトルのベクトル積によって与えられる。

---

② $\vec{k}$　③ $\vec{i}$　④ $\vec{j}$　⑤ 0　⑥ $(A_y B_z - A_z B_y)$　⑦ $(A_z B_x - A_x B_z)$　⑧ $(A_x B_y - A_y B_x)$

これらの関係式は，xy 平面内を運動する場合のそれぞれの物理量の大きさの関係を表しているが，速度および向心力をベクトルとして扱うと，ベクトル積を用いて

$$\vec{v} = \text{⑨}\boxed{}, \quad \vec{F} = \text{⑩}\boxed{} = m\vec{\omega} \times (\vec{\omega} \times \vec{r})$$

と表される。ここで，**角速度ベクトルは紙面に垂直で裏から表の向き（z 軸の正の向き）である**。これらの関係が，上で述べた公式と一致していることは，ベクトル積の定義から明らかである。すなわち，その大きさは

$$v = |\vec{v}| = |\vec{\omega} \times \vec{r}| = \text{⑪}\boxed{} = \text{⑫}\boxed{}$$

$$F = |\vec{F}| = m|\vec{\omega} \times \vec{v}| = \text{⑬}\boxed{} = \text{⑭}\boxed{} = mr\omega^2$$

である。第 10 章では向心力（向心加速度）の向きを幾何学的に説明したが，ベクトル積を用いると向心力が円の中心方向を向くことが，さらにはっきりと理解できるであろう。

(2) ベクトル積とトルク

トルクもベクトル積で記述される。図 22-10 のように z 軸を固定軸とする剛体があり，中心から位置 $\vec{r}$ にある点 P が力 $\vec{F}$ を受けて回転する場合を考えよう。このときのトルクの大きさは，ベクトル $\vec{r}$ とベクトル $\vec{F}$ の間の角度を ϕ とすると，トルクの定義より

$$\tau = \text{⑮}\boxed{}$$

である。よって，ベクトル積を用いて書くと

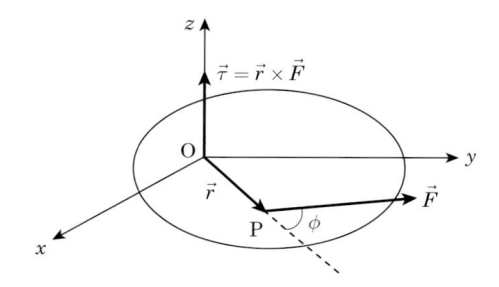

$$\vec{\tau} = \text{⑯}\boxed{}$$

図 22-10 トルクベクトル
トルクベクトルは，位置ベクトルと働いている力のベクトルのベクトル積によって与えられる。

となり，トルクは z 軸方向を向いていて，大きさが $rF\sin\phi$ であるベクトルとして定義できることがわかる。

問題 22-5 【ベクトル積の応用例 1】

原点を中心に質量 $m = 2.0$ kg の粒子が角速度 $\vec{\omega} = 3.0\vec{k}$ [rad/s] で等速円運動している。この粒子の位置が $\vec{r} = 2.0\vec{i} + 3.0\vec{j}$ [m] で表されるとき，次の問いに答えよ。
(1) この粒子の速度 $\vec{v}$ を求めよ。　　(2) この粒子に働く向心力 $\vec{F}$ を求めよ。

問題 22-6 【ベクトル積の応用例 2】

z 軸を固定軸とする剛体があり，中心から位置 $\vec{r} = 2.0\vec{i} + 3.0\vec{j}$ [m] にある点 P が力 $\vec{F} = 3.0\vec{i} - 4.0\vec{j}$ [N] を受けて回転するとき，次の問いに答えよ。

(1) この剛体に働くトルク $\vec{\tau}$ を求めよ。
(2) $\vec{r}$ と $\vec{F}$ のなす角 θ を求めよ。
(3) この剛体はどちら向きに回転するか答えよ。

22-3　剛体の転がり運動　Standard

　これまでは固定軸のまわりを回転する剛体を考えてきた。この場合，剛体は単に回転するだけで空間を移動しない。これに対して回転軸が固定軸でない場合，剛体は回転しながら空間を移動し，いわゆる**転がり運動**を行う。剛体の形が複雑であると，この転がり運動もまた大変複雑である。そこで，本節では円柱や球などの単純な形の剛体のみ扱うことにする。また，剛体が転がりながらジャンプすると解析が複雑化するため，ここでは剛体はジャンプをせずに平面上を滑ることなく転がるものとする。

　図 22-11 に示すとおり，全質量 M をもつ半径 R の円柱が平面上を転がっている。平面と円柱との接点 P を通る軸線のまわりの慣性モーメントを I，角速度を ω とすると，円柱の全運動エネルギーは

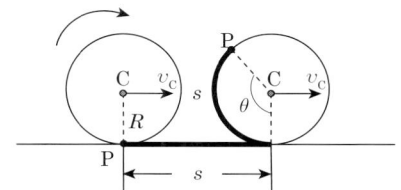

$$K = \text{⑰} \boxed{}$$

図 22-11　剛体の転がり運動
剛体は回転の運動エネルギーと並進の運動エネルギーをもつ。質量中心 C は速度 v_C で距離 s だけ進み，点 P も距離 s だけ進む。

である。ここで，円柱の質量中心のまわりの慣性モーメントを I_C とすると，平行軸線定理より，$I = I_C + MR^2$ であるので，全運動エネルギーは

$$K = \text{⑱} \boxed{}$$

となる。今，この円柱が角度 θ 回転する間に質量中心は $s = R\theta$ だけ移動するので，質量中心の並進運動の速さ v_C は

$$v_C = \frac{ds}{dt} = R\frac{d\theta}{dt} = \text{⑲}\boxed{} \quad \text{である。よって，} \quad K = \frac{1}{2}I_C\omega^2 + \frac{1}{2}Mv_C^2 \quad \cdots\cdots ①$$

式①は，転がり運動している剛体の全運動エネルギーが，剛体の質量中心のまわりの回転の運動エネルギー（第 1 項）と質量中心の並進の運動エネルギー（第 2 項）の和となることを示している。さて，第 1 項に $v_C = R\omega$ を用いると

$$K = \frac{1}{2}I_C\left(\frac{v_C}{R}\right)^2 + \frac{1}{2}Mv_C^2 = \text{⑳}\boxed{}$$

と変形できる。この式は転がり運動をしている剛体の質量中心の速さ v_C を求めるとき

に有用である。

たとえば，図 22-12 に示すように，円柱が斜面を転がる場合を考えよう．滑りがなく，熱や音も発生しないとすれば力学的エネルギーは保存される．この場合，転がる円柱が高さ h の斜面の下端に達したときにもつ運動エネルギーは，円柱が斜面の上端にあったときの重力のポテンシャルエネルギー Mgh に等しい．したがって $\frac{1}{2}\left(\frac{I_C}{R^2}+M\right)v_C^2 = Mgh$ より，斜面下端での速さは $v_C = \sqrt{\dfrac{2Mgh}{\dfrac{I_C}{R^2}+M}} = \sqrt{\dfrac{2gh}{1+\dfrac{I_C}{MR^2}}}$ となる．

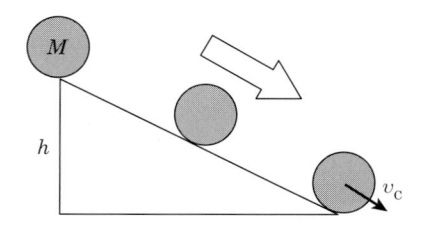

図 22-12　斜面を転がる剛体
回転の運動エネルギーを考慮すれば，力学的エネルギー保存則が成立する．

問題 22-7　【転がり運動】

滑りのない転がり運動をしている質量 M で半径 R の円柱の全運動エネルギーは，同じ質量の質点の運動エネルギーの何倍か．なお，円柱の質量中心のまわりの慣性モーメントは $I_C = MR^2/2$ である．

解答

転がり運動している剛体の全運動エネルギーは，質量中心の速さ v_C を用いて $K = \frac{1}{2}\left(\dfrac{I_C}{R^2}+M\right)v_C^2$ と表されるから，慣性モーメントを代入して整理すれば

$$K = \boxed{\text{ⓐ}} = \frac{3}{2}\left(\frac{1}{2}Mv_C^2\right)$$

となる．よって，同じ質量の質点の運動エネルギーの ⓑ □ 倍になる．

問題 22-8　【転がり運動】

滑りのない転がり運動をしている質量 M で半径 R の球体の全運動エネルギーは，同じ質量の質点の運動エネルギーの何倍か．なお，球体の質量中心のまわりの慣性モーメントは $I_C = 2MR^2/5$ である．

問題 22-9　【斜面を転がる速さ】

質量が M で半径が R の一様な円柱が高さ $h = 2.0$ m の斜面を上端から転がり落ちた．斜面の下端に達したときの質量中心の速さ v_C を求めよ．なお，円柱の質量中心のまわりの慣性モーメントは $I_C = MR^2/2$ である．

問題 22-10　【斜面を転がる加速度】

静止している質量が M で半径が R の一様な球体が水平面と角度 $\theta = 30°$ をなす斜面を転がり落ちた．斜面の下端に達したときの質量中心の加速度の大きさ a_C を求めよ．なお，球体の質量中心のまわりの慣性モーメントは $I_C = 2MR^2/5$ である．

ヒント　斜面の長さを x と仮定して，質量中心の速さを求め，運動学的方程式を用いよ．

解答

問題 22-1 (1) $\vec{k}$　(2) $-\vec{k}$　(3) $\vec{i}$　(4) $-\vec{j}$　(5) 0

問題 22-2　ⓐ $(4\times 0 - 0\times 6)\vec{i} + \{0\times(-2) - 3\times 0\}\vec{j} + \{3\times 6 - 4\times(-2)\}\vec{k}$
ⓑ $26\vec{k}$　ⓒ $(6\times 0 - 0\times 4)\vec{i} + \{0\times 3 - (-2)\times 0\}\vec{j} + \{(-2)\times 4 - 6\times 3\}\vec{k}$
ⓓ $-26\vec{k}$　ⓔ 26
ⓕ $\sqrt{3^2+4^2}$　ⓖ 5　ⓗ $\sqrt{(-2)^2+6^2}$　ⓘ $2\sqrt{10}$　ⓙ $\sin^{-1}\dfrac{|\vec{A}\times\vec{B}|}{|\vec{A}\|\vec{B}|}$　ⓚ $55°$

問題 22-3 (1) $\vec{A}\times\vec{B} = 10\vec{k}$　(2) $\vec{B}\times\vec{A} = -10\vec{k}$
(3) $|\vec{A}\times\vec{B}| = 10$　(4) $\theta = \sin^{-1}\dfrac{|\vec{A}\times\vec{B}|}{|\vec{A}\|\vec{B}|} = 18°$

問題 22-4 (1) $\vec{A}\times\vec{B} = 7\vec{i} - 2\vec{j} + 8\vec{k}$　(2) $\vec{B}\times\vec{A} = -7\vec{i} + 2\vec{j} - 8\vec{k}$
(3) $|\vec{A}\times\vec{B}| = \sqrt{7^2+(-2)^2+8^2} = 3\sqrt{13}$　(4) $\theta = \sin^{-1}\dfrac{|\vec{A}\times\vec{B}|}{|\vec{A}\|\vec{B}|} = 74°$

問題 22-5 (1) $\vec{v} = \vec{\omega}\times\vec{r} = -9\vec{i} + 6\vec{j}$ [m/s]　(2) $\vec{F} = m\vec{\omega}\times\vec{v} = -36\vec{i} - 54\vec{j}$ [N]

問題 22-6 (1) $\vec{\tau} = \vec{r}\times\vec{F} = -17\vec{k}$ [N·m]　(2) $\theta = \sin^{-1}\dfrac{|\vec{r}\times\vec{F}|}{|\vec{r}\|\vec{F}|} = 71°$　(3) 時計回りに回転する

問題 22-7　ⓐ $\dfrac{1}{2}\left\{\dfrac{\left(\dfrac{1}{2}MR^2\right)}{R^2} + M\right\}v_\mathrm{C}{}^2$　ⓑ $\dfrac{3}{2} = 1.5$

問題 22-8　$K = \dfrac{7}{5}\left(\dfrac{1}{2}Mv_\mathrm{C}{}^2\right)$ より，$\dfrac{7}{5} = 1.4$ 倍

問題 22-9　$v_\mathrm{C} = \sqrt{\dfrac{4gh}{3}} = 5.1$ m/s

問題 22-10　$a_\mathrm{C} = \dfrac{5}{7}g\sin\theta = 3.5$ m/s^2

---

⑨ $\vec{\omega}\times\vec{r}$　⑩ $m\vec{\omega}\times\vec{v}$　⑪ $|\vec{\omega}\|\vec{r}|\sin 90°$　⑫ $r\omega$　⑬ $m|\vec{\omega}\|\vec{v}|\sin 90°$　⑭ $mv\omega$　⑮ $rF\sin\phi$
⑯ $\vec{r}\times\vec{F}$　⑰ $\dfrac{1}{2}I\omega^2$　⑱ $\dfrac{1}{2}I_\mathrm{C}\omega^2 + \dfrac{1}{2}MR^2\omega^2$　⑲ $R\omega$　⑳ $\dfrac{1}{2}\left(\dfrac{I_\mathrm{C}}{R^2} + M\right)v_\mathrm{C}{}^2$

第23章 角運動量

キーワード 角運動量，角運動量保存則

23-1 質点の角運動量 Standard

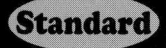

回転運動を考える上で重要な物理量に**角運動量**がある。質量 m の質点が位置 $\vec{r}$ を速度 $\vec{v}$ で運動しているとき，原点 O に対する質点の角運動量 $\vec{L}$ は，運動量 $\vec{p} = m\vec{v}$ を用いて

$$\vec{L} \equiv \boxed{①} = m(\vec{r} \times \vec{v})$$

で定義される。角運動量の単位は [kg·m²/s] である。

ベクトル積の定義からわかるように，角運動量の向きは，位置ベクトル $\vec{r}$ および運動量ベクトル $\vec{p}$ に $\boxed{②}$ な方向である。図 23-1 のように xy 平面内を運動している場合には，角運動量の向きは，z 軸の正の向きとなり，その大きさは

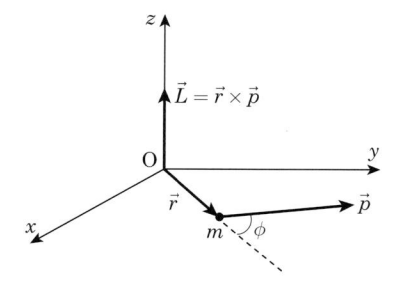

$$L = |\vec{L}| = pr\sin\phi = \boxed{③}$$

図 23-1 質点の角運動量
角運動量は位置ベクトルと運動量ベクトルのベクトル積で定義され，その向きは質点の運動面に垂直である。

である。これから，位置ベクトルが運動量ベクトルと平行な場合（$\phi = 0°$ もしくは $180°$）には角運動量はゼロになる。いいかえれば，質点が原点を通る直線上を運動する場合の角運動量はゼロであり，質点が原点を中心に回転運動をしていない場合である。

これに対して，位置ベクトルが運動量ベクトルと垂直な場合（$\phi = 90°$）には，角運動量は最大値 $L_{\max} = \boxed{④}$ をもち，これは質点が原点を中心に回転している場合の一例である。つまり，質点が原点を中心に回転しているかどうかは，質点の原点に対する角運動量の大きさを見ればわかる。角運動量の大きさがゼロならば回転はしていない。一方，角運動量の大きさがゼロ以外の値ならば回転（曲線運動）をしているといえる。

質点が原点（固定軸）のまわりを円運動している場合には，$v = r\omega$ を用いると，角運動量の大きさは $L = mr^2\omega$ となり，慣性モーメント $I = \boxed{⑤}$ を用いると，$L = \boxed{⑥}$ と書ける。

さて，ニュートンの運動方程式は運動量 $\vec{p}$ を用いて

$$\vec{F} = \frac{\boxed{\text{⑦}}}{\boxed{\text{⑧}}} \quad \cdots\cdots ①$$

と書けた（☞ 18-1節）。この式に対応して，回転運動ではトルク $\vec{\tau} = \vec{r} \times \vec{F}$ と角運動量 $\vec{L}$ の間に

$$\vec{\tau} = \frac{\mathrm{d}\vec{L}}{\mathrm{d}t}$$

が成り立つ。これは，21-2節で紹介したトルク方程式を，角運動量を用いて書き表したものである。さて，この方程式を導いてみよう。まず，ニュートンの運動方程式（式①）の両辺で位置ベクトルとのベクトル積を作る。

$$\vec{r} \times \vec{F} = \vec{r} \times \frac{\mathrm{d}\vec{p}}{\mathrm{d}t}$$

ここで，$\frac{\mathrm{d}\vec{L}}{\mathrm{d}t} = \frac{\mathrm{d}}{\mathrm{d}t}(\vec{r} \times \vec{p}) = \frac{\mathrm{d}\vec{r}}{\mathrm{d}t} \times \vec{p} + \vec{r} \times \frac{\mathrm{d}\vec{p}}{\mathrm{d}t}$ であるが，右辺第1項は $\frac{\mathrm{d}\vec{r}}{\mathrm{d}t} \times \vec{p} = \vec{v} \times \vec{p} =$ ⑨ $\boxed{}$ である（速度 $\vec{v}$ と運動量 $\vec{p}$ は平行であるのでベクトル積はゼロとなる）。よって，$\frac{\mathrm{d}\vec{L}}{\mathrm{d}t} = \vec{r} \times \frac{\mathrm{d}\vec{p}}{\mathrm{d}t} = \vec{r} \times \vec{F} = \vec{\tau}$ となり，トルク方程式が導かれた。

導入 問題 23-1　【質点の角運動量の大きさ】

原点を中心に質量 $m = 3.0$ kg の質点が，角速度 $\omega = 2.0$ rad/s で半径 $r = 10$ m の円運動をしている。この質点がもつ角運動量の大きさ L を求めよ。

基本 問題 23-2　【質点の角運動量】

質量 $m = 2.0$ kg の粒子が速度 $\vec{v} = 2\vec{i} + \vec{j}$ [m/s] で直線上を運動している。この粒子の位置が $\vec{r} = 2\vec{i} + 3\vec{j}$ [m] であるとき，次の問いに答えよ。
(1) 原点に関するこの粒子の角運動量 $\vec{L}$ を求めよ。
(2) $\vec{r}$ と $\vec{v}$ のなす角 θ を求めよ。

解答

(1) 角運動量は $\vec{L} = \vec{r} \times \vec{p} = m\vec{r} \times \vec{v}$ であるから

$$\vec{L} = \text{ⓐ}\boxed{} = \text{ⓑ}\boxed{}$$

(2) (1)の結果を用いて，$|\vec{r} \times \vec{p}| = $ ⓒ $\boxed{}$ であり，

$$|\vec{r}| = \text{ⓓ}\boxed{} = \text{ⓔ}\boxed{}, \quad |\vec{p}| = \text{ⓕ}\boxed{} = \text{ⓖ}\boxed{}$$

であるから，$|\vec{r} \times \vec{p}| = |\vec{r}||\vec{p}|\sin\theta$ より，

$$\theta = \text{ⓗ}\boxed{} = \text{ⓘ}\boxed{}$$

類似 問題 23-3 【質点の角運動量】

質量 $m = 1.0$ kg の粒子が速度 $\vec{v} = -2\vec{i} + 2\vec{j}$ [m/s] で直線上を運動している。この粒子の位置が $\vec{r} = 4\vec{i} + 3\vec{j}$ [m] であるとき，次の問いに答えよ。
(1) 原点に関するこの粒子の角運動量 $\vec{L}$ を求めよ。
(2) $\vec{r}$ と $\vec{v}$ のなす角 θ を求めよ。

23-2 固定軸のまわりを回転する剛体の角運動量 **Standard**

z 軸を固定軸とし，xy 平面内を角速度 ω で回転している剛体を考えよう。このとき，剛体上の各点も角速度 ω で回転している。原点から半径 r_i にある質量 m_i の質点がもつ角運動量の大きさは $m_i v_i r_i$ である。ここで $v_i = r_i \omega$ より，質点 i の角運動量の大きさは

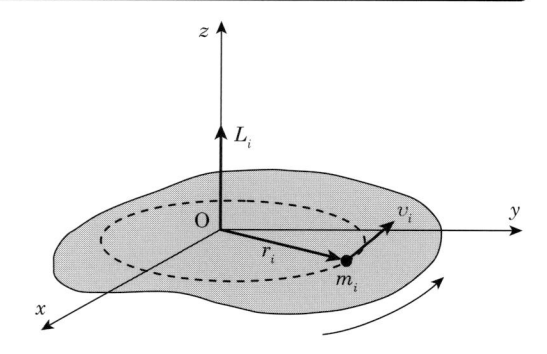

$$L_i = \text{⑩} \underline{\qquad\qquad}$$

図 23-2 剛体の角運動量
固定軸まわりの剛体の角運動量は，回転軸の方向を向き，角速度と慣性モーメントの積で与えられる。

となる。角運動量 L_i の向きは z 軸方向であり，角速度 $\vec{\omega}$ の向きと等しい。剛体全体の角運動量の大きさ L は，すべての質点の角運動量 L_i をたし合わせれば得られるので

$$L = L_1 + L_2 + \cdots + L_i + \cdots = \sum m_i r_i^2 \omega$$

となるが，剛体の慣性モーメントが $I = \sum m_i r_i^2$ であることから

$$L = \text{⑪} \underline{\qquad\qquad} \quad \text{となる。}$$

剛体は質点が無数に集まったものであり，剛体の角運動量は各質点の角運動量の和 $L = L_1 + L_2 + \cdots + L_i + \cdots$ である。したがって，z 軸を固定軸として角運動量 L で回転している剛体について，以下のトルク方程式が成り立つ。

$$\tau = \frac{dL}{dt}$$

ここで τ は剛体の正味のトルクである。右辺は角運動量 $L = I\omega$ を時間 t で微分すると

$$\frac{dL}{dt} = I \frac{d\omega}{dt}$$

であるが，回転軸のまわりの角加速度を α とすると $\frac{d\omega}{dt} = \alpha$ であるので，トルク方程式は $\tau = \frac{dL}{dt} = I\alpha$ となり，21-2 節で紹介した結果が再現される。

導入 問題 23-4 【剛体の角運動量】

ある固定軸のまわりを角速度 $\omega = 3.0$ rad/s で回転している剛体がある。この軸まわりの慣性モーメントが $I = 1.5$ kg·m^2 であるとき，角運動量の大きさ L を求めよ。

基本 問題 23-5 【球体の角運動量】

半径 $R = 1.5$ m で質量 $M = 10$ kg の一様な球体が，中心を通る固定軸のまわりを角速度 $\omega = 4.0$ rad/s で回転している。角運動量の大きさ L を求めよ。なお，球体の質量中心のまわりの慣性モーメントは $I = 2MR^2/5$ である。

発展 問題 23-6 【角運動量とトルク方程式】

図のように，長さ d，質量 M の剛体棒の両端に，質量 m_1, m_2 の質点をとりつけた物体がある。この物体をその中心を通る回転軸のまわりに鉛直面内で回転させる。このとき，次の問いに答えよ。

(1) この物体の中心を通る回転軸のまわりの慣性モーメント I を求めよ。なお，剛体棒の中心を通る回転軸のまわりの慣性モーメントは $Md^2/12$ である。

(2) この物体の角速度が ω であるときの角運動量の大きさ L を求めよ。

(3) 棒が水平面と角度 θ をなすときの角加速度の大きさ α を求めよ。

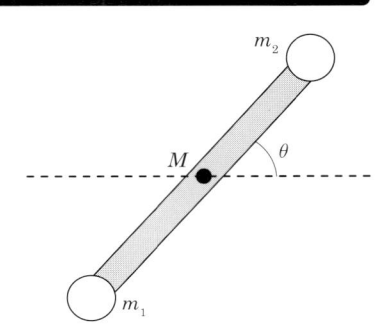

ヒント (3) 質量 m_1, m_2 の質点によるトルクを考え，$\tau = I\alpha$ を用いよ。

23-3 角運動量保存則 〔Standard〕

第 19 章で質点系に働く正味の外力がゼロならば系の運動量が保存されることを学んだ。同様にして，質点系に働く正味のトルクがゼロならば**系の角運動量は保存される**（**角運動量保存則**）。なぜならば，この場合，トルク方程式が

$$\tau = \frac{dL}{dt} = 0$$

となり，これは角運動量 L の時間変化がゼロであることを示している。したがって，角運動量は時間が経っても一定で変化しない。たとえば，質点の相対位置が変化して慣性モーメントが I_i から I_f に変化しても，正味のトルクがゼロならば角運動量は $L_i = L_f$ となって変化しない。

固定軸のまわりを回転している質点（系）もしくは剛体の角運動量は $L = I\omega$ であるから，正味のトルクがゼロである場合に角運動量保存則は

① $\vec{r} \times \vec{p}$ ❷ 垂直 ③ $mvr\sin\phi$ ④ mvr ⑤ mr^2 ⑥ $I\omega$ ⑦ $d\vec{p}$ ⑧ dt ⑨ 0

$$I_i \omega_i = I_f \omega_f = 一定$$

と表される。

コマの運動

キミたちも一度はコマをまわして遊んだ経験があるだろう。よく見るとコマはまっすぐ立って自転しているのではなく，少し倒れて回転している。そして，この倒れ角は一定ではなく変動している。これを章動という。また，自転しているコマを真上から見ると，回転軸の先端も円を描くようにして回転している。この回転軸の運動を**歳差運動**（首振り運動）という。

このようにコマの回転運動は複雑であり，しっかりと解析するためにはオイラーの運動方程式とよばれる方程式を解かねばならない。ただし，歳差運動の大雑把な振る舞いは，剛体の運動に関する知識があれば理解できる。回転していないコマは倒れる。したがって，コマが倒れないためには回転軸方向を向いた角運動量が必要である。そして，少し倒れて回転しているコマに働く重力が，この角運動量の向きを変えている。これが歳差運動のメカニズムである。

図 23-3 ジャイロスコープ（回転型）

角運動量の方向（したがって回転軸の方向）は歳差角速度 Ω で変化する。歳差角速度の詳しい計算は省略するが，結果は

$$\Omega = \frac{Mgh}{I\omega}$$

となる。ここで，M はコマの質量，g は重力加速度，h はコマの重心の高さ，I はコマの慣性モーメント，ω はコマの自転の角速度である。これから，背の高いコマ（h が大きいコマ）や，止まりかけているコマ（ω が小さいコマ）の歳差運動が目立つようになる（Ω が大きくなる）ことがわかるであろう。

基本 問題 23-7　【角運動量保存則】

慣性モーメント $I_i = 2.0 \text{ kg} \cdot \text{m}^2$ の剛体が角速度 $\omega_i = 3.0 \text{ rad/s}$ で回転していた。その後，この剛体の慣性モーメントが $I_f = 1.0 \text{ kg} \cdot \text{m}^2$ になったとき，角速度 ω_f を求めよ。ただし，この剛体には外力は働いていないとする。

基本 問題 23-8　【スケートのスピン】

フィギュアスケートの選手が角速度 ω_i で自転（スピン）している。手足を広げた状態から，手を真上に伸ばし足をせばめた状態にしたところ，慣性モーメントが $1/n$（$n > 0$）になった。このときの角速度 ω_f は ω_i の何倍になるか求めよ。ただし，摩擦や空気抵抗などの外力は働いていないとする。

発展 問題 23-9　【剛体の角運動量保存則】

図のように中心を通る固定された軸のまわりを自由に回転できる質量 M，半径 R の円柱が静止している。この円柱の中心軸から x だけ上を狙って，質量 m の弾丸を速さ v_0 で打ち込んだ。その結果，弾丸は円柱の表面に付着し一体となり，円柱は回転しはじめた。次の問いに答えよ。なお，円柱の慣

性モーメントは $MR^2/2$ である。

(1) 弾丸−円柱の系が衝突前にもつ角運動量の大きさ L を求めよ。
(2) 弾丸と円柱が一体となった後の系の慣性モーメント I を求めよ。
(3) 弾丸が命中した後の系の角速度 ω を求めよ。

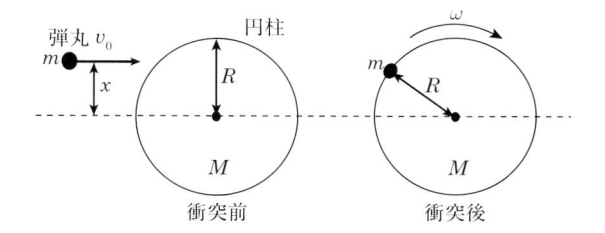

解答

問題 23-1　$L = mr^2\omega = 6.0 \times 10^2 \text{ kg}\cdot\text{m}^2/\text{s}$

問題 23-2　ⓐ $m\{(2\vec{i} + 3\vec{j}) \times (2\vec{i} + \vec{j})\}$　ⓑ $-8\vec{k}$　ⓒ 8　ⓓ $\sqrt{2^2 + 3^2}$　ⓔ $\sqrt{13}$　ⓕ $2\sqrt{2^2 + 1^2}$　ⓖ $2\sqrt{5}$　ⓗ $\sin^{-1}\dfrac{|\vec{r}\times\vec{p}|}{|\vec{r}\|\vec{p}|}$　ⓘ $30°$

問題 23-3　(1) $\vec{L} = m\vec{r}\times\vec{v} = 14\vec{k}$　(2) $\theta = \sin^{-1}\dfrac{|\vec{r}\times\vec{p}|}{|\vec{r}\|\vec{p}|} = 82°$

問題 23-4　$L = I\omega = 4.5 \text{ kg}\cdot\text{m}^2/\text{s}$

問題 23-5　$L = \dfrac{2}{5}MR^2\omega = 36 \text{ kg}\cdot\text{m}^2/\text{s}$

問題 23-6　(1) $I = \dfrac{d^2}{4}\left(\dfrac{M}{3} + m_1 + m_2\right)$　(2) $L = \dfrac{d^2}{4}\left(\dfrac{M}{3} + m_1 + m_2\right)\omega$

(3) $\alpha = \dfrac{2(m_1 - m_2)g\cos\theta}{d\left(\dfrac{M}{3} + m_1 + m_2\right)}$

問題 23-7　$\omega_f = 2\omega_i = 6.0 \text{ rad/s}$

問題 23-8　$\omega_f = n\omega_i$,　角速度は n 倍になる

問題 23-9　(1) $L = mv_0 x$　(2) $I = \left(\dfrac{1}{2}M + m\right)R^2$　(3) $\omega = \dfrac{mv_0 x}{\left(\dfrac{1}{2}M + m\right)R^2}$

⑩　$m_i r_i^2 \omega$　⑪　$I\omega$

第24章 単振動

キーワード 単振動，周期，振動数，単振動の方程式

24-1 円運動と単振動 **Basic**

ばねや振り子など，身のまわりには振動運動をしている物体が数多く存在する。目に見える世界だけではなく，原子や分子のような小さな世界でも振動現象の解析は重要である。また，振動解析は工学でも重要であり，振動をコントロールすることが製品の安定性につながることも多い。

❶ [____] はもっとも基本的な振動であり，複雑な振動現象も単振動を基礎に解析されている。単振動では力学的エネルギーが保存されるため，振り子はいつまでも2点間を振動し続ける。たとえば，ばねにつけられた物体や振り子のおもりは，振動を妨げる摩擦力などがなければ単振動となる。実際の振動では摩擦力などが働くために力学的エネルギーが減少して振動は減衰するが，摩擦力などを無視できる場合も多い。

さて，単振動を理解するために，単振動と等速円運動の関係を見ておこう。図24-1のように，ある質点が半径 A，角速度 ω の等速円運動をしている。(☞等速円運動については第10章，角速度については第20章) この質点の運動を y 軸の上方から見ると x 軸上の単振動となる。

今，質点が時刻 $t=0$ に x 軸とのなす角が δ（デルタ）の点を出発したとすると，t 秒間に角度 $\theta = \omega t$ だけ進むから，単振動する質点の変位 x は

$$x = A\cos(\theta + \delta) = ② \boxed{}$$

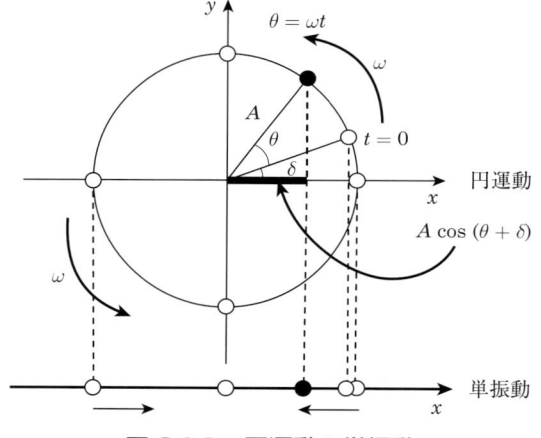

図 24-1 円運動と単振動
等速円運動している物体の x 軸（もしくは y 軸）への正射影が単振動となる。

となる。このことから，単振動の位相 $\omega t + \delta$ を位相角，初期位相 δ を初期位相角ということがある。また，単振動で用いられる角振動数 ω は，円運動における角速度の大きさと，まさに同じである。

単振動に関する基本的な物理量を紹介しておこう。

(1) **変位**

直線上を単振動している物体の変位 x [m] は時間 t [s] とともに変化し，前ページで見たように三角関数を用いて表すことができる。

$$x = A\cos(\omega t + \delta)$$

A [m] を ❸ [____]，ω [rad/s] を ❹ [____]，δ [rad] を **初期位相**（初期位相角）といい，$\omega t + \delta$ を **位相**（位相角）という。

(2) **周期**

物体が1回振動して元の場所に戻ってくるまでの時間 T [s] を **周期** という。

$$T = \frac{⑤\ [\quad]}{⑥\ [\quad]}$$

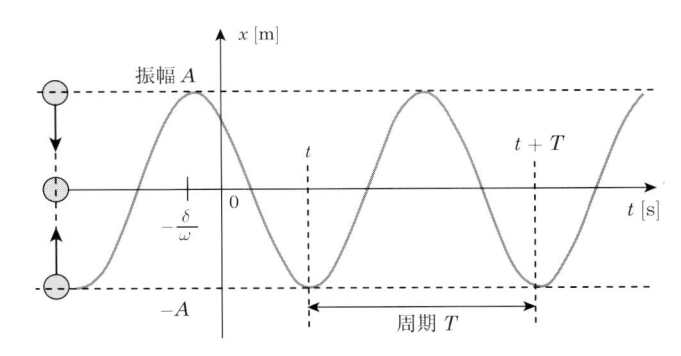

図 24-2 単振動のグラフ

横軸に時間軸をとって x 軸方向に単振動している物体の時間変化を表せば，変位は時間の関数として cos もしくは sin で表されることがわかる。このグラフから周期や振幅，位相などの意味を理解することが重要である。

(3) **振動数**

1秒間に何回振動するかを表しているのが **振動数** f [Hz] である。振動数の単位は Hz（ヘルツ）= 1/s である。

$$f = \frac{⑦\ [\quad]}{⑧\ [\quad]} = \frac{⑨\ [\quad]}{⑩\ [\quad]}$$

(4) **速度・加速度**

速度は変位を時間で微分すれば求められる。

$$v = \frac{dx}{dt} = ⑪\ [\qquad\qquad]$$

加速度は速度を時間で微分すれば求められる。

$$a = \frac{dv}{dt} = ⑫\ [\qquad\qquad\qquad] = -\omega^2 x$$

三角関数の sin と cos はどちらも最大最小値は ± 1 であるから，速度と加速度の最大値は

$$v_{\max} = ⑬\ [\quad], \quad a_{\max} = ⑭\ [\quad]$$

であることがわかる。また，初期条件として，時刻 $t = 0$ のときの位置 $x = x_0$ と速度 v

$= v_0$ が与えられれば，上記の速度および加速度から振幅と初期位相が次式で表されることがわかる。

$$\tan \delta = -\frac{v_0}{\omega x_0}, \quad A = \sqrt{x_0{}^2 + \left(\frac{v_0}{\omega}\right)^2}$$

三角関数の微分

三角関数の微分は次のようになる。公式として覚えておく必要があるが，導関数の定義を用いて導くことができる。

$$\frac{d(\sin x)}{dx} = \cos x, \quad \frac{d(\cos x)}{dx} = -\sin x, \quad \frac{d(\tan x)}{dx} = \frac{1}{\cos^2 x} = \sec^2 x$$

単振動の変位 $x = A \cos(\omega t + \delta)$ のように，関数 $\cos$ が $\omega t + \delta$ のような関数になっている場合の微分は注意が必要である。このような関数は $\cos u$ と $u = \omega t + \delta$ の**合成関数**であるという。単純に x が t の関数 $x = \cos t$ であれば，上記の公式を用いて $\frac{d(\cos t)}{dt} = -\sin t$ となるが，合成関数 $x = A \cos(\omega t + \delta)$ の微分は，

$$\frac{d\{\cos(\omega t + \delta)\}}{dt} = \frac{d(\omega t + \delta)}{dt} \frac{d\{\cos(\omega t + \delta)\}}{d(\omega t + \delta)} = -\omega \sin(\omega t + \delta) \quad \text{となる。}$$

合成関数の微分

合成関数 $f(x) = f(u(x))$ の微分は，$f'(x) = \frac{df(x)}{dx} = \frac{df(x)}{du(x)} \frac{du(x)}{dx}$ で与えられる。

たとえば，$f(x) = (ax + b)^2$ であれば，x の関数 $ax + b = u(x)$ とおいて，$f(x) = u(x)^2$ であるから，上の公式より，

$$f'(x) = \frac{df(x)}{dx} = \frac{df(x)}{du(x)} \frac{du(x)}{dx} = \frac{d(u(x)^2)}{du(x)} \frac{d(ax + b)}{dx} = 2u(x) \times a = 2a(ax + b) \quad \text{となる。}$$

三角関数の場合も同様に $f(x) = \cos(ax)$ であれば，$ax = u(x)$ とおいて，$f(x) = \cos(u(x))$ であるから，

$$f'(x) = \frac{df(x)}{dx} = \frac{df(x)}{du(x)} \frac{du(x)}{dx} = \frac{d(\cos u(x))}{du(x)} \frac{d(ax)}{dx} = -\sin u(x) \times a = -a \sin(ax) \quad \text{となる。}$$

導入 問題 24-1 【三角関数の微分】

次の関数を微分せよ。

(1) $f(x) = 2 \sin x$ (2) $f(x) = 3 \cos x$ (3) $f(x) = 3 \tan x$ (4) $f(x) = \sin x \cos x$

導入 問題 24-2 【合成関数の微分】

次の関数を微分せよ。

(1) $f(x) = (2x + 1)^2$ (2) $f(x) = \sin 2x$ (3) $f(x) = \cos^2 x$ (4) $f(x) = 2 \cos(3x + 2)$

問題 24-3 【単振動の式】

直線に沿って $x = 3.0\cos\left(100\pi t + \dfrac{\pi}{4}\right)$ で単振動している物体がある。ここで、時間の単位は [s]、角度の単位は [rad]、長さの単位は [m] である。次の問いに答えよ。ただし、$\pi = 3.14$ とする。

(1) 振幅 A を求めよ。　(2) 角振動数 ω を求めよ。　(3) 初期位相 δ を求めよ。
(4) 周期 T を求めよ。　(5) 振動数 f を求めよ。
(6) 速度 v を時間の関数で表せ。またその最大値 $v_{\max}$ を求めよ。
(7) 加速度 a を時間の関数で表せ。またその最大値 $a_{\max}$ を求めよ。

解答

(1) 振幅は　$A =$ ⓐ 　　　 m　(2) 角振動数は　$\omega =$ ⓑ 　　　 = ⓒ 　　　 rad/s

(3) 初期位相は　$\delta =$ ⓓ 　　　 = ⓔ 　　　 rad

(4) 周期は　$T =$ ⓕ 　　　 = ⓖ 　　　 s

(5) 振動数は　$f =$ ⓗ 　　　 = ⓘ 　　　 Hz

(6) 速度は変位を微分して

$$v = \dfrac{dx}{dt} = \text{ⓙ} \qquad = \text{ⓚ} \qquad \text{m/s}$$

また、最大値は $v_{\max} =$ ⓛ 　　　 = ⓜ 　　　 m/s

(7) 加速度は速度を微分して

$$a = \dfrac{dv}{dt} = \text{ⓝ} \qquad = \text{ⓞ} \qquad \text{m/s}^2$$

また、最大値は $a_{\max} =$ ⓟ 　　　 = ⓠ 　　　 m/s^2

問題 24-4 【単振動の式】

直線に沿って $x = 6.0\cos(10\pi t)$ で単振動している物体がある。ここで、時間の単位は [s]、角度の単位は [rad]、長さの単位は [m] である。次の問いに答えよ。ただし、$\pi = 3.14$ とする。
(1) 振幅 A を求めよ。　(2) 角振動数 ω を求めよ。　(3) 初期位相 δ を求めよ。
(4) 周期 T を求めよ。　(5) 振動数 f を求めよ。
(6) 速度 v を時間の関数で表せ。またその最大値 $v_{\max}$ を求めよ。
(7) 加速度 a を時間の関数で表せ。またその最大値 $a_{\max}$ を求めよ。

問題 24-5 【単振動の式】

x 軸上を単振動する物体がある。その変位は $x = 4.0\cos\left(\pi t + \dfrac{\pi}{4}\right)$ にしたがって時間的に変化する。ここで、時間の単位は [s]、角度の単位は [rad]、長さの単位は [m] である。次の問いに答えよ。

---

❶ 単振動　② $A\cos(\omega t + \delta)$　❸ 振幅　❹ 角振動数　⑤ 2π　⑥ ω　⑦ 1　⑧ T　⑨ ω
⑩ 2π　⑪ $-\omega A \sin(\omega t + \delta)$　⑫ $-\omega^2 A \cos(\omega t + \delta)$　⑬ ωA　⑭ $\omega^2 A$

(1) 時刻 $t = 1.0$ s における物体の位置 x_1, 速度 v_1 および加速度 a_1 を求めよ。ただし, $\pi = 3.14$ とする。
(2) $t = 0.0$ s から $t = 1.0$ s までの物体の変位 Δx を求めよ。　(3) $t = 2.0$ s における位相を求めよ。

ハインリヒ・ルドルフ・ヘルツ
Heinrich Rudolph Hertz（1857～1894）

ドイツの物理学者。電磁波が実在し，電磁波が光や熱放射と同じ性質を示すこと，マクスウェルの電磁気学が実験的に立証されることを示した業績が有名である。一方で，力学分野でも基礎原理の研究を行い，1894年に「力学原理」を出版，力学の発展に大きく貢献した。周波数（振動数）を表す単位のヘルツは彼の名からとられている。なお，甥のグスタフ・ルートヴィヒ・ヘルツ［Gustav Ludwig Hertz（1887～1975）］も物理学者となり，量子力学の実験的基礎を樹立，1925年に共同研究者の J. フランクとともにノーベル物理学賞を受賞している。

24-2 単振動の方程式　Standard

単振動をしている物体は，次の形の微分方程式を満たす。（☞微分方程式については 4-3 節）

$$\frac{d^2x}{dt^2} = -\omega^2 x$$

ここで，ω は角振動数である。この方程式が単振動を表していることは，単振動の変位 $x = A\cos(\omega t + \delta)$ を代入してみれば容易に確かめられる。すなわち，この微分方程式の解として，単振動が与えられるのである。また，この方程式の左辺は加速度を表しているから，両辺に質量をかければ力となる。よって，単振動は，作用する力が変位に比例し，変位の方向と反対向きである場合に実現されることがわかる。この方程式は，単振動を解析する上で大変重要であり，方程式の形をよく覚えておく必要がある。

一般解の導出

微分方程式 $\frac{d^2x}{dt^2} = -\omega^2 x$ の一般解が $x = A\cos(\omega t + \delta)$ となることを示しておく。

速度は $v = \frac{dx}{dt}$ だから，この方程式は $\frac{dv}{dt} = -\omega^2 x$ となり，さらに変数変換 $\frac{dv}{dt} = \frac{dx}{dt}\frac{dv}{dx} = v\frac{dv}{dx}$ を行うと，$v\frac{dv}{dx} = -\omega^2 x$ と書ける。変数分離をして，積分すれば

$$\int v\,dv = -\omega^2 \int x\,dx$$

$$\frac{1}{2}v^2 = -\frac{1}{2}\omega^2 x^2 + C$$

ここで，積分定数を $C = \frac{1}{2}\omega^2 A^2$ とおけば，$v = \pm\omega\sqrt{A^2 - x^2}$ となる。さらに，$v = \frac{dx}{dt}$ を用いて $\frac{dx}{dt} = \pm\omega\sqrt{A^2 - x^2}$ となるから，再度，変数分離をして，積分を行う。

$$\pm\int \frac{1}{\sqrt{A^2 - x^2}} dx = \omega \int dt$$

ここで，この積分を実行するために，$x = A\cos\theta$ とおくと，$dx = -A\sin\theta\, d\theta$ であるから，

$$\pm\int \frac{1}{\sqrt{A^2(1 - \cos^2\theta)}} (-A\sin\theta) d\theta = \omega\int dt$$

$$\mp\int d\theta = \omega\int dt$$

となり，積分を実行すれば，$\mp\theta = \omega t + \delta$ となる。ここで，δ は積分定数である。$\cos(\pm\theta) = \cos\theta$ だから，結局，微分方程式 $\frac{d^2 x}{dt^2} = -\omega^2 x$ の一般解は $x = A\cos(\omega t + \delta)$ となる。

基本 問題 24-6 【単振動の方程式】

単振動の変位 $x = A\cos(\omega t + \delta)$ が，微分方程式 $\frac{d^2 x}{dt^2} = -\omega^2 x$ を満たすことを確かめよ。

24-3 ばねにつけられた物体の運動 Basic

単振動する系のもっとも簡単な例は，摩擦のない平面上を物体が振動している場合である。ばねにつけられた物体にはフックの法則より⑮ □□□ の力が働く。よって運動方程式 $F = ma$ は，$a = \frac{d^2 x}{dt^2}$ を用いて

$$m\frac{d^2 x}{dt^2} = -kx$$

と書ける。ここで両辺を m でわると

$$\frac{d^2 x}{dt^2} = -\frac{k}{m} x$$

となるが，今，$\omega^2 = k/m$ とおくと

⑯ □□□

となって，これは 24-2 節の単振動の方程式にほかならない。したがって，ばねにつけられた物体は単振動することがわかる。このことから，周期および振動数は

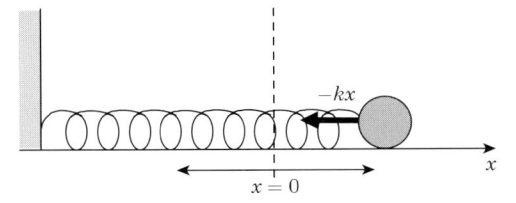

図 24-3 ばねにつけられた物体

ばねにつけられた物体に働く力は，その変位に比例して変化し，摩擦や空気抵抗などの抵抗力が無視できる場合には単振動し，永久に振動し続ける。

$$T = \frac{2\pi}{\omega} = \text{⑰} \boxed{} \quad , \quad f = \frac{1}{T} = \text{⑱} \boxed{} \quad \text{となる。}$$

基本 問題 24-7　【ばねの単振動】

ばね定数 $k = 4.0$ N/m のばねにつけられた質量 $m = 1.0$ kg の物体が滑らかな水平面上で単振動している。次の問いに答えよ。ただし，$\pi = 3.14$ とする。

(1) 角振動数 ω を求めよ。　(2) 周期 T を求めよ。　(3) 振動数 f を求めよ。

基本 問題 24-8　【ばねの単振動】

ばね定数 k が未知のばねにつけられた質量 $m = 0.10$ kg の物体が滑らかな水平面上で周期 $T = 0.80$ s の単振動している。次の問いに答えよ。ただし，$\pi = 3.14$ とする。

(1) ばね定数 k を求めよ。　(2) 振動数 f を求めよ。

発展 問題 24-9　【バイクのサスペンション】

バイクは，前輪・後輪にとりつけられた計2個のばね（サスペンション）で支えられている。各ばねのばね定数は $k = 2.00 \times 10^4$ N/m であり，バイクの質量は $M = 200$ kg である。このバイクに $m = 80$ kg の人が乗り，道路のくぼみを越えて走ったとき，このバイクのばねは単振動をする。各ばねに重量が均等にかかると仮定して，次の問いに答えよ。ただし，$\pi = 3.14$ とする。

(1) バイクの振動数 f を求めよ。
(2) バイクが完全に2回振動するのにかかる時間 t を求めよ。

解答

問題 24-1　(1) $f'(x) = 2\cos x$　(2) $f'(x) = -3\sin x$
　　　　　　(3) $f'(x) = \dfrac{3}{\cos^2 x}$　(4) $f'(x) = \cos^2 x - \sin^2 x$

問題 24-2　(1) $f'(x) = 4(2x+1)$　(2) $f'(x) = 2\cos 2x$
　　　　　　(3) $f'(x) = -2\cos x \sin x$　(4) $f'(x) = -6\sin(3x+2)$

問題 24-3　ⓐ 3.0　ⓑ 100π　ⓒ 3.1×10^2　ⓓ $\dfrac{\pi}{4}$　ⓔ 0.79　ⓕ $\dfrac{2\pi}{\omega}$
　　　　　　ⓖ 2.0×10^{-2}　ⓗ $\dfrac{1}{T}$　ⓘ 50　ⓙ $-\omega A \sin(\omega t + \delta)$
　　　　　　ⓚ $-300\pi \sin\left(100\pi t + \dfrac{\pi}{4}\right)$　ⓛ ωA　ⓜ 9.4×10^2　ⓝ $-\omega^2 A \cos(\omega t + \delta)$
　　　　　　ⓞ $-30000\pi^2 \cos\left(100\pi t + \dfrac{\pi}{4}\right)$　ⓟ $\omega^2 A$　ⓠ 3.0×10^5

問題 24-4　(1) $A = 6.0$ m　(2) $\omega = 10\pi = 31$ rad/s　(3) $\delta = 0$ rad
　　　　　　(4) $T = \dfrac{2\pi}{\omega} = 0.20$ s　(5) $f = \dfrac{1}{T} = 5.0$ Hz
　　　　　　(6) $v = \dfrac{dx}{dt} = -60\pi \sin(10\pi t)$,　$v_{\max} = 60\pi = 1.9 \times 10^2$ m/s
　　　　　　(7) $a = \dfrac{dv}{dt} = -600\pi^2 \cos(10\pi t)$,　$a_{\max} = 600\pi^2 = 5.9 \times 10^3$ m/s²

問題 24-5　(1) $x_1 = 4.0\cos\left(\dfrac{5\pi}{4}\right) = -2.8$ m,　$v_1 = -4.0\pi \sin\left(\dfrac{5\pi}{4}\right) = 8.9$ m/s,　$=$　．

$$a_1 = -4.0\pi^2 \cos\left(\frac{5\pi}{4}\right) = 28 \text{ m/s}^2$$

(2) $\Delta x = 4.0\left\{\cos\left(\frac{\pi}{4}\right) - \cos\left(\frac{5\pi}{4}\right)\right\} = -5.7$ m   (3) $2\pi + \frac{\pi}{4} = \frac{9}{4}\pi$ rad

問題 24-6 $\dfrac{d^2x}{dt^2} = -\omega^2 A \cos(\omega t + \delta) = -\omega^2 x$

問題 24-7 (1) $\omega = \sqrt{\dfrac{k}{m}} = 2.0$ rad/s   (2) $T = \dfrac{2\pi}{\omega} = 3.1$ s   (3) $f = \dfrac{1}{T} = 0.32$ Hz

問題 24-8 (1) $k = \dfrac{4\pi^2 m}{T^2} = 6.2$ N/m   (2) $f = \dfrac{1}{T} = 1.3$ Hz

問題 24-9 (1) $f = \dfrac{1}{2\pi}\sqrt{\dfrac{2k}{(M+m)}} = 1.90$ Hz   (2) $t = \dfrac{2}{f} = 1.05$ s

---

専門用語の英語表現②

■運動の種類に関する用語■

自由落下	free fall
放物運動	parabolic motion
等速円運動	uniform circular motion
衝突	collision
弾性衝突	elastic collision
非弾性衝突	inelastic collision
完全非弾性衝突	perfectly inelastic collision
単振動	simple harmonic oscillation
減衰振動	damped oscillation
強制振動	forced vibration
振動	oscillation, vibration
共振	resonance

■物体に関する用語■

質点	mass point, material point, particle
剛体	rigid body
滑車	pulley
振り子	pendulum
円錐振り子	conical pendulum

■座標に関する用語■

直交座標	orthogonal coordinates
極座標	polar coordinates
慣性系	inertial system
非慣性系	non-inertial system

⑮ $F = -kx$ ⑯ $\dfrac{d^2x}{dt^2} = -\omega^2 x$

第25章 振動運動

キーワード 単振動のエネルギー，単振り子，剛体振り子，減衰振動，共振

25-1 単振動している系のエネルギー **Basic**

ばねにつけられている物体が単振動しているときの力学的エネルギーは定数となって保存される（変化しない）。これを見ていこう。単振動している物体の速度は $v = -\omega A \sin(\omega t + \delta)$ であるので，物体の運動エネルギー K は

$$K = \frac{1}{2}mv^2 = \text{①}\boxed{}$$

となる。一方，ばねに蓄えられた弾性エネルギー U は，変位が $x = A\cos(\omega t + \delta)$ であるから

$$U = \frac{1}{2}kx^2 = \text{②}\boxed{}$$

である。したがって，力学的エネルギー E は

$$E = K + U = \text{③}\boxed{}$$

となる。ここで，$\omega^2 = k/m$ を用いると $E = \frac{1}{2}kA^2\{\sin^2(\omega t + \delta) + \cos^2(\omega t + \delta)\}$ となるが，$\sin^2\theta + \cos^2\theta = 1$ から

$$E = \text{④}\boxed{}$$

が得られる。このように，単振動の力学的エネルギーは定数となり，振幅の2乗に比例する。なお，$E = K + U = \frac{1}{2}mv^2 + \frac{1}{2}kx^2 = \frac{1}{2}kA^2$ から

$$v = \pm\sqrt{\frac{k}{m}(A^2 - x^2)} = \pm\omega\sqrt{A^2 - x^2}$$

となるので，角振動数（もしくはばね定数と質量）および振幅がわかれば，任意の位置での物体の速さを知ることができる。

問題 25-1 【単振動のエネルギー】

一端を固定されたばね定数 $k = 10.0$ N/m の軽いばねの他端につけられた質量 $m = 2.00$ kg の物体が滑らかな水平面上で，振幅 $A = 5.00$ cm の単振動をしている。次の問いに答えよ。

(1) ばね定数と振幅から力学的エネルギー E を求めよ。

(2) 変位が $x = 2.00$ cm のときの速度 v を求めよ。
(3) 変位が $x = 2.00$ cm のときの運動エネルギー K を求めよ。
(4) 変位が $x = 2.00$ cm のときのポテンシャルエネルギー U を求めよ。

解答

(1) ばね定数 k と振幅 A を用いて力学的エネルギーは,

$$E = \frac{1}{2}kA^2 = \text{ⓐ}\boxed{} \text{ J}$$

(2) 速度 v は k, m, A, x を用いて

$$v = \pm\sqrt{\frac{k}{m}(A^2 - x^2)} = \text{ⓑ}\boxed{} \text{ m/s}$$

(3) 運動エネルギーは(2)の結果より

$$K = \frac{1}{2}mv^2 = \text{ⓒ}\boxed{} \text{ J}$$

(4) ポテンシャルエネルギーは

$$U = \frac{1}{2}kx^2 = \text{ⓓ}\boxed{} \text{ J}$$

類似 問題 25-2 【単振動のエネルギー】

一端を固定されたばね定数 $k = 20.0$ N/m の軽いばねの他端につけられた質量 $m = 4.00$ kg の物体が滑らかな水平面上で, 振幅 $A = 10.0$ cm の単振動をしている。次の問いに答えよ。
(1) ばね定数と振幅から力学的エネルギー E を求めよ。
(2) 変位が $x = 2.00$ cm のときの速度 v を求めよ。
(3) 変位が $x = 2.00$ cm のときの運動エネルギー K を求めよ。
(4) 変位が $x = 2.00$ cm のときのポテンシャルエネルギー U を求めよ。

発展 問題 25-3 【単振動のエネルギー】

一端を固定されたばね定数 $k = 10.0$ N/m の軽いばねの他端につけられた質量 $m = 0.500$ kg の物体が摩擦のない水平面上で, 振幅 $A = 3.00$ cm の単振動をしている。次の問いに答えよ。
(1) 物体の速さの最大値 $v_{\max}$ を求めよ。
(2) 物体の速さが $v = 1.00 \times 10^{-2}$ m/s になる変位 x を求めよ。

25-2 単振り子 Basic

長さ L のひもの先端に質量 m のおもりをつけ, 振り子運動させる。振り子の運動方向(接線方向)に働く力は $F = -mg\sin\theta$ であり(復元力なのでマイナスがつく。

⑰ $2\pi\sqrt{\dfrac{m}{k}}$ ⑱ $\dfrac{1}{2\pi}\sqrt{\dfrac{k}{m}}$

☞ 14-2 節），円弧に沿った変位を s とすると，運動方向（接線方向）の運動方程式は

$$m\frac{d^2s}{dt^2} = -mg\sin\theta$$

となる。ここで $s = L\theta$ を用いると，左辺は

$$\frac{d^2s}{dt^2} = \frac{d^2(L\theta)}{dt^2} = \boxed{}_{⑤}$$

であるので，運動方程式は

$$\frac{d^2\theta}{dt^2} = -\frac{g}{L}\sin\theta$$

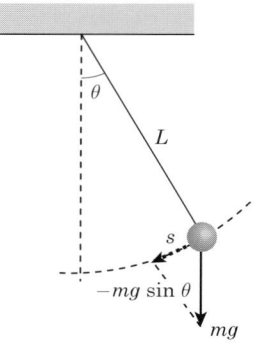

図 25-1 単振り子

振り子運動は重力の接線方向の成分によって引き起こされ，その大きさは常に変化している。微小振動させた場合には単振動をし，空気抵抗などの抵抗力が無視できる場合には永久に振動し続ける。

となる。この運動方程式の右辺が $-\omega^2\theta$ の形に書ければ，振り子運動も単振動となるが，右辺は θ ではなく $\sin\theta$ なので単振動ではない。しかし，微小振動（θ が小さい）ときには $\sin\theta \approx \theta$ と近似できるから（☞「三角関数の近似」，174 ページ），振り子の運動方程式は

$$\boxed{}_{⑥}$$

となる。したがって，微小振動している振り子の運動は単振動であり，角振動数 ω および周期 T は $\omega = \boxed{}_{⑦}$ ，$T = \dfrac{2\pi}{\omega} = \boxed{}_{⑧}$ と表される。

✎基本 問題 25-4　【単振り子】

単振動している長さ $L = 1.0$ m の振り子がある。次の問いに答えよ。ただし，$\pi = 3.14$ とする。
(1) 角振動数 ω を求めよ。　(2) 周期 T を求めよ。

➢発展 問題 25-5　【単振り子の周期】

ひもの先端におもりをつけ，ビルの屋上から地面すれすれまで垂らし，振り子運動させる。その振り子の周期は $T = 12.0$ s であった。次の問いに答えよ。ただし，$\pi = 3.14$ とする。
(1) ビルの高さ h を求めよ。
(2) この振り子を重力加速度が $g_m = 1.67$ m/s² である月にもって行くと，その周期 T_m は何秒になるか求めよ。

25-3　剛体振り子　Standard

図 25-2 のように，質量 m，慣性モーメント I の剛体を質量中心から距離 d の点 O を固定軸として振り子運動させる。このような振り子を**剛体振り子**もしくは**物理振り子**という。振り子の運動方向に働く力は $F = -mg\sin\theta$ であるから，トルクは $\tau = Fd =$

$-mgd\sin\theta$ となり，トルク方程式は

$$I\frac{d^2\theta}{dt^2} = -mgd\sin\theta$$

となる（☞ 21-2 節）。微小振動（θ が小さい）ときには $\sin\theta \approx \theta$ と近似できるから，運動方程式は

$$\frac{d^2\theta}{dt^2} = -\frac{mgd}{I}\theta$$

となり，単振動をすることがわかる。したがって，微小振動している剛体振り子の運動は単振動であり，角振動数 ω および周期 T は

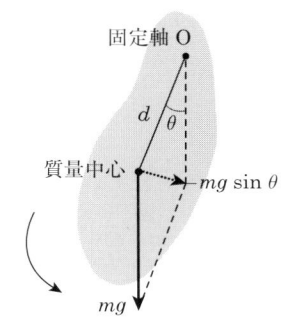

$$\omega = \boxed{}^{⑨}, \quad T = \frac{2\pi}{\omega} = \boxed{}^{⑩} \quad \text{と表される。}$$

図 25-2　剛体振り子
単振り子と同様に重力によって振動するが，振動を決定づけるのはトルクであり，微小振動させた場合には単振動をする。

問題 25-6 【剛体振り子】

図のように，長さ $L = 1.0$ m，質量 $M = 2.0$ kg の均一な細い棒の一端をピンで留め，鉛直方向に対して小さな角度 ϕ だけ傾けた状態にしてから手を離すと，この棒は単振動をした。その周期 T を求めよ。ただし，この棒の慣性モーメントは $I = ML^2/3$ であり，$\pi = 3.14$ とする。

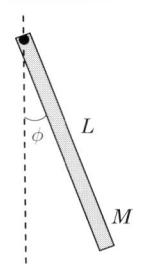

問題 25-7 【剛体振り子】

図のように，質量 $m = 2.0$ kg の剛体を質量中心から距離 $d = 0.50$ m の点 O を固定軸として振り子運動させる。鉛直方向に対して小さな角度 θ だけ傾けた状態にしてから手を離すと，この剛体は単振動をし，その周期は $T = 1.5$ s であった。この剛体の慣性モーメント I を求めよ。ただし，$\pi = 3.14$ とする。

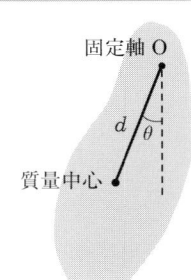

25-4　減衰振動　　Standard

単振動は，物体の運動を妨げる力が働かない理想的な振動であった。実際の振動現象では空気抵抗や摩擦力などの減衰力が働き，振動は徐々に弱まっていく。これを $\boxed{}^{⑪}$ という。減衰振動の運動方程式は，単振動の運動方程式 $m\dfrac{d^2x}{dt^2} = -kx$

① $\dfrac{1}{2}m\omega^2 A^2 \sin^2(\omega t + \delta)$ ② $\dfrac{1}{2}kA^2\cos^2(\omega t + \delta)$ ③ $\dfrac{1}{2}m\omega^2 A^2 \sin^2(\omega t + \delta) + \dfrac{1}{2}kA^2\cos^2(\omega t + \delta)$ ④ $\dfrac{1}{2}kA^2$

に減衰力が加わった形をしている。たとえば，空気中を比較的ゆっくりと運動している物体には，速度に比例した減衰力 $-bv = -b\dfrac{dx}{dt}$ が働くことが多い。この場合の運動方程式は

$$m\frac{d^2x}{dt^2} = -kx - bv \quad \Rightarrow \quad m\frac{d^2x}{dt^2} + b\frac{dx}{dt} + kx = 0$$

となる。この微分方程式を解けば，振動の様子を知ることができるが，ここでは結果のみを見ることにする（☞方程式の解法は付録B，192ページ）。この微分方程式の解は，係数の大小関係によって，振る舞いの異なる3種類の解が存在し，$\dfrac{b}{2m} = \kappa$，$\sqrt{\dfrac{k}{m}} = \omega_0$ とおくと（"κ"はギリシャ文字で"カッパ"と読む），それぞれ次のように表される。

過減衰振動　：　$b^2 - 4mk > 0$ の場合　　$x = e^{-\kappa t}\left(C_1 e^{\sqrt{\kappa^2 - \omega_0^2}\,t} + C_2 e^{-\sqrt{\kappa^2 - \omega_0^2}\,t}\right)$

臨界減衰振動：　$b^2 - 4mk = 0$ の場合　　$x = e^{-\kappa t}(C_1 t + C_2)$

減衰振動　　：　$b^2 - 4mk < 0$ の場合　　$x = Ae^{-\kappa t}\cos\left(\sqrt{\omega_0^2 - \kappa^2}\,t + \delta\right)$

この振動の様子の概略は図25-3のようになる。

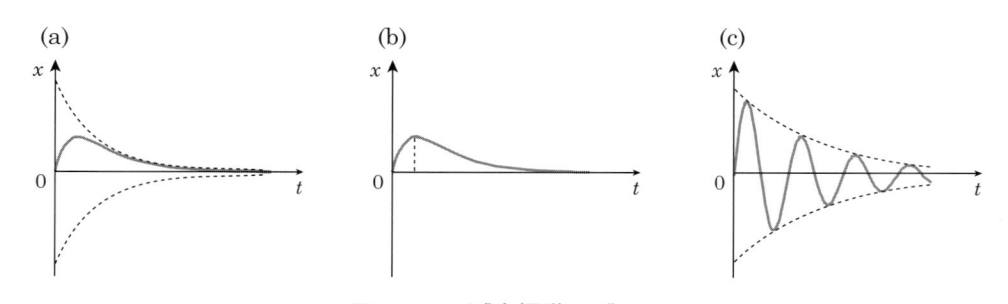

図 25-3　減衰振動のグラフ
(a) 過減衰振動　(b) 臨界減衰振動　(c) 減衰振動

　過減衰振動（図25-3(a)）では減衰力がばねの弾性力などの復元力よりも大きく，非周期的に（すなわち一度も振動せずに）位置 x はゼロに近づいて止まってしまう。一方，いわゆる減衰振動（図25-3(c)）では減衰力が復元力よりも小さく，周期的な振動を繰り返しながら徐々に止まっていく。臨界減衰振動（図25-3(b)）とは過減衰振動と減衰振動の境目であり，振動が起こらないギリギリの大きさの減衰力が働いている状態である。

25-5　強制振動と共振　Standard

　減衰振動している物体の運動はいずれ止まってしまうが，減衰力に打ち勝つような力を外から加えることで，振動を保つことができる。たとえば，振り子は空気抵抗という

減衰力のためにいずれは止まってしまうが，止まらないように力を加え続ければ動き続ける。ただし，上手なタイミングで力を加える必要がある。このように外力によって持続している振動を❿____という。

例として，速度に比例する減衰力 $-bv$ で減衰振動している物体に周期的な外力 $F_0 \cos \omega t$ を加える強制振動を考えよう。運動方程式は

$$m\frac{d^2 x}{dt^2} = -kx - bv + F_0 \cos \omega t$$

となる。この微分方程式の解より，充分時間が経過した後の振幅 A は

$$A = \frac{\dfrac{F_0}{m}}{\sqrt{(\omega^2 - \omega_0^2)^2 + \left(\dfrac{b\omega}{m}\right)^2}}$$

となることがわかる（☞方程式の解法は付録 B，193 ページ）。

ω_0 を**固有角振動数**という。一見複雑な式だが驚かず，分母の $\omega^2 - \omega_0^2$ に着目してほしい。外力の角振動数 ω が ω_0 に近い場合に $\omega^2 - \omega_0^2 \approx 0$ となって，振幅が大きくなる。特に減衰力が弱い場合（b が小さく，したがって分母の $b\omega/m$ が小さくて無視できるような場合），図 25-4 に示すとおり $\omega = \omega_0$ で振幅は急激に大きくなる。このように，固有角振動数 ω_0 付近で振幅が急激に大きくなる現象を❸____とよぶ。ω_0 は**共振角振動数**ともよばれる。

図 25-4　共振
外力の角振動数 ω が固有角振動数 ω_0 に近い場合に振幅が大きくなる。特に抵抗力が無視できる場合には，原理的に振幅は無限大となる。

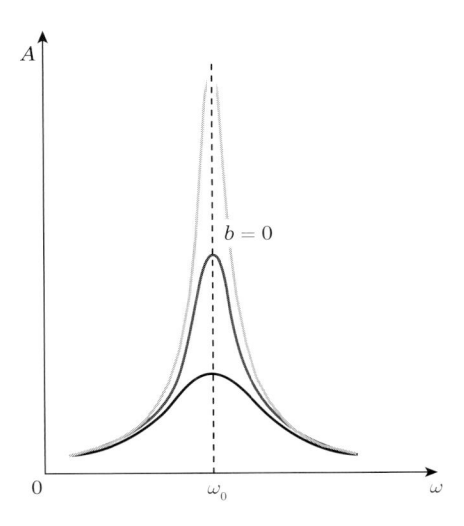

解答

問題 25-1　ⓐ 1.25×10^{-2}　ⓑ ± 0.102　ⓒ 1.04×10^{-2}　ⓓ 2.00×10^{-3}

問題 25-2　(1) $E = \dfrac{1}{2}kA^2 = 0.100$ J　(2) $v = \pm\sqrt{\dfrac{k}{m}(A^2 - x^2)} = \pm 0.219$ m/s

(3) $K = \dfrac{1}{2}mv^2 = 9.59 \times 10^{-2}$ J　(4) $U = \dfrac{1}{2}kx^2 = 4.00 \times 10^{-3}$ J

問題 25-3　(1) $v_{\max} = \sqrt{\dfrac{k}{m}} A = 0.134$ m/s　(2) $x = \pm\sqrt{A^2 - \dfrac{m}{k}v^2} = \pm 2.99$ cm

⑤ $L\dfrac{d^2\theta}{dt^2}$　⑥ $\dfrac{d^2\theta}{dt^2} = -\dfrac{g}{L}\theta$　⑦ $\sqrt{\dfrac{g}{L}}$　⑧ $2\pi\sqrt{\dfrac{L}{g}}$　⑨ $\sqrt{\dfrac{mgd}{I}}$　⑩ $2\pi\sqrt{\dfrac{I}{mgd}}$　⑪ 減衰振動

問題 25-4　(1) $\omega = \sqrt{\dfrac{g}{L}} = 3.1$ rad/s　　(2) $T = 2\pi\sqrt{\dfrac{L}{g}} = 2.0$ s

問題 25-5　(1) $h = g\left(\dfrac{T}{2\pi}\right)^2 = 35.8$ m　　(2) $T_\mathrm{m} = 2\pi\sqrt{\dfrac{h}{g_\mathrm{m}}} = 29.1$ s

問題 25-6　$T = 2\pi\sqrt{\dfrac{2L}{3g}} = 1.6$ s

問題 25-7　$I = mgd\left(\dfrac{T}{2\pi}\right)^2 = 0.56$ kg·m^2

三角関数の近似

三角関数はマクローリン展開すれば以下のように展開できる。

$$\sin x = x - \dfrac{x^3}{3!} + \dfrac{x^5}{5!} + \cdots\cdots + (-1)^n \dfrac{x^{2n+1}}{(2n+1)!} + \cdots\cdots$$

$$\cos x = 1 - \dfrac{x^2}{2!} + \dfrac{x^4}{4!} + \cdots\cdots + (-1)^n \dfrac{x^{2n}}{(2n)!} + \cdots\cdots$$

x が充分に小さいとき（$x \ll 1$）は，2 次以上の項が無視できるから，以下のように近似できる。

$$\sin x \approx x, \quad \cos x \approx 1, \quad \tan x \approx x$$

専門用語の英語表現③

■数学に関する用語■

ベクトル	vector
スカラー	scalar
単位ベクトル	unit vector
スカラー積(内積)	scalar product (inner product)
ベクトル積(外積)	vector product (outer product)
微分	differential calculus (differentiation)
積分	integral calculus (integration)
微分方程式	differential equation
関数	function
三角関数	trigonometric function
対数関数	logarithmic function
指数関数	exponential function
楕円	ellipse
焦点	focus
接線	tangent line

第26章 ケプラーの法則と万有引力

キーワード ケプラーの法則, 万有引力の法則, 重力のポテンシャルエネルギー, 第2宇宙速度

26-1 ケプラーの法則　Standard

　地球をはじめとする太陽系の惑星は太陽のまわりをまわっている。これは誰もが知っているであろう。だが、どのようにまわっているのだろうか。ドイツの天文学者ヨハネス・ケプラーは、それまでに観測で得られていた膨大なデータを解析し、1609年に「新しい天文学」と題する書物の中で、次のいわゆる**ケプラーの法則**が成り立つことを書き記した。

第1法則　惑星は、太陽を1つの焦点とする楕円軌道を描いて運動する。
第2法則　惑星と太陽を結ぶ線分が単位時間に描く面積（面積速度）は、一定である。
第3法則　惑星が太陽をまわる周期 T の2乗は、楕円の長半径 a の3乗に比例する。
　　　　　$T^2 = Ka^3$（K は比例定数）

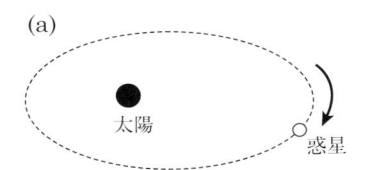

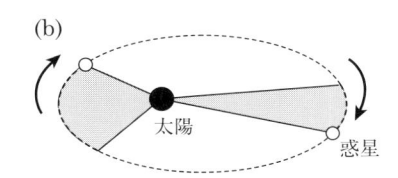

図 26-1　ケプラーの法則
(a) は第1法則　(b) は第2法則

楕円と焦点

　ある1点から等距離にある点の集合は円となる。これに対して、ある2点からの距離の和が一定である点の集合は楕円となる。この2点を楕円の**焦点**という。楕円の中心から一番長い半径を**長半径**、一番短い半径を**短半径**という。長半径を a、中心から焦点までの距離を c とすると、**離心率**は $e = c/a$ となり、真円からのズレの程度を表す。つまり、離心率がゼロに近いほど円に近い楕円ということになる。

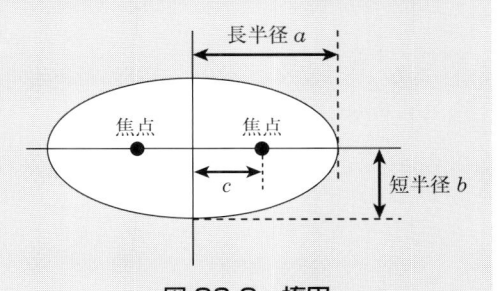

図 26-2　楕円
離心率によって楕円は特徴づけられる。

第2法則は，**面積速度一定の法則**ともよばれ，第23章で紹介した角運動量保存則の帰結である。惑星は太陽からの引力を受けて運動しているから，位置ベクトル$\vec{r}$と引力$\vec{F}$は常に平行であり，トルクは$\vec{\tau} = \vec{r} \times \vec{F} = 0$である。すなわち，$\vec{\tau} = d\vec{L}/dt = 0$であるから，角運動量は保存され，$\vec{L} = \vec{r} \times \vec{p} = m\vec{r} \times \vec{v} =$ 一定である。

図26-3のように，惑星が速度$\vec{v}$で時間dtに$d\vec{r} = \vec{v}dt$だけ変位した場合を考える。この間に位置ベクトル$\vec{r}$は面積dAを掃き，この面積は$\vec{r}$と$d\vec{r}$が作る平行四辺形の面積$|\vec{r} \times d\vec{r}|$の半分であるから

$$dA = \frac{1}{2}|\vec{r} \times d\vec{r}| = \frac{1}{2}|\vec{r} \times \vec{v}dt| = \frac{L}{2m}dt$$

となり，面積速度$dA/dt = L/2m =$ 一定となることがわかる。

第3法則は，実際のデータ（表26-1）から，$a^3/T^2 =$ 一定となることがわかるので，$T^2 \propto a^3$が成り立つ（☞問題26-1）。

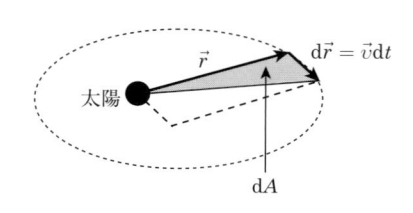

図26-3 面積速度
面積速度はベクトル積が平行四辺形の面積を表すことを利用して計算できる。

表26-1 惑星のデータ
天文単位 $= 1.50 \times 10^{11}$ m，太陽年 $= 365$ 日

	離心率 e	長半径 a （天文単位）	公転周期 T （太陽年）	$\dfrac{a^3}{T^2}$
水星	0.2056	0.387	0.241	
金星	0.0068	0.723	0.615	
地球	0.0167	1.00	1.00	1.00
火星	0.0934	1.52	1.88	
木星	0.0485	5.20	11.9	
土星	0.0555	9.55	29.5	1.00
天王星	0.0463	19.2	84.0	1.00
海王星	0.0090	30.1	165	1.00

出典…国立天文台編，理科年表 平成21年版，丸善（2009）

⚠ 記号 "$\propto$" は "比例" を表す数学記号である。

問題 26-1 【ケプラーの第3法則】

表26-1を参考にして，水星，金星，火星，木星についてa^3/T^2（aは長半径，Tは公転周期）を計算せよ。それによって，ケプラーの第3法則（$T^2 \propto a^3$）が成り立つことを確かめよ。

ヨハネス・ケプラー
Johannes Kepler (1571 〜 1630)

ドイツの天文学者。1589年にチュービンゲン大学を哲学・神学で卒業したが，その後に天文学に興味を抱き，高校の教師をしながら天文学の研究を行う。1596年に著書「宇宙の神秘」を出版，ガリレイやティコ・ブラーエから高い評価を受ける。1600年にブラーエの助手となり，翌年1601年にブラーエが他界した後も，火星運動の観測を続けた。1609年に著書「新天文学」の中でケプラーの第1法則と第2法則を発表，その後の1619年には「世界の和声」で第3法則を発表した。水星や金星の太陽通過時刻の計算，惑星の運動表（ルドルフ表）の作製など，天文学の発展に大きく貢献したが，病弱であったケプラーは貧困にも苦しみ，生計は占星術で立てねばならなかった。

26-2 ケプラーの法則から万有引力の法則へ Standard

　ニュートンは，惑星がケプラー運動をするのは，惑星を含めすべて物体に働く万有引力が原因であると考えた。そして，ケプラーの発見から約80年後の1687年に「プリンキピア」の中で万有引力の法則を発表した。

　ニュートンの考察の概要は以下のとおりである。まず，ケプラーの第1法則については楕円軌道を近似的に完全な円運動だと見なした。この場合，第2法則が成り立つので惑星は等速円運動をする。このとき，惑星の質量を m，軌道半径を r，角速度を ω，働く力を F とすれば，惑星の運動方程式は

$$F = ma = \text{①} \boxed{}$$

となる。これに，ケプラーの第3法則から $Kr^3 = T^2 = (2\pi/\omega)^2$ を代入すれば

$$F = \text{②} \boxed{} \propto \frac{m}{r^2}$$

が得られる。この式から，ニュートンは惑星に働く力は引力であり，その大きさは惑星の質量に比例し，太陽からの距離の2乗に反比例すると考えた。

　次にニュートンは，引力が円運動を引き起こすならば，地球のまわりをまわっている月の円運動も地球の引力が原因かもしれないと気がついた。そして同じ地球の引力がリンゴに働くと，リンゴは落下する。月の公転運動とリンゴの落下運動は同じ力によって生じるとニュートンは考えたのである。質量 M_m の月が軌道半径 r_m の2乗に反比例する引力を受けて，地球のまわりを角速度 ω で等速円運動をする場合

$$M_m r_m \omega^2 = C \frac{M_m}{r_m^2}$$

が成り立つ。C は比例定数であり $T_m = 2\pi/\omega$ を用いると

$$C = \text{③} \boxed{}$$

となる。一方，質量 m のリンゴが地球の中心から距離 R_e（地球半径）の2乗に反比例する引力を受けて加速度 g で落下する場合

$$mg = C' \frac{m}{R_e^2}$$

が成り立ち，比例定数は $C' = \text{④} \boxed{}$ となる。
ここで，月に働く力とリンゴに働く力がともに同じ地球からの引力であると考えているのだから，比例定数を $C = C'$ とするとリンゴの落下加速度 g は

$$g = \frac{4\pi^2 r_m^3}{R_e^2 T_m^2}$$

となる。地球の半径は $R_e = 6.37 \times 10^6$ m, 月の軌道半径は $r_m = 3.84 \times 10^8$ m, および月の回転周期は $T_m = 2.36 \times 10^6$ s であるので, 上式に数値を代入すると $g = 9.88$ m/s^2 となり, 地上の重力加速度をよく再現している。

　ニュートンは以上の考えをさらに一般化して, 太陽・月・リンゴに関わらず, すべての質点間にこのような引力が作用し合うと考えて, 第10章で紹介した万有引力の法則を打ち立てた。

$$F = G\frac{m_1 m_2}{r^2} \qquad G = 6.674 \times 10^{-11} \text{ N} \cdot \text{m}^2/\text{kg}^2$$

こうしてニュートンはケプラーの法則から万有引力の法則を導いたのである。

　逆に, 太陽と惑星の間にニュートンの万有引力が働くとして解析を行うと, 惑星がケプラーの法則にしたがう運動をすることが示される。（☞問題26-4）

問題 26-2 【太陽の質量】

　地球は万有引力を受けて, 太陽のまわりを半径 $r = 1.50 \times 10^{11}$ m の等速円運動している。その公転周期は $T = 3.16 \times 10^7$ s である。太陽の質量 M_s を求めよ。ただし, 万有引力定数を $G = 6.67 \times 10^{-11}$ N·m^2/kg^2, $\pi = 3.14$ とする。

解答

地球の質量を M_e, 公転速度を v とすると, 地球に働く万有引力は向心力に等しいから

$$\frac{GM_s M_e}{r^2} = \boxed{} \text{ⓐ}$$

が成り立つ。ここで, 公転速度は周期 T を用いて

$$v = \boxed{} \text{ⓑ}$$

と表されるから, 上の式に代入して v を消去すれば, 太陽の質量は

$$M_s = \boxed{} \text{ⓒ} = \boxed{} \text{ⓓ} \text{ kg}$$

問題 26-3 【地球の質量】

　月は万有引力を受けて, 地球のまわりを半径 $r = 3.84 \times 10^8$ m の等速円運動している。その公転周期は $T = 2.36 \times 10^6$ s である。地球の質量 M_e を求めよ。ただし, 万有引力定数を $G = 6.67 \times 10^{-11}$ N·m^2/kg^2, $\pi = 3.14$ とする。

発展 問題 26-4 【ケプラーの第3法則】

ある惑星が万有引力を受けて，太陽のまわりを半径 r の等速円運動している。その公転周期を T とすると，ケプラーの第3法則：$T^2 = Kr^3$ が成り立つ。比例定数 K を決定せよ。ただし，万有引力定数を $G = 6.67 \times 10^{-11}$ N·m²/kg²，太陽の質量を $M_s = 1.99 \times 10^{30}$ kg，$\pi = 3.14$ とする。

26-3 重力のポテンシャルエネルギー Standard

16-3節で学んだように，保存力 F とポテンシャルエネルギー U の間には

$$F = -\frac{dU}{dr}$$

の関係があった。これから，保存力を積分すればポテンシャルエネルギーが得られる。物体が位置 r_i にあるときのポテンシャルエネルギーを U_i とし，物体が位置 r_f にあるときのポテンシャルエネルギーを U_f とすると，ポテンシャルエネルギーの差は

$$U_f - U_i = -\int_{r_i}^{r_f} F dr$$

で求められる。これを利用して重力（地球の万有引力）のポテンシャルエネルギーを求めてみよう。地球の質量を M_e，物体の質量を m，地球の中心から物体までの距離を r とし，$F = -G\dfrac{M_e m}{r^2}$ を用いると

$$U_f - U_i = \int_{r_i}^{r_f} G\frac{M_e m}{r^2} dr = GM_e m \int_{r_i}^{r_f} \frac{1}{r^2} dr$$

となり，積分すると

$$U_f - U_i = \boxed{} \quad ⑤$$

が得られる。ここでポテンシャルエネルギーの基準点は自由に選択できたので，重力がゼロとなる点（$r_i = \infty$）を基準とし，$r_f = r$ でのポテンシャルエネルギーを $U_f = U$ と書くと，重力のポテンシャルエネルギーは

$$U = \boxed{} \quad ⑥$$

となることがわかる。

さて，万有引力から重力のポテンシャルエネルギーを導いたが，重力のポテンシャルエネルギーといえば，第16章で学んだように $U = mgh$ であった。この両者は，どの

---

① $mr\omega^2$ ② $\dfrac{4\pi^2 m}{Kr^2}$ ③ $\dfrac{4\pi^2 r_m^3}{T_m^2}$ ④ gR_e^2

ように関係するのだろうか。これを見るために，地表からの高さ h が地球の半径 R_e に比べて充分に小さい場合を考える。地表での重力のポテンシャルエネルギー U_i および高さ h での重力のポテンシャルエネルギー U_f の差は

$$\Delta U = U_f - U_i = GM_e m \left[-\frac{1}{r}\right]_{R_e}^{R_e+h} = \boxed{}_⑦ - \boxed{}_⑧$$

$$= GM_e m \left(\frac{1}{R_e} - \frac{1}{R_e+h}\right) = GM_e m \left\{\frac{h}{R_e(R_e+h)}\right\}$$

となり，$h \ll R_e$ であるから，$(R_e + h) \approx R_e$ と近似して

$$\Delta U \approx GM_e m \left(\frac{h}{R_e^2}\right) = m \left(\frac{GM_e}{R_e^2}\right) h$$

と書ける。ここで，重力 = 万有引力，すなわち $mg = \dfrac{GM_e m}{R_e^2}$ を用いれば

$$\Delta U \approx mgh$$

となり，$U = -\dfrac{GM_e m}{r}$ の近似として $U = mgh$ が成り立つことがわかる。

基本 問題 26-5　【重力のポテンシャルエネルギー】

地球表面にある質量 m の物体がもつ重力のポテンシャルエネルギーは，地表から地球の半径 R_e の 2 倍の位置でもつ重力のポテンシャルエネルギーの何倍か。ここで，地球の質量を M_e，万有引力定数を G とする。

26-4　第 2 宇宙速度　Standard

質量 M_e の地球から質量 m のロケットを速さ v で打ち上げることを考えよう。宇宙には地球とロケットの 2 つしか存在しないとするならば，力学的エネルギー

$$E = K + U = \boxed{}_⑨$$

は保存される。ここで，r は地球の中心からロケットまでの距離である。ロケットを打ち上げる速さが充分でないと，打ち上げたロケットは失速し墜落してしまう。そこで，ロケットが地球の重力を振り切って地表 ($r_i = R_e$) を速さ v_i で飛び立ち，宇宙旅行へ出かけるために必要な初速を求めてみよう。地球を飛び立って地球の中心から位置 r_f に達したときの速さを v_f とすると，力学的エネルギー保存則から

$$\frac{1}{2}mv_i^2 - G\frac{M_e m}{R_e} = \boxed{}_⑩$$

が成り立つ。ここで，投げ上げ運動を思い出そう。投げ上げられた物体は，最高点では $v=0$ となるが，重力があるためにその後，落下する。落下せずに宇宙へ飛び立つためには，最高点 $(v=0)$ が重力の働かない $r=\infty$ になるように打ち上げる必要がある。よって，上の式に $r_f = \infty$ および $v_f = 0$ を代入すると

$$v_i = \sqrt{\frac{2GM_e}{R_e}}$$

が得られる。初速がこの速さ以上でないとロケットは失速してしまう。この脱出速度を⓫ □ という。ここで，第2宇宙速度がロケットの質量に依存しない点に注目しておこう。軽いロケットだろうが重いロケットだろうが，あるいは気体の分子であったとしても第2宇宙速度は同じである。

基本 問題 26-6 【第2宇宙速度】

地球の質量を $M_e = 5.98 \times 10^{24}$ kg，半径を $R_e = 6.37 \times 10^6$ m，木星の質量を $M_j = 1.90 \times 10^{27}$ kg，半径を $R_j = 6.99 \times 10^7$ m，万有引力定数を $G = 6.67 \times 10^{-11}$ N·m²/kg² として，地球および木星の第2宇宙速度を求めよ。

解答

問題 26-1　水星：$\frac{a^3}{T^2} = 0.998$，金星：$\frac{a^3}{T^2} = 0.999$，火星：$\frac{a^3}{T^2} = 0.994$，木星：$\frac{a^3}{T^2} = 0.993$

問題 26-2　ⓐ $\frac{M_e v^2}{r}$　ⓑ $\frac{2\pi r}{T}$　ⓒ $\frac{4\pi^2 r^3}{GT^2}$　ⓓ 2.00×10^{30}

問題 26-3　$M_e = \frac{4\pi^2 r^3}{GT^2} = 6.01 \times 10^{24}$ kg

問題 26-4　$K = \frac{4\pi^2}{GM_s} = 2.97 \times 10^{-19}$ s²/m³

問題 26-5　$\frac{GM_e m}{R_e} \Big/ \frac{GM_e m}{R_e + 2R_e} = 3$ 倍

問題 26-6　$v_e = \sqrt{\frac{2GM_e}{R_e}} = 1.12 \times 10^4$ m/s　$v_j = \sqrt{\frac{2GM_j}{R_j}} = 6.02 \times 10^4$ m/s

⑤ $-GM_e m \left(\frac{1}{r_f} - \frac{1}{r_i} \right)$　⑥ $-\frac{GM_e m}{r}$　⑦ $-\frac{GM_e m}{R_e + h}$　⑧ $-\frac{GM_e m}{R_e}$　⑨ $\frac{1}{2}mv^2 - G\frac{M_e m}{r}$

⑩ $\frac{1}{2}mv_f^2 - G\frac{M_e m}{r_f}$　⓫ 第2宇宙速度

総合演習 IV 剛体, 振動, 万有引力

復習 問題IV-1 【加速度の接線方向成分】 ☞ 問題20-6

半径 $r = 2.0$ m の円盤が一定の角加速度 $\alpha = 4.0$ rad/s^2 で回転している。このとき, 円盤の縁がもつ接線方向の加速度の大きさ a_t を求めよ。

復習 問題IV-2 【運動方程式】 ☞ 問題21-6

摩擦のない軸のまわりに自由に回転できる半径 $R = 0.30$ m, 質量 $M = 2.0$ kg の滑車にひもを巻きつけ, 図のように, ひもの下端に滑車と同じ質量のおもりをつけ, 手を離す。次の問いに答えよ。ただし, 滑車の慣性モーメントを $I = MR^2/2$ とする。 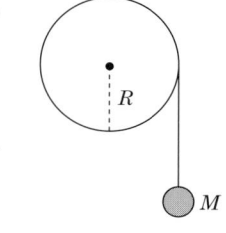
(1) 滑車の角加速度を α, おもりの加速度を a, 張力を T として, 滑車およびおもりの運動方程式を書け。 (2) 滑車の角加速度 α を求めよ。
(3) おもりの加速度 a を求めよ。 (4) 張力 T を求めよ。

復習 問題IV-3 【ベクトル積の応用例】 ☞ 問題22-5

原点を中心に質量 $m = 3.0$ kg の粒子が角速度 $\vec{\omega} = 2.0\vec{k}$ [rad/s] で等速円運動している。この粒子の位置が $\vec{r} = -3.0\vec{i} + 2.0\vec{j}$ [m] で表されるとき, 次の問いに答えよ。
(1) この粒子の速度 $\vec{v}$ を求めよ。 (2) この粒子に働く向心力 $\vec{F}$ を求めよ。

復習 問題IV-4 【質点の角運動量】 ☞ 問題23-2

質量 $m = 2.0$ kg の粒子が速度 $\vec{v} = 2.0\vec{i} - 3.0\vec{j}$ [m/s] で直線上を運動している。この粒子の位置が $\vec{r} = 3.0\vec{i} + 3.0\vec{j}$ [m] であるとき, 次の問いに答えよ。
(1) 原点に関するこの粒子の角運動量 $\vec{L}$ を求めよ。 (2) $\vec{r}$ と $\vec{v}$ のなす角 θ を求めよ。

復習 問題IV-5 【ばねの単振動】 ☞ 問題24-7

ばね定数 $k = 5.0$ N/m のばねにつけられた質量 $m = 2.0$ kg の物体が滑らかな水平面上で単振動している。次の問いに答えよ。
(1) 角振動数 ω を求めよ。 (2) 周期 T を求めよ。 (3) 振動数 f を求めよ。

総合 問題IV-6 【落下する棒】

長さ L, 質量 M の均一な細い棒の一端を垂直な壁にピンで留め, それを軸に自由に回転できるようにした。この棒を図のように水平に対して角度 θ だけ傾けた状態にしてから手を離す。次の問いに答えよ。ただし, 重力加速度の大きさを g, 棒の慣性モーメントは $I = ML^2/3$ である。 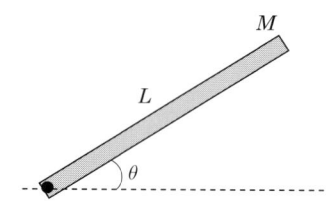
(1) 棒が最下点にきたときの角速度 ω を求めよ。

(2) 棒が最下点にきたときの質量中心の速度 v_G を求めよ。
(3) 棒が最下点にきたときの棒の端の速度 v を求めよ。

ヒント (1) 棒がはじめにもつポテンシャルエネルギーを考え，それが最下点での回転の運動エネルギーに変わる（力学的エネルギー保存則）ことを用いよ。 (2)・(3) (1)で求めた角速度を用いて，質量中心および棒の端の速度はどう表されるか考えよ。

総合問題IV-7　【滑車にかけた物体の運動】

図のように，半径 R の滑車にかけた軽いひもの両端に，質量 m_1, m_2 ($m_1 < m_2$) のおもりをつるし，静かに手を離す。重力加速度の大きさを g, 滑車の慣性モーメントを I として，次の問いに答えよ。ただし，ひもは滑車上を滑らないものとする。
(1) 滑車の慣性モーメントが無視できるとき，おもりの加速度 a を求めよ。
(2) 滑車の慣性モーメントを考慮するとき，おもりの加速度 a を求めよ。
(3) 滑車の慣性モーメントを考慮するとき，質量 m_2 のおもりが h だけ下降したときのおもりの速さ v を求めよ。

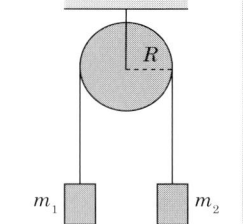

ヒント (1) 滑車の慣性モーメントが無視できる＝滑車の回転は考えない。すなわち，それぞれのおもりに働く張力が等しい。それぞれのおもりについての運動方程式を立てよ。 (2) 滑車を回転させる力は，滑車の左右に働く張力であるから，滑車の左右に働く張力もしくはそれぞれのおもりに働く張力が異なることに注意せよ。それぞれのおもりおよび滑車についての運動方程式を立てよ。
(3) ①力学的エネルギー保存則を用いる。　②運動学的方程式に(2)で求めた加速度を代入する。どちらの方法でも求めることができる。

総合問題IV-8　【単振動】

長さ L のひもの端に質量 m の小球をつけ，天井からつるす。小球を鉛直方向から θ だけ傾けた状態にしてから静かに手を離すとき，次の問いに答えよ。ただし，重力加速度の大きさを g とする。
(1) 小球が単振動するための条件を求め，単振動をすることを示せ。
(2) 角振動数 ω および周期 T を求めよ。
(3) この振り子の変位が $s = A \cos(\omega t + \delta)$ で与えられるとき，任意の時刻 t における速度 v および加速度 a を求めよ。

ヒント (1) 小球の運動方程式を θ についての微分方程式の形で表し，この方程式が単振動の方程式と一致するための条件を考えよ。 (2) 運動方程式と単振動の方程式との比較から，角振動数を求め，周期を計算せよ。 (3) 変位と速度および変位と加速度の関係は，微分によって与えられることを思い出せ。

総合問題IV-9　【地球を貫くトンネル】

図aのように地球の中心を通るまっすぐなトンネルABを掘り，その中を質量 m の列車を走らせることを考える。トンネルと列車の間には摩擦がないと仮定し，地球を半径 R_e, 質量 M_e の一様な球と見なし，次の問いに答えよ。ただし，万有引力定数を G とする。 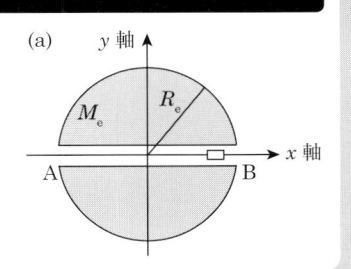
(1) 地球の密度 ρ を求めよ。
(2) 地球の中心から x ($x < R_e$) の位置で列車に働く力の大きさ F を

総合演習IV　183

求めよ。
(3) 列車の運動方程式を求めよ。
(4) $M_e = 5.98 \times 10^{24}$ kg, $R_e = 6.37 \times 10^6$ m, $G = 6.67 \times 10^{-11}$ N·m²/kg², $\pi = 3.14$ として，列車が1往復する時間 T を求めよ。

次に，図bのように地球の中心を通らないまっすぐなトンネル A'B' 内に列車を走らせることを考える。
(5) 地球の中心から r $(r < R_e)$，x 軸とのなす角が θ の位置で列車の進行方向に働く力の大きさ F' を求めよ。
(6) $M_e = 5.98 \times 10^{24}$ kg, $R_e = 6.37 \times 10^6$ m, $G = 6.67 \times 10^{-11}$ N·m²/kg², $\pi = 3.14$ として，列車が1往復する時間を求めよ。

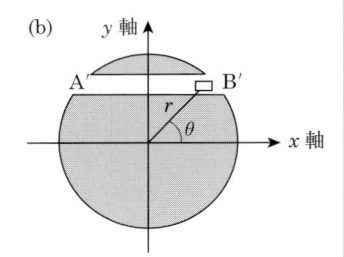

ヒント (1) 密度は単位体積あたりの質量であり，球の体積は $4\pi r^3/3$ で与えられる。 (2) 列車は半径 x の球内の質量から万有引力を受ける。 (3) 列車に働く力は，(2)で求めた万有引力のみである。運動方程式を微分方程式の形で表せ。 (4) (3)で得られた運動方程式の形から列車がどのような運動をするのかを考えよ。1往復する時間 = 周期である。 (5) (2)と同様に列車は半径 r の球内の質量から万有引力を受けるから，その水平成分を考えよ。 (6) 運動方程式を微分方程式の形で立て，変形することで，列車がどのような運動をするのか考えよ。

解答

問題IV-1 $a_t = r\alpha = 8.0$ m/s²

問題IV-2 (1) $RT = I\alpha$, $Mg - T = Ma$ (2) $\alpha = \dfrac{2g}{3R} = 22$ rad/s²

(3) $a = \dfrac{2g}{3} = 6.5$ m/s² (4) $T = \dfrac{Mg}{3} = 6.5$ N

問題IV-3 (1) $\vec{v} = \vec{\omega} \times \vec{r} = -4.0\vec{i} - 6.0\vec{j}$ [m/s] (2) $\vec{F} = m\vec{\omega} \times \vec{v} = 36\vec{i} - 24\vec{j}$ [N]

問題IV-4 (1) $\vec{L} = m\vec{r} \times \vec{v} = -30\vec{k}$ [kg·m²/s] (2) $\theta = \sin^{-1}\dfrac{|\vec{r} \times \vec{p}|}{|\vec{r}||\vec{p}|} = 79°$

問題IV-5 (1) $\omega = \sqrt{\dfrac{k}{m}} = 1.6$ rad/s (2) $T = \dfrac{2\pi}{\omega} = 2\pi\sqrt{\dfrac{m}{k}} = 4.0$ s (3) $f = \dfrac{1}{T} = 0.25$ Hz

▶(2)の補足：$T = \dfrac{2\pi}{\omega}$ に(1)の結果を代入した場合と $T = 2\pi\sqrt{\dfrac{m}{k}}$ に直接代入した場合とでは結果が異なる。ω の値を1桁多く（$\omega = 1.58$）とって代入せよ。

問題IV-6 (1) はじめに棒がもつ重力のポテンシャルエネルギーは，$\dfrac{L}{2}Mg(1+\sin\theta)$ で，このエネルギーが回転の運動エネルギーに変わるから，力学的エネルギー保存則より，

$$\dfrac{L}{2}Mg(1+\sin\theta) = \dfrac{1}{2}I\omega^2$$

よって，慣性モーメント $I = \dfrac{ML^2}{3}$ を代入して整理すれば，

$$\omega = \sqrt{\dfrac{3g(1+\sin\theta)}{L}}$$

(2) 質量中心の速度 v_C は，$v = r\omega$ より，$v_C = \dfrac{1}{2}\sqrt{3g(1+\sin\theta)L}$

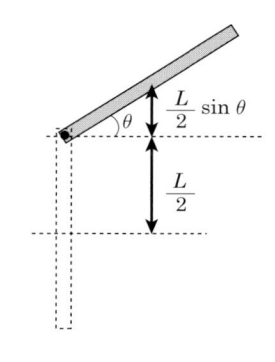

(3) (2)と同様に，棒の端の速度は $v = \sqrt{3g(1+\sin\theta)L} = 2v_C$ となる。

問題 IV-7 (1) おもりに働く張力を T とすると運動方程式は，$T - m_1 g = m_1 a$, $m_2 g - T = m_2 a$ だから，連立して張力 T を消去すれば，$a = \dfrac{(m_2 - m_1)g}{m_1 + m_2}$

(2) 質量 m_1, m_2 のおもりに働く張力をそれぞれ T_1, T_2 とすると，滑車に作用するトルクは，時計回りを正として，$-RT_1 + RT_2$ だから，トルク方程式は，$-RT_1 + RT_2 = I\alpha$ となる。よって，滑車の角加速度は

$$\alpha = \frac{R(-T_1 + T_2)}{I} \quad \cdots\cdots ①$$

一方，おもりの運動方程式は，$T_1 - m_1 g = m_1 a$, $m_2 g - T_2 = m_2 a$ だから，張力 T_1, T_2 はそれぞれ $T_1 = m_1 a + m_1 g$, $T_2 = m_2 g - m_2 a$ と表される。式①に代入して

$$\alpha = \frac{R\{-(m_1 + m_2)a + (m_2 - m_1)g\}}{I}$$

ここで，$a = R\alpha$ の関係を用いて，α を消去すれば

$$a = \frac{R^2(m_2 - m_1)g}{R^2(m_1 + m_2) + I}$$

(3) 滑車の角速度を ω として，力学的エネルギー保存則を用いて

$$0 = \frac{1}{2}m_1 v^2 + m_1 gh + \frac{1}{2}m_2 v^2 - m_2 gh + \frac{1}{2}I\omega^2$$

また，$v = R\omega$ であるから，ω を消去し，整理すれば

$$v = \sqrt{\frac{2R^2(m_2 - m_1)gh}{R^2(m_1 + m_2) + I}}$$

(別解) (2)の結果 $a = \dfrac{R^2(m_2 - m_1)g}{R^2(m_1 + m_2) + I}$ を運動学的方程式: $v^2 = 2ah$ に代入して，

$$v = \sqrt{\frac{2R^2(m_2 - m_1)gh}{R^2(m_1 + m_2) + I}}$$

問題 IV-8 (1) 振り子の運動方向に働く力は $F = -mg\sin\theta$ であるから，運動方程式は $m\dfrac{d^2 s}{dt^2} = -mg\sin\theta$ となる。ここで $s = L\theta$ を用いると，左辺は，$\dfrac{d^2 s}{dt^2} = \dfrac{d^2(L\theta)}{dt^2} = L\dfrac{d^2\theta}{dt^2}$ であるので，運動方程式は $\dfrac{d^2\theta}{dt^2} = -\dfrac{g}{L}\sin\theta$ となる。

θ が小さいときには $\sin\theta \approx \theta$ と近似できるから，振り子の運動方程式は $\dfrac{d^2\theta}{dt^2} = -\dfrac{g}{L}\theta$ となり，単振動することがわかる。すなわち，$\sin\theta = \theta$ が成り立つようにすればよい。

(2) 角振動数 ω および周期 T は $\omega = \sqrt{\dfrac{g}{L}}$, $T = \dfrac{2\pi}{\omega} = 2\pi\sqrt{\dfrac{L}{g}}$

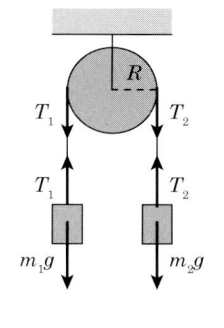

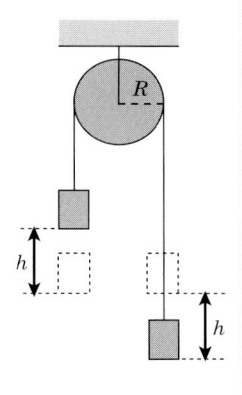

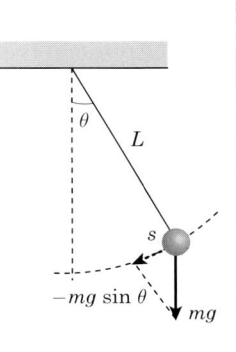

(3) 速度は変位を時間で微分すればよいから，$v = \dfrac{ds}{dt} = -\omega A \sin(\omega t + \delta)$

さらに，加速度は速度を時間で微分すればよいから，$a = \dfrac{dv}{dt} = -\omega^2 A \cos(\omega t + \delta) = -\omega^2 s$

問題 IV-9　(1) 地球の質量は地球の密度を用いて $M_e = \dfrac{4}{3}\pi R_e^3 \rho$ と表されるから，

$$\rho = \dfrac{3M_e}{4\pi R_e^3}$$

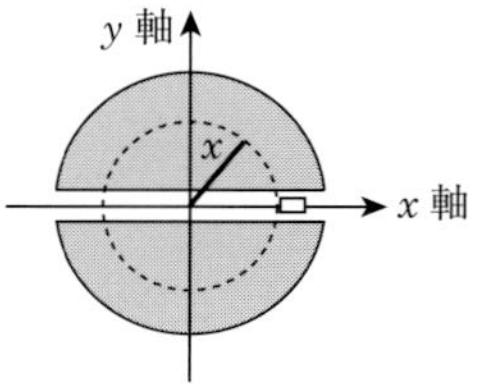

(2) 列車は半径 x の球内の質量から万有引力を受ける。半径 x の球の質量は $M = \dfrac{4}{3}\pi x^3 \rho = \dfrac{M_e}{R_e^3}x^3$ であるから，

$$F = \dfrac{GMm}{x^2} = \dfrac{GM_e m}{R_e^3}x$$

(3) 運動方程式は(2)で求めた力が引力であることに注意して，$m\dfrac{d^2 x}{dt^2} = -\dfrac{GM_e m}{R_e^3}x$

すなわち，$\dfrac{d^2 x}{dt^2} = -\dfrac{GM_e}{R_e^3}x$ となり，角振動数 $\omega = \sqrt{\dfrac{GM_e}{R_e^3}}$ の単振動をすることがわかる。

(4) 1往復する時間は，この単振動の周期であるから，

$$T = \dfrac{2\pi}{\omega} = 2\pi\sqrt{\dfrac{R_e^3}{GM_e}} = 5.06 \times 10^3 \text{ s} = 84.3 \text{ 分}$$

(5) (2)と同様に列車に働く力は $F = \dfrac{GM_e m}{R_e^3}r$ であるから，

進行方向の力の成分は $F' = \dfrac{GM_e m}{R_e^3}r\cos\theta$

(6) 改めて，x 軸をトンネル内に設定すると，$r\cos\theta = x$ であるから，運動方程式は $\dfrac{d^2 x}{dt^2} = -\dfrac{GM_e}{R_e^3}x$ となり，(3)の結果と一致し，角振動数 $\omega = \sqrt{\dfrac{GM_e}{R_e^3}}$ の単振動をすることがわかる。よって，1往復する時間は，地球の中心を通るトンネルを1往復する時間 $T = 5.06 \times 10^3 \text{ s} = 84.3$ 分と同じになる。

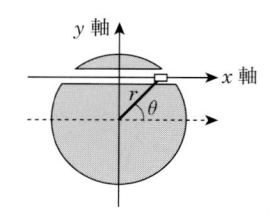

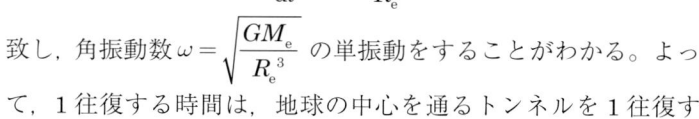

付録A 慣性モーメント

(a) 長さ L, 質量 M の細い棒の中点を通り, 棒に垂直な軸まわりの慣性モーメント

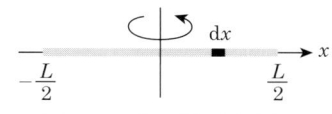

図 A-1 細い棒（中点）

$$I = \int r^2 \lambda dL = \int_{-\frac{L}{2}}^{\frac{L}{2}} x^2 \lambda dx$$

$$= \lambda \left[\frac{1}{3} x^3 \right]_{-\frac{L}{2}}^{\frac{L}{2}} = \frac{1}{3} \lambda \left[\left(\frac{L}{2} \right)^3 - \left(-\frac{L}{2} \right)^3 \right]$$

$$= \frac{1}{12} \lambda L^3 = \frac{1}{12} \lambda L L^2 = \boxed{\frac{1}{12} M L^2}$$

(b) 長さ L, 質量 M の細い棒の端を通り, 棒に垂直な軸まわりの慣性モーメント

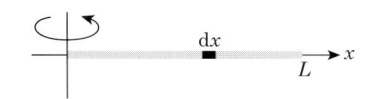

図 A-2 細い棒（端）

$$I = \int r^2 \lambda dL = \int_0^L x^2 \lambda dx$$

$$= \lambda \left[\frac{1}{3} x^3 \right]_0^L = \frac{1}{3} \lambda L^3 = \frac{1}{3} \lambda L L^2 = \boxed{\frac{1}{3} M L^2}$$

◆この慣性モーメントは, 平行軸線定理 $I = I_\mathrm{c} + MD^2$ を用いて

$$I = I_\mathrm{c} + MD^2 = \frac{1}{12} ML^2 + M \left(\frac{L}{2} \right)^2 = \boxed{\frac{1}{3} ML^2}$$

のように計算できる。同様に, 任意の軸に対する慣性モーメントを求めることができる。

(c) 縦の長さが a, 横の長さが L, 質量 M の薄い長方形の板の中心を通り, 一辺に平行な軸まわりの慣性モーメント

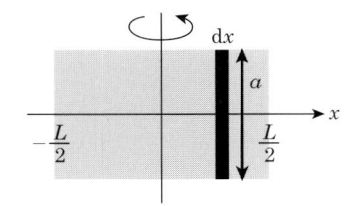

図 A-3 薄い長方形の板（平行）

回転軸からの距離が x の微小部分 dx の面積要素は $dA = adx$ であるから

$$I = \int r^2 \sigma dA = \int_{-\frac{L}{2}}^{\frac{L}{2}} x^2 \sigma a dx = \sigma a \int_{-\frac{L}{2}}^{\frac{L}{2}} x^2 dx$$

$$= \sigma a \left[\frac{1}{3} x^3 \right]_{-\frac{L}{2}}^{\frac{L}{2}} = \frac{1}{3} \sigma a \left[\left(\frac{L}{2} \right)^3 - \left(-\frac{L}{2} \right)^3 \right]$$

$$= \frac{1}{12} \sigma a L^3 = \frac{1}{12} \sigma a L L^2 = \boxed{\frac{1}{12} M L^2}$$

(d) 縦の長さが a, 横の長さが b, 質量 M の薄い長方形の板の中心を通り, 面に垂直な軸まわりの慣性モーメント

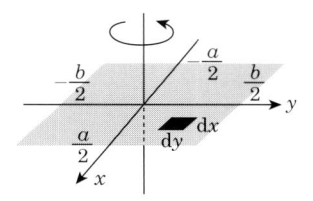

図 A-4 薄い長方形の板（垂直）

回転軸からの距離がそれぞれ x, y, すなわち, $r = \sqrt{x^2 + y^2}$ の微小部分 dx, dy の面積要素は $dA = dxdy$ であるから

$$I = \int r^2 \sigma dA = \iint (x^2 + y^2) \sigma dxdy$$

$$= \int_{x=-\frac{a}{2}}^{\frac{a}{2}} \int_{y=-\frac{b}{2}}^{\frac{b}{2}} (x^2 + y^2) \sigma dxdy$$

$$= \sigma \int_{x=-\frac{a}{2}}^{\frac{a}{2}} \left[x^2 y + \frac{1}{3} y^3 \right]_{-\frac{b}{2}}^{\frac{b}{2}} dx$$

$$= \sigma \int_{x=-\frac{a}{2}}^{\frac{a}{2}} \left[x^2 b + \frac{1}{12} b^3 \right] dx$$

$$= \sigma \left[\frac{1}{3} x^3 b + \frac{1}{12} b^3 x \right]_{-\frac{a}{2}}^{\frac{a}{2}} = \sigma \left[\frac{1}{12} a^3 b + \frac{1}{12} b^3 a \right]$$

$$= \frac{1}{12} \sigma ab(a^2 + b^2) = \boxed{\frac{1}{12} M (a^2 + b^2)}$$

(e) 縦の長さが a，横の長さが b，高さが c，質量 M の直方体の中心を通る軸まわりの慣性モーメント

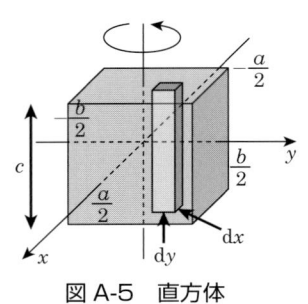

図 A-5　直方体

回転軸からの距離がそれぞれ x，y，すなわち，$r = \sqrt{x^2 + y^2}$ の微小部分 dx，dy の体積要素は $dV = cdxdy$ であるから

$$I = \int r^2 \rho dV = \iint (x^2 + y^2)\rho c dx dy$$
$$= \int_{x=-\frac{a}{2}}^{\frac{a}{2}} \int_{y=-\frac{b}{2}}^{\frac{b}{2}} (x^2 + y^2)\rho c dx dy$$
$$= \rho c \int_{x=-\frac{a}{2}}^{\frac{a}{2}} \left[x^2 y + \frac{1}{3} y^3 \right]_{-\frac{b}{2}}^{\frac{b}{2}} dx$$
$$= \rho c \int_{x=-\frac{a}{2}}^{\frac{a}{2}} \left[x^2 b + \frac{1}{12} b^3 \right] dx$$
$$= \rho c \left[\frac{1}{3} x^3 b + \frac{1}{12} b^3 x \right]_{-\frac{a}{2}}^{\frac{a}{2}} = \rho c \left[\frac{1}{12} a^3 b + \frac{1}{12} b^3 a \right]$$
$$= \frac{1}{12} \rho cab(a^2 + b^2) = \boxed{\frac{1}{12} M(a^2 + b^2)}$$

(f) 半径 a，質量 M の細い円環の中心を通り，円環に平行な軸まわりの慣性モーメント

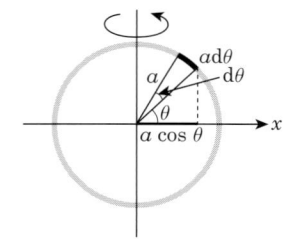

図 A-6　円環（平行）

微小な角度 $d\theta$ に対する円環の微小な長さは，円の弧の長さであるから，$dL = ad\theta$。また，この部分の回転軸からの距離は $x = a\cos\theta$ であるから

$$I = \int x^2 \lambda dL = \int (a\cos\theta)^2 \lambda a d\theta$$
$$= \lambda a^3 \int_{\theta=0}^{2\pi} \cos^2\theta d\theta = \lambda a^3 \int_{\theta=0}^{2\pi} \frac{1}{2}(\cos 2\theta + 1) d\theta$$
$$= \lambda a^3 \left[\frac{1}{2}\left(\frac{1}{2}\sin 2\theta + \theta\right) \right]_0^{2\pi} = \lambda a^3 \times \frac{2\pi}{2}$$
$$= \pi\lambda a^3 = 2\pi a\lambda \times \frac{1}{2}a^2 = \boxed{\frac{1}{2} Ma^2}$$

(g) 半径 a，質量 M の細い円環の中心を通り，円環に垂直な軸まわりの慣性モーメント

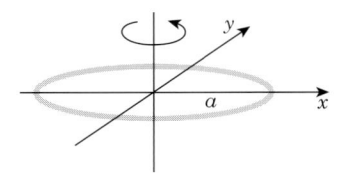

図 A-7　円環（垂直）

円環は回転軸から等距離 $r = a$ にあるから

$$I = \int r^2 \lambda dL = \int a^2 \lambda dL = a^2 \lambda \int dL$$

積分 $\int dL$ は，円周の長さであるから，$\int dL = 2\pi a$
よって，$I = a^2 \lambda \times 2\pi a = 2\pi a \lambda a^2 = \boxed{Ma^2}$

(h) 半径 a，質量 M の薄い円盤の中心を通り，円盤に垂直な軸まわりの慣性モーメント

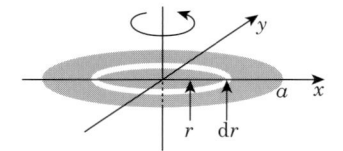

図 A-8　薄い円盤（垂直）

原点から r の距離にある厚さ dr の円環を考えると，面積要素は $dA = 2\pi r dr$ となるから

$$I = \int r^2 \sigma dA = \int r^2 \sigma 2\pi r dr = 2\pi \sigma \int_0^a r^3 dr$$
$$= 2\pi \sigma \left[\frac{1}{4} r^4 \right]_0^a = 2\pi \sigma \times \frac{1}{4} a^4 = \frac{1}{2} \sigma \pi a^4$$
$$= \frac{1}{2} \sigma \pi a^2 a^2 = \boxed{\frac{1}{2} Ma^2}$$

◆面積要素について補足すると，図 A-9 のように円盤上で半径 r の位置を考え，微小な距離 dr，微小な角度 $d\theta$ によって作られる面積を考える。

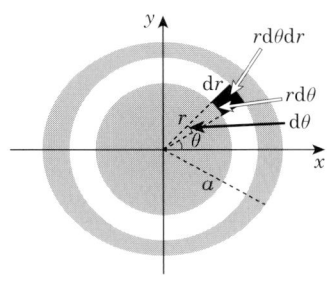

図 A-9 面積要素

半径 r の扇形の弧の長さは $rd\theta$ であるから，この部分の面積は $rd\theta dr$ で与えられる。これを θ について $0 \sim 2\pi$ まで積分すれば，面積要素（図 A-9 の円環部分の面積）が求められる。すなわち，

$$dA = \int_{\theta=0}^{2\pi} r dr d\theta = rdr \int_{\theta=0}^{2\pi} d\theta = rdr[\theta]_0^{2\pi}$$
$$= rdr \times 2\pi = 2\pi r dr$$

(i) 半径 a，質量 M の薄い円盤の中心を通り，円盤に平行な軸まわりの慣性モーメント

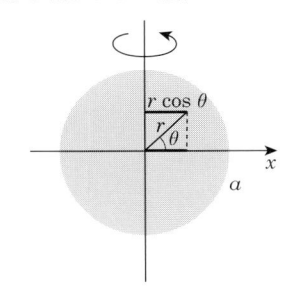

図 A-10 薄い円盤（平行）

回転軸からの距離は $x = r\cos\theta$ であるから

$$I = \int x^2 \sigma dA = \iint (r\cos\theta)^2 \sigma r dr d\theta$$
$$= \int_{r=0}^{a} \int_{\theta=0}^{2\pi} \sigma r^3 \cos^2\theta dr d\theta$$
$$= \sigma \left[\frac{1}{4}r^4\right]_0^a \times \int_{\theta=0}^{2\pi} \frac{1}{2}(\cos 2\theta + 1) d\theta$$
$$= \frac{1}{4}\sigma a^4 \left[\frac{1}{2}\left(\frac{1}{2}\sin 2\theta + \theta\right)\right]_0^{2\pi} = \frac{1}{4}\sigma a^4 \times \frac{2\pi}{2}$$
$$= \frac{1}{4}\pi\sigma a^4 = \frac{1}{4}\sigma\pi a^2 a^2 = \boxed{\frac{1}{4}Ma^2}$$

(j) 半径 a，高さ b，質量 M の円柱の中心を通る軸まわりの慣性モーメント

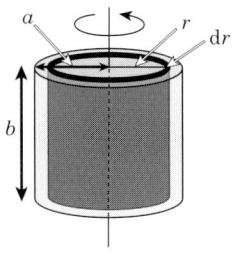

図 A-11 円柱

原点から r の距離にある厚さ dr の円筒を考えると，体積要素は $dV = 2\pi r dr \times b$ となるから

$$I = \int r^2 \rho dV = \int r^2 \rho 2\pi b r dr = 2\pi\rho b \int_0^a r^3 dr$$
$$= 2\pi\rho b \left[\frac{1}{4}r^4\right]_0^a = 2\pi\rho b \times \frac{1}{4}a^4 = \frac{1}{2}\pi\rho b a^4$$
$$= \frac{1}{2}\rho\pi a^2 b a^2 = \boxed{\frac{1}{2}Ma^2}$$

(k) 半径 a，高さ b，質量 M の薄い円筒の中心を通る軸まわりの慣性モーメント

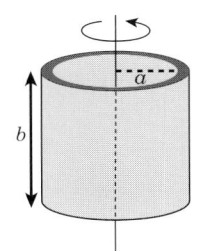

図 A-12 薄い円筒

円筒は回転軸から等距離 $r = a$ にあり，薄い円筒の面積は，$\int dA = 2\pi ab$ であるから

$$I = \int r^2 \sigma dA = \int a^2 \sigma dA = a^2 \sigma \int dA = a^2 \sigma \times 2\pi ab$$
$$= 2\pi ab\sigma a^2 = \boxed{Ma^2}$$

(l) 外径 a，内径 c，高さ b，質量 M の円筒の中心を通る軸まわりの慣性モーメント

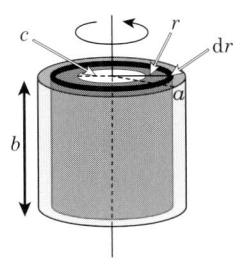

図 A-13 厚みのある円筒

原点から r の距離にある厚さ dr の円筒を考える

と，体積要素は $dV = 2\pi r dr \times b$ となるから

$$I = \int r^2 \rho dV = \int r^2 \rho 2\pi b r dr = 2\pi \rho b \int_c^a r^3 dr$$

$$= 2\pi \rho b \left[\frac{1}{4}r^4\right]_c^a = 2\pi \rho b \times \frac{1}{4}(a^4 - c^4)$$

$$= \frac{1}{2}\pi \rho b(a^4 - c^4) = \frac{1}{2}\pi \rho b(a^2 - c^2)(a^2 + c^2)$$

$$= \frac{1}{2}\pi(a^2 - c^2)b\rho(a^2 + c^2) = \boxed{\frac{1}{2}M(a^2 + c^2)}$$

(m) 半径 a，質量 M の薄い球殻の z 軸まわりの慣性モーメント

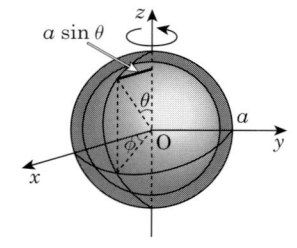

図 A-14 薄い球殻

図 A-15 球の面積要素

回転軸からの距離は $r = a\sin\theta$ であり，面積要素は $dA = a^2\sin\theta d\theta d\phi$ であるから

$$I = \int r^2 \sigma dA = \iint (a\sin\theta)^2 \sigma a^2 \sin\theta d\theta d\phi$$

$$= \sigma \int_{\theta=0}^{\pi} \int_{\phi=0}^{2\pi} a^4 \sin^3\theta d\theta d\phi$$

ここで，θ の積分範囲には注意が必要である。θ を $0 \sim 2\pi$ まで積分し，ϕ も $0 \sim 2\pi$ まで積分すると二重に積分してしまうことになる。すなわち，θ の積分範囲は $0 \sim \pi$ までとしなければならない。

$$I = \sigma a^4 \times [\phi]_0^{2\pi} \times \int_0^{\pi} \frac{1}{4}(3\sin\theta - \sin 3\theta)d\theta$$

$$= \sigma a^4 \times 2\pi \times \frac{1}{4}\left[-3\cos\theta + \frac{1}{3}\cos 3\theta\right]_0^{\pi}$$

$$= 2\pi\sigma a^4 \times \frac{1}{4} \times \frac{16}{3} = \frac{2}{3} \times 4\pi\rho a^2 a^2 = \boxed{\frac{2}{3}Ma^2}$$

◆球の面積要素について補足すると，図 A-15 のように半径 a の球面上で，微小な角度 $d\theta$，$d\phi$ によって切りとられる部分の面積を考える。

$d\theta$ に対する半径 a の扇形の弧の長さは $ad\theta$ であり，$d\phi$ に対する半径 $a\sin\theta$ の扇形の弧の長さは $a\sin\theta d\phi$ であるから，この部分の面積は $a^2\sin\theta d\theta d\phi$ で与えられる。

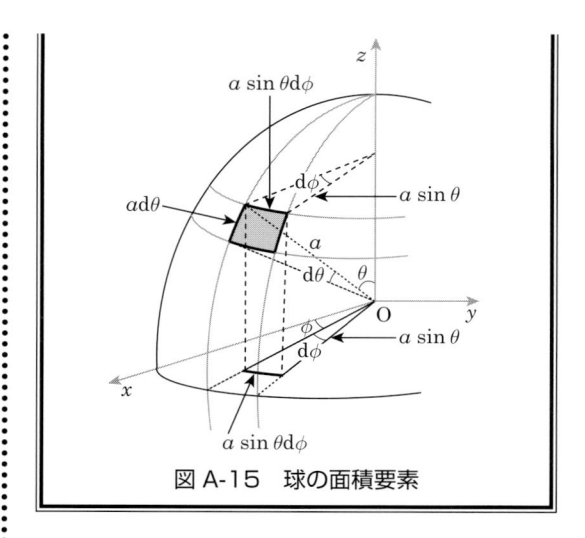

(n) 半径 a，質量 M の球の z 軸まわりの慣性モーメント

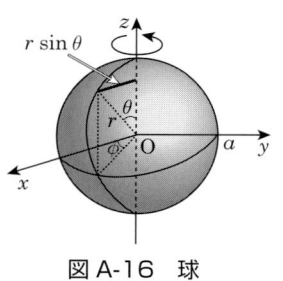

図 A-16 球

回転軸からの距離は $R = r\sin\theta$ であり，体積要素は $dV = r^2\sin\theta drd\theta d\phi$ であるから

$$I = \int R^2 \rho dV = \iiint (r\sin\theta)^2 \rho r^2 \sin\theta drd\theta d\phi$$

$$= \rho \int_{r=0}^{a} \int_{\theta=0}^{\pi} \int_{\phi=0}^{2\pi} r^4 \sin^3\theta drd\theta d\phi$$

$$= \rho \left[\frac{1}{5}r^5\right]_0^a \times [\phi]_0^{2\pi} \times \int_{\theta=0}^{\pi} \frac{1}{4}(3\sin\theta - \sin 3\theta)d\theta$$

$$= \rho \times \frac{1}{5}a^5 \times 2\pi \times \frac{1}{4}\left[-3\cos\theta + \frac{1}{3}\cos 3\theta\right]_0^{\pi}$$

$$= \frac{2\pi}{5}\rho a^5 \times \frac{1}{4} \times \frac{16}{3} = \frac{2}{5} \times \frac{4\pi}{3}a^3 \rho a^2 = \boxed{\frac{2}{5}Ma^2}$$

◆球の体積要素について補足すると，図 A-17 のように半径 r の位置の球面を考え，半径方向の微小な距離 dr，微小な角度 $d\theta$，$d\phi$ によって作られる部分の体積を考える。

$d\theta$ に対する半径 r の扇形の弧の長さは $rd\theta$ であり，$d\phi$ に対する半径 $r\sin\theta$ の扇形の弧の長さは $r\sin\theta d\phi$ であるから，この部分の面積

は $r^2 \sin\theta \mathrm{d}\theta \mathrm{d}\phi$ となり，これに厚み $\mathrm{d}r$ をかければ体積要素は $\mathrm{d}V = r^2 \sin\theta \mathrm{d}r\mathrm{d}\theta \mathrm{d}\phi$ となる。

図 A-17　球の体積要素

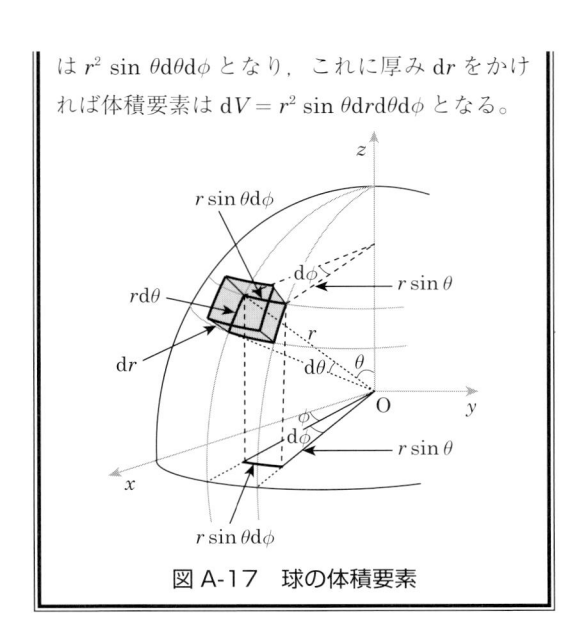

(ロ) **外半径 a，内半径 b，質量 M の球殻の z 軸まわりの慣性モーメント**

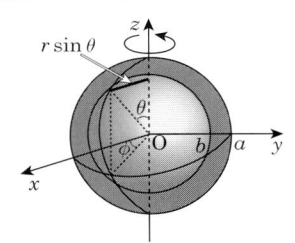

図 A-18　厚みのある球殻

$$I = \iiint (r\sin\theta)^2 \rho r^2 \sin\theta \mathrm{d}r\mathrm{d}\theta \mathrm{d}\phi$$

$$= \rho \int_{r=b}^{a} \int_{\theta=0}^{\pi} \int_{\phi=0}^{2\pi} r^4 \sin^3\theta \mathrm{d}r\mathrm{d}\theta \mathrm{d}\phi$$

$$= \rho \left[\frac{1}{5}r^5\right]_b^a \times [\phi]_0^{2\pi} \times \int_{\theta=0}^{\pi} \frac{1}{4}(3\sin\theta - \sin 3\theta)\mathrm{d}\theta$$

$$= \rho \times \frac{1}{5}(a^5 - b^5) \times 2\pi \times \frac{1}{4}\left[-3\cos\theta + \frac{1}{3}\cos 3\theta\right]_0^{\pi}$$

$$= \frac{2\pi}{5}\rho(a^5 - b^5) \times \frac{1}{4} \times \frac{16}{3}$$

$$= \frac{2}{5} \times \frac{4\pi}{3}\rho(a^3 - b^3) \times \frac{(a^5 - b^5)}{(a^3 - b^3)}$$

$$= \frac{2}{5}\frac{(a^5 - b^5)}{(a^3 - b^3)}M$$

付録B　減衰振動・強制振動を表す微分方程式

(1) 減衰振動

物理の中によく現れる減衰振動は，
$$a\frac{d^2y}{dt^2} + b\frac{dy}{dt} + cy = 0$$
の形の微分方程式で表される。速度に比例する減衰力（抵抗力）を受けて振動する振動子や RLC 直流回路に流れる電流など応用範囲は広い。以下にこの微分方程式の解を示しておく。一般解は次の「**推定法**」によって求められる。

解が $y = e^{Pt}$ の形であると仮定して，代入すると2次方程式 $aP^2 + bP + c = 0$ が得られる。この方程式を**補助方程式**という。この補助方程式を P について解くことにより，補助方程式の解 $P = \dfrac{-b \pm \sqrt{b^2-4ac}}{2a}$ が得られ，この解を用いて，一般解は次のようになる。ここで，C_1, C_2 は任意定数である。

I 補助方程式の解が実数解の場合（$b^2 - 4ac > 0$ の場合）：**過減衰振動**
$$y = C_1 e^{\frac{-b+\sqrt{b^2-4ac}}{2a}t} + C_2 e^{\frac{-b-\sqrt{b^2-4ac}}{2a}t} \quad \cdots\cdots ①$$

II 補助方程式の解が重解の場合（$b^2 - 4ac = 0$ の場合）：**臨界減衰振動**
$$y = e^{-\frac{b}{2a}t}(C_1 t + C_2) \quad \cdots\cdots ②$$

III 補助方程式の解が複素数解の場合（$b^2 - 4ac < 0$ の場合）：**減衰振動**
$$y = C_1 e^{\frac{-b+\sqrt{b^2-4ac}}{2a}t} + C_2 e^{\frac{-b-\sqrt{b^2-4ac}}{2a}t} \quad \cdots\cdots ③$$

さらに，IIIの減衰振動の場合（式③）は，次のように変形することができる。$b^2 - 4ac < 0$ であるから補助方程式の解を，
$$P_1 = \frac{-b+i\sqrt{|b^2-4ac|}}{2a} = \frac{-b}{2a} + \frac{i\sqrt{|b^2-4ac|}}{2a} = k + il,$$
$$P_2 = \frac{-b-i\sqrt{|b^2-4ac|}}{2a} = \frac{-b}{2a} - \frac{i\sqrt{|b^2-4ac|}}{2a} = k - il$$
とおき，オイラーの公式：$e^{\pm ilt} = \cos lt \pm i \sin lt$ を用いると，一般解は
$$y = C_1 e^{(k+il)t} + C_2 e^{(k-il)t} = C_1 e^{kt} e^{ilt} + C_2 e^{kt} e^{-ilt}$$
$$= C_1 e^{kt}(\cos lt + i \sin lt) + C_2 e^{kt}(\cos lt - i \sin lt)$$
$$= (C_1 + C_2) e^{kt} \cos lt + i(C_1 - C_2) e^{kt} \sin lt$$
$$= \alpha e^{kt} \cos lt + \beta e^{kt} \sin lt$$
$$= \alpha e^{-\frac{b}{2a}t} \cos\left(\frac{\sqrt{|b^2-4ac|}}{2a}t\right) + \beta e^{-\frac{b}{2a}t} \sin\left(\frac{\sqrt{|b^2-4ac|}}{2a}t\right)$$

と書ける。ただし，$C_1 + C_2 = \alpha,\ i(C_1 - C_2) = \beta$ とおいた。

さらに，$\alpha = A\cos\delta,\ \beta = -A\sin\delta$ とおき，加法定理 $\cos(\theta \pm \phi) = \cos\theta\cos\phi \mp \sin\theta\sin\phi$ を用いると
$$y = Ae^{-\frac{b}{2a}t}\left\{\cos\left(\frac{\sqrt{|b^2-4ac|}}{2a}t\right)\cos\delta - \sin\left(\frac{\sqrt{|b^2-4ac|}}{2a}t\right)\sin\delta\right\} = Ae^{-\frac{b}{2a}t}\cos\left(\frac{\sqrt{|b^2-4ac|}}{2a}t + \delta\right)$$

と変形できる。

方程式の一般解①，②，③を速度に比例する減衰力（抵抗力）を受けて振動する振動子の場合に書くと，$a = m,\ c = k$ であり，$\dfrac{b}{2m} = \kappa,\ \sqrt{\dfrac{k}{m}} = \omega_0$ とおくと，それぞれの解は，次のように書ける。

I 補助方程式の解が実数解の場合（$b^2 - 4mk > 0$ の場合）：**過減衰振動**
$$y = C_1 e^{\frac{-b+\sqrt{b^2-4mk}}{2m}t} + C_2 e^{\frac{-b-\sqrt{b^2-4mk}}{2m}t} = e^{-\kappa t}\left(C_1 e^{\sqrt{\kappa^2-\omega_0^2}\,t} + C_2 e^{-\sqrt{\kappa^2-\omega_0^2}\,t}\right) \quad \cdots\cdots ①'$$

Ⅱ 補助方程式の解が重解の場合（$b^2 - 4mk = 0$ の場合）：**臨界減衰振動**

$$y = e^{-\frac{b}{2m}t}(C_1 t + C_2) = e^{-\kappa t}(C_1 t + C_2) \quad \cdots\cdots ②'$$

Ⅲ 補助方程式の解が複素数解の場合（$b^2 - 4mk < 0$ の場合）：**減衰振動**

$$y = Ae^{-\frac{b}{2m}t}\cos\left(\frac{\sqrt{|b^2 - 4mk|}}{2m}t + \delta\right) = \boxed{Ae^{-\kappa t}\cos\left(\sqrt{\omega_0^2 - \kappa^2}\,t + \delta\right)} \quad \cdots\cdots ③'$$

(2) 強制振動

$a\dfrac{d^2 y}{dt^2} + b\dfrac{dy}{dt} + cy = f(t)$ の形の微分方程式の一般解は $y = y_g$（**同次方程式の一般解**）$+ y_s$（**非同次方程式の特別解**）で与えられる。ここで，$f(t) = 0$ とした方程式 $a\dfrac{d^2 y}{dt^2} + b\dfrac{dy}{dt} + cy = 0$ を**同次方程式**といい，$a\dfrac{d^2 y}{dt^2} + b\dfrac{dy}{dt} + cy = f(t)$ を**非同次方程式**という。

同次方程式の一般解 y_g は(1)の式③′であるから，非同次方程式の特別解 y_s を以下のように求める。

方程式 $m\dfrac{d^2 y}{dt^2} + b\dfrac{dy}{dt} + ky = F\cos\omega t$ において，$\dfrac{b}{2m} = \kappa$，$\sqrt{\dfrac{k}{m}} = \omega_0$ とおくと

$$\frac{d^2 y}{dt^2} + 2\kappa\frac{dy}{dt} + \omega_0^2 y = \frac{F}{m}\cos\omega t \quad \cdots\cdots ④$$

特別解を $y_s = \alpha\sin\omega t + \beta\cos\omega t$ と仮定し，原方程式（式④）に代入して

$$(-\omega^2\alpha\sin\omega t - \omega^2\beta\cos\omega t) + 2\kappa(\omega\alpha\cos\omega t - \omega\beta\sin\omega t) + \omega_0^2(\alpha\sin\omega t + \beta\cos\omega t) = \frac{F}{m}\cos\omega t$$

$$(\omega_0^2\alpha - \omega^2\alpha - 2\kappa\omega\beta)\sin\omega t + \left(\omega_0^2\beta - \omega^2\beta + 2\kappa\omega\alpha - \frac{F}{m}\right)\cos\omega t = 0$$

すべての t に対して成立するためには，$\omega_0^2\alpha - \omega^2\alpha - 2\kappa\omega\beta = 0$，$\omega_0^2\beta - \omega^2\beta + 2\kappa\omega\alpha - \dfrac{F}{m} = 0$ でなければならないから，連立して α，β を求めると

$$\alpha = -\frac{2\kappa\omega F/m}{4\kappa^2\omega^2 + (\omega_0^2 - \omega^2)^2}, \quad \beta = \frac{(\omega_0^2 - \omega^2)F/m}{4\kappa^2\omega^2 + (\omega_0^2 - \omega^2)^2}$$

よって，特別解は

$$y_s = \frac{(\omega_0^2 - \omega^2)F/m}{4\kappa^2\omega^2 + (\omega_0^2 - \omega^2)^2}\cos\omega t - \frac{2\kappa\omega F/m}{4\kappa^2\omega^2 + (\omega_0^2 - \omega^2)^2}\sin\omega t$$

$$= \beta\cos\omega t - \alpha\sin\omega t$$

$$= \sqrt{\alpha^2 + \beta^2}\left(\cos\omega t \times \frac{\beta}{\sqrt{\alpha^2 + \beta^2}} - \sin\omega t \times \frac{\alpha}{\sqrt{\alpha^2 + \beta^2}}\right)$$

$$= A(\cos\omega t\cos\gamma - \sin\omega t\sin\gamma)$$

$$= \boxed{A\cos(\omega t + \gamma)}$$

ここで，$A = \sqrt{\alpha^2 + \beta^2} = \sqrt{\left\{\dfrac{2\kappa\omega F/m}{4\kappa^2\omega^2 + (\omega_0^2 - \omega^2)^2}\right\}^2 + \left\{\dfrac{(\omega_0^2 - \omega^2)F/m}{4\kappa^2\omega^2 + (\omega_0^2 - \omega^2)^2}\right\}^2} = \dfrac{F/m}{\sqrt{4\kappa^2\omega^2 + (\omega_0^2 - \omega^2)^2}}$

であり，$\tan\gamma = \dfrac{\alpha}{\beta} = \dfrac{2\kappa\omega}{\omega_0^2 - \omega^2}$，つまり，$\gamma = \tan^{-1}\left(\dfrac{2\kappa\omega}{\omega_0^2 - \omega^2}\right)$ である。

よって，一般解は

$y = y_g$（同次方程式の一般解）$+ y_s$（非同次方程式の特別解）

$$= \boxed{Be^{-\kappa t}\cos\left(\sqrt{\omega_0^2 - \kappa^2}\,t + \delta\right) + A\cos(\omega t + \beta)}$$

ただし，B，δ は任意定数，$\kappa = \dfrac{b}{2m}$，$\omega_0 = \sqrt{\dfrac{k}{m}}$，$\omega$ は外力の角振動数，$A = \dfrac{F/m}{\sqrt{4\kappa^2\omega^2 + (\omega_0^2 - \omega^2)^2}}$，$\beta = \tan^{-1}\left(\dfrac{2\kappa\omega}{\omega_0^2 - \omega^2}\right)$ である。

付録 C　数学公式の補足

(a)　三角関数の加法定理

$\sin(\alpha \pm \beta) = \sin\alpha\cos\beta \pm \cos\alpha\sin\beta,$
$\cos(\alpha \pm \beta) = \cos\alpha\cos\beta \mp \sin\alpha\sin\beta,$
$\tan(\alpha \pm \beta) = \dfrac{\tan\alpha \pm \tan\beta}{1 \mp \tan\alpha\tan\beta}$

(b)　2 倍角の公式

$\sin 2\theta = 2\sin\theta\cos\theta$
$\cos 2\theta = 1 - 2\sin^2\theta = 2\cos^2\theta - 1 = \cos^2\theta - \sin^2\theta$
$\tan 2\theta = \dfrac{2\tan\theta}{1 - \tan^2\theta}$
$\sin^2\theta = \dfrac{1 - \cos 2\theta}{2}, \quad \cos^2\theta = \dfrac{1 + \cos 2\theta}{2}$

(c)　半角の公式

$\sin\dfrac{\theta}{2} = \sqrt{\dfrac{1 - \cos\theta}{2}}, \quad \cos\dfrac{\theta}{2} = \sqrt{\dfrac{1 + \cos\theta}{2}}$
$\tan\dfrac{\theta}{2} = \sqrt{\dfrac{1 - \cos\theta}{1 + \cos\theta}}$

(d)　和・差 → 積

$\sin\alpha \pm \sin\beta = 2\sin\dfrac{\alpha \pm \beta}{2}\cos\dfrac{\alpha \mp \beta}{2}$
$\cos\alpha + \cos\beta = 2\cos\dfrac{\alpha + \beta}{2}\cos\dfrac{\alpha - \beta}{2}$
$\cos\alpha - \cos\beta = -2\sin\dfrac{\alpha + \beta}{2}\cos\dfrac{\alpha - \beta}{2}$

(e)　積 → 和・差

$\sin\alpha\cos\beta = \dfrac{1}{2}\{\sin(\alpha + \beta) + \sin(\alpha - \beta)\}$
$\sin\alpha\sin\beta = -\dfrac{1}{2}\{\cos(\alpha + \beta) - \cos(\alpha - \beta)\}$
$\cos\alpha\cos\beta = \dfrac{1}{2}\{\cos(\alpha + \beta) + \cos(\alpha - \beta)\}$

(f)　三角関数の合成

$a\sin\theta + b\cos\theta = \sqrt{a^2 + b^2}\sin(\theta + \alpha)$

ここで $\sin\alpha = \dfrac{b}{\sqrt{a^2 + b^2}}, \quad \cos\alpha = \dfrac{a}{\sqrt{a^2 + b^2}}$
である。

(g)　オイラーの公式

$e^{\pm ix} = \cos x \pm i\sin x$

(h)　ド・モアブルの定理

$(\cos x + i\sin x)^n = e^{inx} = \cos nx + i\sin nx$

(i)　微分公式

$(x^\alpha)' = \alpha x^{\alpha - 1}$
$[(f(x))^\alpha]' = \alpha f'(x)(f(x))^{\alpha - 1}$
$(e^x)' = e^x$
$(e^{f(x)})' = f'(x)e^{f(x)}$
$(a^x)' = a^x \log a$
$(\log|x|)' = \dfrac{1}{x}$
$(\log|ax|)' = \dfrac{1}{x}$
$(\log_a|x|)' = \dfrac{1}{x\log a}$
$(\sin x)' = \cos x$
$(\sin f(x))' = f'(x)\cos f(x)$
$(\cos x)' = -\sin x$
$(\cos f(x))' = -f'(x)\sin f(x)$
$(\tan x)' = \sec^2 x$
$(\tan f(x))' = f'(x)\sec^2 f(x)$
$(\cot x)' = -\operatorname{cosec}^2 x$
$(\cot f(x))' = -f'(x)\operatorname{cosec}^2 f(x)$
$(\sec x)' = \tan x \sec x$
$(\operatorname{cosec} x)' = -\cot x \operatorname{cosec} x$
$(\sin^{-1} x)' = \dfrac{1}{\sqrt{1 - x^2}}$
$(\tan^{-1} x)' = \dfrac{1}{1 + x^2}$
$(\cot^{-1} x)' = -\dfrac{1}{1 + x^2}$

(j)　部分積分法

$\displaystyle\int f'(x)g(x)\,\mathrm{d}x = f(x)g(x) - \int f(x)g'(x)\,\mathrm{d}x$

(k) 積分公式

$$\int x^\alpha dx = \frac{1}{\alpha+1}x^{\alpha+1} + C \qquad (\alpha \neq -1)$$

$$\int e^x dx = e^x + C$$

$$\int e^{ax+b} dx = \frac{1}{a}e^{ax+b} + C$$

$$\int xe^{ax} dx = \frac{e^{ax}}{a^2}(ax-1) + C$$

$$\int a^x dx = \frac{1}{\log a}a^x + C \qquad (a > 0,\ a \neq 1)$$

$$\int \frac{1}{x} dx = \log|x| + C$$

$$\int \frac{1}{ax+b} dx = \frac{1}{a}\log|ax+b| + C$$

$$\int \frac{f'(x)}{f(x)} dx = \log|f(x)| + C$$

$$\int \log x\, dx = x\log x - x + C$$

$$\int \log ax\, dx = x\log ax - x + C$$

$$\int \sin x\, dx = -\cos x + C$$

$$\int \cos x\, dx = \sin x + C$$

$$\int \tan x\, dx = -\log|\cos x| + C$$

$$\int \cot x\, dx = \log|\sin x| + C$$

$$\int \sec x\, dx = \log|\sec x + \tan x| + C$$
$$\qquad = \log\left|\tan\left(\frac{x}{2} + \frac{\pi}{4}\right)\right| + C$$

$$\int \operatorname{cosec} x\, dx = \log|\operatorname{cosec} x - \cot x| + C$$
$$\qquad = \log\left|\tan\frac{x}{2}\right| + C$$

$$\int \sec^2 x\, dx = \tan x + C$$

$$\int \operatorname{cosec}^2 x\, dx = -\cot x + C$$

$$\int \sin^2 x\, dx = \frac{x}{2} - \frac{\sin 2x}{4} + C$$

$$\int \sin^2 ax\, dx = \frac{x}{2} - \frac{\sin 2ax}{4a} + C$$

$$\int \cos^2 x\, dx = \frac{x}{2} + \frac{\sin 2x}{4} + C$$

$$\int \cos^2 ax\, dx = \frac{x}{2} + \frac{\sin 2ax}{4a} + C$$

$$\int \tan^2 x\, dx = \tan x - x + C$$

$$\int \tan^2 ax\, dx = \frac{1}{a}\tan ax - x + C$$

$$\int \cot^2 x\, dx = -\cot x - x + C$$

$$\int \cot^2 ax\, dx = -\frac{1}{a}\cot ax - x + C$$

$$\int \sin^{-1} ax\, dx = x\sin^{-1} ax + \frac{\sqrt{1-a^2x^2}}{a} + C$$

$$\int \cos^{-1} ax\, dx = x\cos^{-1} ax - \frac{\sqrt{1-a^2x^2}}{a} + C$$

$$\int e^{ax}\sin bx\, dx = \frac{e^{ax}}{a^2+b^2}(a\sin bx - b\cos bx) + C$$

$$\int e^{ax}\cos bx\, dx = \frac{e^{ax}}{a^2+b^2}(a\sin bx + b\cos bx) + C$$

$$\int \frac{1}{x^2+a^2} dx = \frac{1}{a}\tan^{-1}\frac{x}{a} + C$$

$$\int \frac{1}{x^2-a^2} dx = \frac{1}{2a}\log\left|\frac{x-a}{x+a}\right| + C \qquad (a \neq 0)$$

$$\int \frac{1}{\sqrt{1-x^2}} dx = \sin^{-1} x + C = -\cos^{-1} x + C$$

$$\int \frac{1}{\sqrt{a^2-x^2}} dx = \sin^{-1}\frac{x}{a} + C = -\cos^{-1}\frac{x}{a} + C$$
$$\qquad (a > 0)$$

$$\int \frac{1}{\sqrt{x^2 \pm a}} dx = \log\left|x + \sqrt{x^2 \pm a}\right| + C$$

$$\int \sqrt{x^2 \pm a}\, dx = \frac{1}{2}x\sqrt{x^2 \pm a} \pm \frac{a}{2}\log\left|x + \sqrt{x^2 \pm a}\right| + C$$

$$\int \sqrt{a^2-x^2}\, dx = \frac{1}{2}x\sqrt{a^2-x^2} + \frac{a^2}{2}\sin^{-1}\frac{x}{a} + C$$
$$\qquad (a > 0)$$

$$\int \frac{x}{x^2 \pm a^2} dx = \pm\frac{1}{2}\log|x^2 \pm a^2| + C$$

$$\int \frac{x}{\sqrt{a^2-x^2}} dx = -\sqrt{a^2-x^2} + C$$

$$\int \frac{x}{\sqrt{x^2 \pm a}} dx = \sqrt{x^2 \pm a} + C$$

$$\int x\sqrt{a^2-x^2}\, dx = -\frac{1}{3}(a^2-x^2)^{\frac{3}{2}} + C$$

$$\int x\sqrt{x^2 \pm a}\, dx = \frac{1}{3}(x^2 \pm a)^{\frac{3}{2}} + C$$

参 考 文 献

［1］ 三省堂編修所 編：『コンサイス外国人名事典 第 3 版』，三省堂，1999 年

［2］ アイザック・アシモフ 著，小山慶太・輪湖博 共訳：『アイザック・アシモフの科学と発見の年表』，丸善，1992 年

［3］ 物理学辞典編集委員会 編：『物理学辞典』，培風館，1986 年

［4］ 読売新聞，2009 年 2 月 16 日朝刊，4 面

［5］ 東京天文台 編：『理科年表 昭和 44 年版』，丸善，1969 年

［6］ 国立天文台 編：『理科年表 平成 9 年版』，丸善，1997 年

［7］ 国立天文台 編：『理科年表 平成 21 年版』，丸善，2009 年

［8］ R・A・サーウェイ 著，松村博之 訳：『科学者と技術者のための物理学 Ia 力学・波動』，学術図書出版社，1995 年

［9］ R・A・サーウェイ 著，松村博之 訳：『科学者と技術者のための物理学 Ib 力学・波動』，学術図書出版社，1995 年

［10］ 原康夫 著：『基礎からの力学』，学術図書出版社，2000 年

［11］ 平山修 著：『理工系のための解く！力学』，講談社，2006 年

［12］ 宇佐美誠二 ほか著：『新版 理工系のための力学の基礎』，講談社，2005 年

［13］ D・ハリディ ほか著，野﨑光昭 監訳：『物理学の基礎［1］力学』，培風館，2002 年

［14］ 漆原晃 ほか著：『必修サブノート 物理 I 改訂版』，旺文社，2008 年

索　引

人名

アイザック・ニュートン	45, 177
ガリレオ・ガリレイ	27
ジェームズ・プレスコット・ジュール	85
ジェームズ・ワット	92
ハインリヒ・ルドルフ・ヘルツ	164
ヨハネス・ケプラー	176
ルネ・デカルト	110
ロバート・フック	91

あ行

アトウッドの器械	49
位相（位相角）	161
位置エネルギー	99
一定の力がする仕事	84
宇宙速度（第1宇宙速度）	68
宇宙速度（第2宇宙速度）	181
運動エネルギー	95, 114
運動学的方程式	21
運動の3法則	47
運動の法則	47
運動方程式	47
運動量	109
運動量保存則	112, 114
SI 単位	2
遠心力	72
円錐振り子	64
重さ	44

か行

外積	145
回転の運動エネルギー	130
角運動量	154, 156
角運動量保存則	157
角加速度	125, 126, 139
角振動数	161
角速度	125, 149
過減衰振動	172
加速度	17, 61
ガリレイ変換	71
慣性系	70
慣性抵抗	78
慣性の法則	47
慣性モーメント	130, 131, 187
慣性力	70, 71
完全非弾性衝突	117
逆関数	7
逆三角関数	8
共振	173
共振角振動数	173
強制振動	173, 193
極限	15
極座標系	5
曲線運動	65
空気抵抗	77
撃力	111
ケプラーの法則	175
減衰振動	171, 172, 192
向心加速度	62, 127
向心力	63, 149
合成関数の微分	162
剛体	125
剛体の転がり運動	151
剛体の静止平衡	137
剛体振り子	170
弧度法	126
コマの運動	158
固有角振動数	173
コリオリの力	73

さ行

歳差運動	158
作用反作用の法則	48
サラスの方法	148
三角関数	6
三角関数の公式	13
三角関数の微分	162

三角比	6
3次元極座標	8
仕事	84
仕事・エネルギー定理	95, 141
仕事率	92
指数関数	80
自然対数	80
自然長	90
質点	44, 125
質点系の慣性モーメント	134
質量	44
質量中心	137
時定数	77
周期	161
終（端）速度	77
重心	137
自由落下運動	26, 27
重力	44, 67
重力がする仕事	85
重力加速度	26
重力のポテンシャルエネルギー	100, 179
重量	44
瞬間加速度	18
瞬間速度	15
初期位相（初期位相角）	161
商の微分	104
初速度	20
正味の仕事	85
正味のトルク	137
常用対数	80
振動数	161
振幅	161
垂直抗力	48, 56
スカラー	9
スカラー積	86
スタイナーの定理	131
静止摩擦係数	56
静止摩擦力	56
成分ベクトル	11
積の微分	104
積分	23, 25, 90
線密度	131
相対速度	71, 118
速度	16

た行

対数関数	80
体積密度	131
楕円	175
単位ベクトル	10, 87
単振動	160
単振動のエネルギー	168
単振動の方程式	164
弾性	91
弾性エネルギー	101
弾性衝突	114
弾性力	91
単振り子	169
力のモーメント	136
力のつり合い	45
直交座標系	5
張力	45
抵抗力	75
定積分	90
デカルト座標系	5
等角加速度回転運動	128
等加速度運動	20
等速円運動	61
導関数	15
動摩擦係数	57
動摩擦力	57
トルク	136, 150
トルク方程式	139

な行

内積	86
投げ下ろし運動	29
投げ上げ運動	29
2次方程式の解の公式	33
ネイピア数	76, 80
粘性係数	78
粘性抵抗	75, 78

は行

はねかえり係数	118
ばねがする仕事	90
ばね定数	91
ばねのポテンシャルエネルギー	101
速さ	16
反発係数	118
万有引力	66
万有引力定数	67
万有引力の法則	66, 177
非慣性系	71
非弾性衝突	114
非保存力	99
非保存力がする仕事	108
微分	15, 16
微分方程式	23, 24, 164
復元力	91
フックの法則	90
不定積分	23
振り子	65
平均加速度	17
平均速度	14
平行軸線定理	131, 132
べき関数の積分	23
べき関数の微分	16
ベクトル	9
ベクトル積	145, 147
ベクトルの大きさ	9
ベクトルのスカラー成分	11
変位	14
変化する力がする仕事	89
放物運動	34
保存力	99
ポテンシャルエネルギー	99

ま行

摩擦がする仕事	84
摩擦係数	56
摩擦力	56
見かけの力	71

無名数	126
面積速度一定の法則	176
面密度	131

や行

有効数字	1

ら行

ラジアン（rad）	126
力学的エネルギー	105
力学的エネルギー保存則	105
力積	110
力積・運動量定理	110
離心率	175, 176
臨界減衰振動	172

著者紹介

藤城　武彦　博士（理学）
　1986 年　東海大学理学部物理学科卒業
　現　在　東海大学理学部物理学科　教授
　著　書　高校と大学をつなぐ　穴埋め式　電磁気学，講談社，2011

北林　照幸　博士（理学）
　1994 年　東海大学理学部物理学科卒業
　現　在　東海大学理学部物理学科　教授
　著　書　高校と大学をつなぐ　穴埋め式　電磁気学，講談社，2011

NDC423　　　207p　　　26cm

高校と大学をつなぐ　穴埋め式　力学

　　2009 年 11 月 25 日　第 1 刷発行
　　2025 年 1 月 16 日　第 19 刷発行

著　者	藤城武彦・北林照幸
発行者	篠木和久
発行所	株式会社　講談社
	〒112-8001　東京都文京区音羽 2-12-21
	販売　(03) 5395-5817
	業務　(03) 5395-3615
編　集	株式会社　講談社サイエンティフィク
	代表　堀越俊一
	〒162-0825　東京都新宿区神楽坂 2-14　ノービィビル
	編集　(03) 3235-3701
印刷所	株式会社　平河工業社
製本所	株式会社　国宝社

KODANSHA

落丁本・乱丁本は，購入書店名を明記のうえ，講談社業務宛にお送りください．送料小社負担にてお取替えいたします．なお，この本の内容についてのお問い合わせは，講談社サイエンティフィク宛にお願いいたします．定価はカバーに表示してあります．

© Takehiko Fujishiro and Teruyuki Kitabayashi, 2009

本書のコピー，スキャン，デジタル化等の無断複製は著作権法上での例外を除き禁じられています．本書を代行業者等の第三者に依頼してスキャンやデジタル化することはたとえ個人や家庭内の利用でも著作権法違反です．

Printed in Japan

ISBN 978-4-06-153269-4